Acta Bot. Fennica 114: 1-150. 1980

Die Flora im Nationalpark Oulanka, Nord-Finnland

NIILO SÖYRINKI & VELI SAARI

SÖYRINKI, N. & SAARI, V. 1980: Die Flora im Nationalpark Oulanka, Nord-Finnland (The flora of Oulanka National Park, northern Finland) — Acta Bot. Fennica 114: 1—150.

The Oulanka National Park is located in the province of Kuusamo, close to the Arctic Circle. The area of the park, 107 km^2, was divided into 440 quadrats of approximately $^1/_4$ km^2, and this grid system was used to map the vascular plant flora, which consisted of 429 species and 49 hybrids.

Owing to occurrences of calcareous bedrock, particularly dolomite, the park possesses areas of grass-herb forest vegetation and varied euthrophic mire vegetation with large numbers of plant species having high nutrient requirements. At the same time there are many northern fjeld species, which presumably became established there soon after the Ice Age and have remained as relicts in the coniferous zone, growing on shady rock faces in canyons and beside streams and cold springs, e.g. *Woodsia alpina, W. glabella, Juncus triglumis, Poa glauca, Agropyron boreale, Carex glacialis, Salix reticulata, Silene furcata* ssp. *angustiflora, Arenaria ciliata* ssp. *pseudofrigida, Cerastium alpinum, Draba norvegica, D. cinerea, Saxifraga nivalis, S. aizoides, S. cespitosa, Dryas octopetala, Potentilla nivea, Astragalus frigidus and Arnica alpina.*

Several species have their extreme northern or western outposts in the park, e.g. *Asplenium ruta-muraria, Diplazium sibiricum, Thelypteris palustris, Schoenus ferrugineus, Carex elata* ssp. *omskiana, Salix pyrolifolia, Silene rupestris, S. tatarica, Gypsophila fastigiata, Polygala amarella, Viola riviniana, Lonicera caerulea* and *Inula salicina.*

However, the flora mainly consists of the common species of boreal forest and mire vegetation; species recorded in all, or nearly all, the 440 quadrats were: *Picea abies, Pinus sylvestris, Juniperus communis, Betula pubescens, Calluna vulgaris, Ledum palustre, Vaccinium vitis-idaea, V. myrtillus, V. uliginosum, Empetrum nigrum* ssp. *hermaphroditum, Melampyrum pratense* and *Solidago virgaurea.* The different frequency and migration groups of the flora, and its relation to the neighbouring areas are discussed. Hemerochorous species occur only in the immediate surroundings of Oulanka Biological Research Station (built in 1965) and on the roadsides.

Niilo Söyrinki, Topeliuksenkatu 10 A 20, SF-00250 Helsinki 25, Finland.

Veli Saari, Department of Biology, University of Jyväskylä, SF-40100 Jyväskylä 10, Finland.

I. Einführung

Der Nationalpark Oulanka ist bekannt für seine reiche Flora und Vegetation (vgl. z.B. Söyrinki 1960, 1961, 1962, 1966, 1970; Saari 1974; Vasari 1977), und er ist schon seit mehreren Generationen das Ziel vieler floristischer Exkursionen gewesen. Diese Exkursionen waren aber meistens nur Sammeltouren, und zwar zuvörderst zu bestimmten, als Fundorte seltener Pflanzenarten bekannten Stellen, während weite Gebiete im Zwischengelände unbekannt geblieben sind.

Die Gründung der Biologischen Forschungsanstalt Oulanka hat den Nationalpark zu einem bemerkenswerten Objekt im Studium der biologischen Wissenschaft gemacht. Dieser Umstand setzt auch die naturwissenschaftliche Grundforschung des Gebiets voraus.

Die botanische Erforschung des Nationalparks Oulanka wurde 1968 im Botanischen Institut der Universität Oulu auf Initiative und unter Leitung des Autors Söyrinki begonnen. Das Arbeitsprogramm umfasste erstens die Beschreibung und Kartierung der Wald- und Moorvegetation des Nationalparks, die schon erschienen ist (Söyrinki, Salmela & Suvanto 1977), und zweitens die floristische Durchforschung und Kartierung der Gefässpflanzenarten des Gebiets, deren Resultate hier publiziert werden.

Das dieser Untersuchung zugrunde liegende Beobachtungsmaterial wurde vom Autor Saari in den Jahren 1968—70 und ergänzend noch in den Sommern 1971, 1974 und 1976 gesammelt. Er hat auch die erforderlichen taxonomischen Entscheidungen im Lauf der Untersuchung gemacht und die Beobachtungen in finnischer Sprache zusammengestellt. Die Übertragung der Arbeit ins Deutsche hat der ältere Autor ausgeführt.

II. Der Nationalpark Oulanka

1. Lage und Naturverhältnisse

Das Gesetz für die Gründung des Nationalparks Oulanka wurde am 21. Dezember 1956 erlassen. Die Forstverwaltung hatte das Gebiet aber schon seit Jahrzehnten nach Prinzipien des Naturschutzes verwaltet. Der Gedanke, die landschaftlich und biologisch eigenartige Natur von Kuusamo unter Schutz zu stellen, kam schon Ende des vorigen Jahrhunderts auf, als man in Finnland die Planung der Gründung von Schutzgebieten in Angriff genommen hatte.

Der Nationalpark liegt im nördlichen Teil des Kirchspiels Kuusamo und im südlichen Teil des Kirchspiels Salla (Abb. 1 und 2). Die Nordspitze ist 5 km südlich vom Nördlichen Polarkreis und die östlichste Ecke 6 km von der Grenze der Sowjetunion entfernt.

Der Flächenraum des Nationalparks beträgt 107 km^2, wovon die Gewässer nur vier km^2 einnehmen. Die Länge von der Ostgrenze zum Weiher Savilampi und von dort weiter bis zur Nordspitze des Nationalparks beträgt 25.5 km, die Breite bei dem Berg Kiutavaara etwa 5 km. Der überwiegende Teil gehört zum Kirchspiel Kuusamo, nur etwa 30 km^2 zum Kirchspiel Salla.

Im Nationalpark befindet sich die Biologische Forschungsanstalt Oulanka der Universität Oulu im Punkt 66°21′ N und 29°21′ E am Nordostende der Brücke über den Fluss Oulankajoki.

Der Felsgrund. Die Gesteinsarten des Nationalparks gehören zur Schieferphase von Kuusamo der Karelischen Schieferzone, die reichlich Quarzite und Dolomite enthält (Abb. 3). Die Zusammensetzung des grobkörnigen roten Dolomits am Wasserfall Kiutaköngäs ist nach Hackman & Wilkman (1929: 102) und Silvennoinen (1972: 35):

CaO	28.66 %
MgO	17.30 %
Al_2O_3 + Fe_2O_3	2.30 %
CO_2 + H_2O	44.95 %
Unlöslich	8.88 %
	102.09 %

Der Felsgrund ist beinahe durchgehend von losen Bodenarten bedeckt. Nackte Felsen kommen nur stellenweise an Berghängen, in Schluchttälern und an Ufern der Flüsse und Bäche vor. Sie haben jedoch wichtige Bedeutung für die Pflanzenwelt.

Der Boden. Vorherschende Mineralbodenarten im Nationalpark sind die Moränen. Die Bewegungsrichtung des Landeises während der letzten Eiszeit war von Westen nach Osten, weshalb viele nackte Felsen an den Westseiten der Anhöhen liegen, während die Osthänge von Moränenablagerungen bedeckt sind (SILVENNOINEN 1972: 5). Infolge der Dolomitvorkommen im Gesteinsgrund ist auch die Moräne stellenweise karbonathaltig. Unsortiertes Material gibt es nur im Flussbett des Oulankajoki, abwärts vom Wasserfall Taivalköngäs (Suomen kartasto 1960, 6, Mineralbodenarten), wo das von den Schmelzwasserströmungen des Landeises mitgeführte glazifluviale Material sich angehäuft hat. Im östlichen Teil des Nationalparks läuft der Fluss in einem von fast vegetationslosen Sandböschungsufern eingefassten Tal. Die Sandufer sind zu Verbreitungswegen mancher östlicher, konkurrenzschwacher Pflanzenarten geworden (vgl. TAARNA & VASARI 1959: 40).

Die Moräne ist an vielen Stellen von Torf überzogen. Torfböden gibt es am meisten im Norden, im Gebiet des Kirchspiels Salla. Die häufigsten Torfarten sind Seggen- und Braunmoostorf, auch *Sphagnum*-Torf kommt viel vor (vgl. SÖYRINKI *et al.* 1977: 120—126, 140—148 und Appendix 4).

In Finnland seltenen Kalkschlamm gibt es in nahe an den Karbonatfelsen gelegenen Mulden, wohin der Kalk von den Wasserströmungen gebracht worden ist, am reichlichsten in der Umgebung des Taivalköngäs und des Bachs Kiekeröoja und in den Gebieten der Moore Soidinsuo und der Kleinseen Polvilammit.

Die Höhenverhältnisse. Das Tal des Flusses Oulankajoki ist bedeutend tiefer gelegen als die Umgebung. Im östlichen Teil des Nationalparks liegt der mittlere Wasserspiegel des Flusses nur etwa 150 m ü.d.M., in den Hauptseen von Kuusamo 226 m ü.d.M. Im grössten Teil des Gebiets überschreitet die absolute Höhe jedoch 200 m (s. Abb. 2). Der höchste Punkt, der Scheitel des Bergs Kiutavaara, liegt ca. 380 m ü.d.M. Über 300 m erhebt sich noch der nahe beim Kiutavaara gelegene Berg Hirvivaara (320 m).

Alle Berge sind bewaldet (vaara = mit Wald bedeckter Berg). Die Pflanzengesellschaften der baumlosen alpinen Stufe fehlen also, und die arktisch-alpinen Arten, für die der Nationalpark berühmt ist, wachsen hier in der Nadelwaldstufe.

Die relativen Höhendifferenzen sind gross. Nahe beieinander gelegene Berge und tiefe Fluss- und Bachtäler zwischen diesen bezeichnen das Gebiet. Die grössten relativen Höhen sind in den Ost- und Südteilen des Nationalparks. Der Gipfel des Kiutavaara liegt ca. 220 m höher als der Wasserspiegel des in der Nähe fliessenden Oulankajoki. Weiter unten im Flusstal sind die Höhendifferenzen an manchen Stellen grösser als 100 m. Gelegentlich gibt es Heidewaldebenen an Flussufern, gewöhnlich steigen die Ufer aber stufenweise zu hohen Bergen an. Hinter den Uferbergen geht das Gelände in hügelige Drumlinlandschaft über (HÄNNINEN 1915: 11—13).

Im nördlichen, zum Kirchspiel Salla gehörigen Teil weichen die relativen Höhenverhältnisse von dem übrigen Nationalpark ab. Nur das Tal des Flusses Savinajoki mit seinen steilen Uferfelsen erinnert an die Natur des sonstigen Parkgebiets.

Die Wildheit der Landschaft wird durch tiefe Bruchtäler im Felsgrund betont, die gewöhnlich Betten von

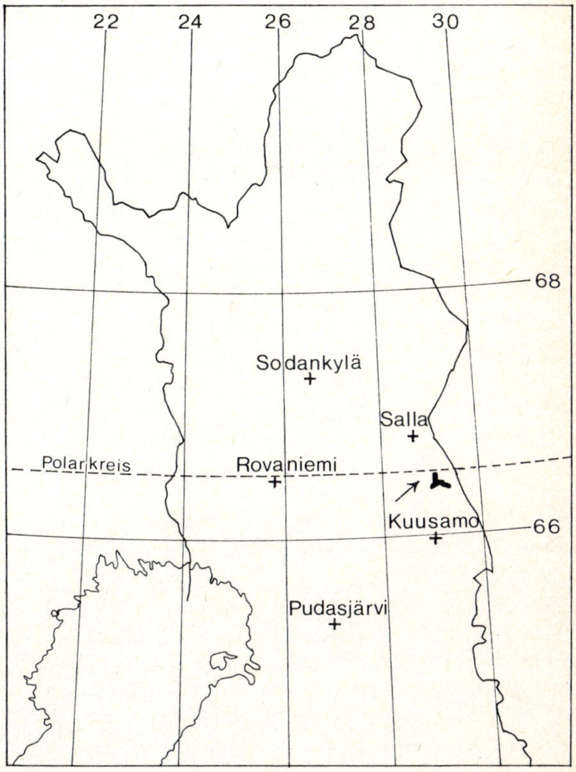

Abb. 1. Die Lage des Nationalparks Oulanka.

Flüssen und Bächen sind. Der Fluss Aventojoki läuft die ganze Strecke in einem Bruchtal sich nach den stellenweise gekreuzten Spaltungsrichtungen krümmend (vgl. HÄNNINEN 1915: 57). Grössere Bruchtäler sind ferner die Talschlucht Oulangankanjoni, der untere Teil des Savinajokitals, das Oulankajoki-Tal zwischen dem Kleinsee Savilampi und dem Wasserfall Taivalköngäs und das Bett des Bachs Merioja. Im Oulangankanjoni steigt die Felswand direkt vom Wasser 60 m hoch auf.

Die verschiedenen Licht-, Temperatur- und Feuchtigkeitsverhältnisse an den Standorten der Felswände schaffen Voraussetzungen für das Vorkommen sowohl des nördlichen als südlichen Artenbestands.

Das Klima. Die für finnische Verhältnisse ziemlich grosse absolute Höhe macht sich im Klima des Gebiets geltend. Die Isothermen verlaufen ja auf dieser Breite in Richtung Nordwest-Südost, und das Klima ist deshalb auf entsprechender Breite im westlichen Finnland bezüglich der Temperaturverhältnisse deutlich günstiger als hier.

Nach den Temperaturen im Juni erinnern Kuusamo (Kirchdorf) und Salla eher an das weit nördlicher gelegene Dorf Sodankylä als an Pudasjärvi und Rovaniemi (s. Tab. 1). Dieser Umstand und die grosse Differenz (27°C) zwischen den Mitteltemperaturen des kältesten und wärmsten Monats zeugen von der Kontinentalität des Klimas. Im tiefen Flusstal des Oulankajoki ist das Klima noch kontinentaler als im

Abb. 2. Übersichtskarte vom Nationalpark Oulanka mit Einheitskoordinaten. (■) Biologische Forschungsanstalt.

Kirchdorf Kuusamo und Salla. In den ersten Beobachtungsjahren auf der meteorologischen Station beim Kiutaköngäs war die Variation der jährlichen Mitteltemperaturen ca. 1,5 °C grösser, und die Mitteltemperatur des Jahrs ca. 0.2 °C tiefer als in Kuusamo (AHTI & HÄMET-AHTI 1971).

Den Einfluss der Höhendifferenzen auf die Mitteltemperaturen zeigt ein Vergleich der Temperaturwerte der Wetterwarten der beim Kiutaköngäs und am Ampumavaara gelegenen IPB-Beobachtungsflächen (Tab. 1). Auf dem höheren Ampumavaara ist die Mitteltemperatur im Juni deutlich tiefer und im Januar höher als beim Kiutaköngäs. Die lokal- und mikroklimatisch verschiedenartigen Standorte bieten sowohl dem nördlichen wie dem südlichen Artenbestand Existenzmöglichkeiten. An südlichen unteren Hängen der Berge und an sonnigen Felswänden der Flussufer wachsen viele südliche Pflanzen, deren einheitliche Verbreitung schon südlich von Kuusamo aufhört. An den Nordhängen der Schluchttäler wieder finden manche nördlichen Arten günstige Standorte.

Die mittlere Jahrestemperatur ist im Gebiet etwa ±0°C (Suomen kartasto 1960, 1:5). Die effektive Temperatursumme der Wachstumsperiode (= 5°) beträgt etwa 700°C und die thermische Wachstumsperiode (=5°C) dauert etwa 130 Tage (KERÄNEN 1942: 141—142). Die mittlere jährliche Niederschlagsmenge ist in Kuusamo 518 mm (Tab. 1). Die bestehende Schneedecke kommt Anfang November und verschwindet im offenen Gelände etwa Mitte Mai. Die mittlere Tiefe der Schneedecke beträgt um Mitte März über 70 cm (Suomen kartasto 1960, 5: 16,17 und 18; vgl. Tab. 1).

Im hygrischen Sinn ist das Klima in Kuusamo ozeanisch (vgl. z.B. HAVAS 1961: 113—117; VASARI 1962:

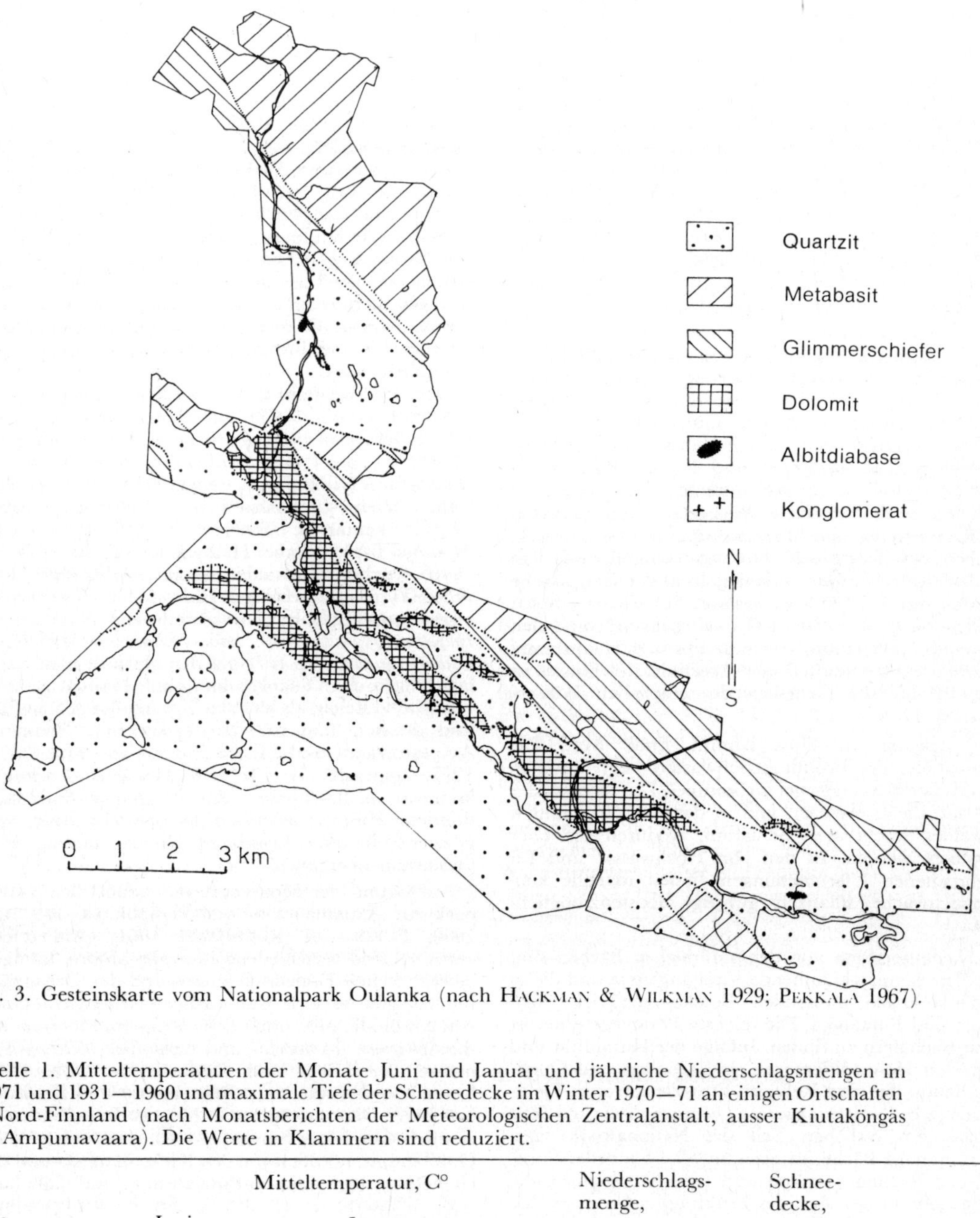

Abb. 3. Gesteinskarte vom Nationalpark Oulanka (nach HACKMAN & WILKMAN 1929; PEKKALA 1967).

Tabelle 1. Mitteltemperaturen der Monate Juni und Januar und jährliche Niederschlagsmengen im J. 1971 und 1931—1960 und maximale Tiefe der Schneedecke im Winter 1970—71 an einigen Ortschaften in Nord-Finnland (nach Monatsberichten der Meteorologischen Zentralanstalt, ausser Kiutaköngäs und Ampumavaara). Die Werte in Klammern sind reduziert.

Ortschaft	Mitteltemperatur, C° Juni 1971	Juni 1931—1960	Januar 1971	Januar 1931—1960	Niederschlagsmenge, mm 1971	1931—1960	Schneedecke, mm 1970—71
Kuusamo	10.7	11.2	−10.8	−12.4	636	518	90
Pudasjärvi	12.7	12.5	− 8.8	−11.4	629	(557)	115
Rovaniemi	12.4	12.0	−11.4	13.0	435	512	68
Salla	10.8	11.3	−11.7	−13.7	552	(536)	73
Sodankylä	11.1	11.3	−12.9	−13.5	412	(507)	74
Kiutaköngäs	10.8	—	−13.0	—	578	—	80
Ampumavaara	10.0	—	−11.0	—	—	—	—

hütten bei Ristikallio, am Ufer des Weihers Savilampi, am Wasserfall Taivalköngäs und im Ostteil des Nationalparks stehen. Ausserdem gibt es zwei Rentierhütten: die von Puikkojärvi am Weiher Vaalulampi zwischen Ristikallio und Taivalköngäs und die von Rytinki am Rand des Moors Metsosuo. Neben den Rentierhütten stehen Rentiergehege, ferner auch in Tulilamminkankaat und an den Kleinseen Hiidenlammit. An Flussufern und in Mooren stehen da und dort Scheunen und Heuschoberplätze aus der Zeit, wo das Winterfutter fürs Vieh auf Naturwiesen gesammelt wurde. Aus denselben Zeiten stammen auch die Dämme an den Bächen, die der Bewässerung der Moore zwecks Heugewinnung dienten. Am Savinajoki 4—5 km nördlich von Rupakivi sind die vermorschten Reste der ehemaligen Kupferkiesgrube noch sichtbar.

Holz wurde im Gebiet des Nationalparks in der Zeit vor dem ersten Weltkrieg geschlagen. Davon zeugen alte Baumstümpfe, am Boden liegengebliebene vermoderte Stämme und verfallene Holzfällerhütten. Die Einödenstimmung ist aber nach diesen Abholzungen beinahe vollständig wiederhergestellt worden, denn nur die gröbsten Sägeholzstämme wurden gefällt.

Die Spuren der Tätigkeit des Menschen kommen am deutlichsten in der Flora der Uferwiesen zum Vorschein. Als Folge der Mahd eingewandert oder wenigstens stark verbreitet sind z.B. *Deschampsia cespitosa, Agrostis tenuis, Phleum alpinum, Rumex acetosella, Stellaria graminea, Cerastium fontanum* ssp. *triviale, Ranunculus acris, Rhinanthus minor* und *Achillea millefolium.*

Der Einfluss der Abholzungen auf die Flora ist schwieriger zu beurteilen. Möglicherweise haben manche viel Licht fordernde Waldpflanzen aus diesen Nutzen ziehen können, wie *Deschampsia flexuosa, Calamagrostis epigejos* und *Epilobium angustifolium.* Wo einst die Holzfällerhütten standen, hat manche der Kultur folgende Art weiterleben können, z.B. *Agrostis tenuis, Alopecurus pratensis, Dryopteris carthusiana, Trifolium repens* und *Phleum alpinum.* An den Füssen der Wanderer sind *Poa annua* und *Veronica serpyllifolia* zum »Bärenrundenpfad» verschleppt worden. Die Bedeutung der Rentiere für die Verbreitung der Pflanzen ist nicht leicht zu beurteilen. Auf den Rentierpfaden findet man jedoch nicht selten u.a. *Poa alpina, Agrostis tenuis, Phleum alpinum* und *Cerastium fontanum* ssp. *scandicum.*

Zu den effektivsten Verbreitern des hemerochoren Artenbestands gehört der Landstrassenverkehr. An der Landstrasse wachsen ja Arten, die sonst nicht im Nationalpark gefunden worden sind: *Silene vulgaris, Alchemilla glomerulans, Prunella vulgaris* und *Potentilla norvegica.* Im Zusammenhang mit dem Bau der neuen Brücke im J. 1972 wurde die Landstrasse im Oulankajokital erhöht. Die neuen Strassenböschungen wurden mit einer Samenmischung besät, aus welcher im Sommer 1973 bzw. 1974 u.a. *Scleranthus annuus, Sisymbrium altissimum, Senecio vernalis* und die in Finnland vorher gar nicht angetroffene *Navarretia intertexta* gewachsen sind. Die meisten Vertreter dieses Artenbestandes sind verschwunden. Zu den dauerhaftesten zählen *Lolium perenne* und *Trifolium hybridum.* Die Biologische Forschungsanstalt mit ihren Anpflanzungen hat eine Menge von Ankömmlingen eingeführt, z.B. *Alopecurus geniculatus, Chenopodium viride, Polygonum lapathifolium, Fallopia convolvulus, Matricaria perforata* und *Senecio vulgaris,* und auch zufällige Besucher, z.B. *Lapsana communis.*

III. Die bisherigen Angaben über die Flora des Nationalparks

Trotz der in den ersten Jahrzehnten unseres Jahrhunderts noch schwierigen Verkehrsverbindungen begann die floristische Untersuchung von Kuusamo verhältnismässig früh. E. LAGUS (1772) gibt schon nahezu 50 Gefässpflanzenarten aus dem Kirchspiel an.

Die ersten Pflanzenproben aus Kuusamo haben F. Nylander im J. 1844 und N.I. Fellman und P. Karsten 1861 gesammelt, im Gebiet des Nationalparks B.A. Nyberg 1864. Die Proben von J. Sahlberg und A. Malmberg stammen vom Jahr 1870, die von EDW. WAINIO (1878) von 1877. V.F. Brotherus und F. von Wright botanisierten 1883 auch im Gebiet des heutigen Nationalparks und bereicherten besonders die Kenntnisse über die Moosflora von Kuusamo. Der erstere unternahm auch 1908 zusammen mit W. Brenner eine Reise nach Kuusamo (BROTHERUS 1909). Die Schluchttäler Juuman Vuomat mit ihren vielen Seltenheiten (u.a. *Salix reticulata* und *Dryas octopetala*) fand 1893 K.E. HIRN (1894), und im gleichen Sommer wurde *Dryas* von Bergingenieur Tigerstedt beim Kiutaköngäs und am Savilampi angetroffen (KIHLMAN 1894). Im J. 1898 botanisierte J. MONTELL (1898) am Oulankajoki zwischen dem See Paanajärvi und dem Fluss Kitkajoki; er hat auch im Nationalpark in diesem Jahrhundert gesammelt. Älteste florististische Angaben vom Parkgebiet sind auch im Sammelwerk von HJELT (1888—1926) veröffentlicht.

Eingangs unseres Jahrhunderts vermehrte A.L. BACKMAN (1902, 1902—1903, 1908, 1909 und 1913—1914) auf seinen Exkursionen in den Jahren 1902 und 1908 die Kenntnisse über die Flora von Kuusamo und auch des Nationalparks. Forstmeister E. af Hällström sammelte im Laufe vieler Jahre reichlich sowohl Moos- als Gefässpflanzenproben auch im Gebiet des Nationalparks, sein Herbarium ist aber leider im J. 1939 durch Feuer vernichtet worden. Die von ihm zusammengestellten unveröffentlichten Verzeichnisse von den Pflanzen des geplanten Naturparks Oulanka und von den bedeutsamsten Pflanzenarten Kuusamos (HÄLLSTRÖM 1915 und 1949) ersetzen einigermassen den Verlust des Herbariums. Den reichsten Beitrag zur Flora des Parkgebietes hat V. PESOLA (1928a, b und c, 1928, 1934a und b, 1952a und b, 1955a und b) gebracht, der an den Flussufern des Nationalparks sowohl in Kuusamo als Salla botanisiert hat. Weitere Beiträge haben auch V. KUJALA (1921, 1936) und V. AUER (1923a und b) geliefert. Bemerkenswerte Pflanzenfunde machte im Sommer 1934 in Kuusamo C.-E. SONCK (1937a und b).

Die Initiative zu planmässigen Exkursionen in Kuusamo hat M.J. Kotilainen ergriffen. Er besuchte das Gebiet schon 1926 und wanderte auch durch den heutigen Nationalpark am Savinajoki und Oulankajoki entlang zum See Paanajärvi; besonders die Moosfunde waren beachtlich. Sein überraschender *Kobresia simpliciuscula*-Fund 1936 am Berg Korvasvaara zeigte, wie lückenhaft die floristischen Kenntnisse von Kuusamo trotz der vielen Exkursionen in der Tat noch waren (KOTILAINEN 1954). So wurde unter seiner Führung mit Unterstützung der Finnischen Zoologisch-Botanischen Gesellschaft »Vanamo» die Kuusamo-Expedition von »Vanamo» unternommen (vgl. SAALAS 1946: 298—299), die im Sommer 1937 auch im Nationalparkgebiet Aventojoki, Oulangankanjoni, Savinajoki und Kiekeröoja besuchte, und vom Savilampi am Oulankajoki entlang in die Gegend von Hiidenlammit und Putaanoja wanderte. Unter den Teilnehmern waren ausser den Botanikern A.V. Auer, A. Pankakoski, A. Vaarama, O.V. Lumiala und L. Lehtonen auch die Zoologen E. Suomalainen und P. Suomalainen. Die floristischen Beobachtungen wurden in einem Manuskript gesammelt (VR 1937). Das Laubmoosmaterial wurde in der verdienstvollen Zusammenstellung von R. TUOMIKOSKI (1939) veröffentlicht, der in den Jahren 1934 und 1938 in Kuusamo botanisierte, die Lebermoose von A.V. AUER (1944b), der noch im Sommer 1939 dort sammelte.

Mit der Verbesserung der Verkehrsverbindungen waren die Fahrten der Biologen nach Kuusamo zu jener Zeit beinahe eine Modesache geworden. Weitere Angaben über die Gefässpflanzenflora des Nationalparks brachten in den dreissiger Jahren besonders G. Idman, M. Laurila, H. Lindberg, B. Malmio, V. Niinimäki, A. Panelius, G. Roos, U. Saxén und J. Soveri, von denen viele das Gebiet auch später besucht haben.

Die Botaniker von Turku machten eine botanische Exkursion in die Gegenden von Juuma, Kiutaköngäs und Liikasenvaara im Sommer 1949 unter Leitung von L.E. Kari mit Hilfe von Direktor E. Pallari aus Oulu, der mit ihm die gleichen Orte schon im vorherigen Sommer besucht hatte. Auch Lic. med. P. Jokela aus Oulu und sein Sohn I. Jokela waren eine Zeitlang bei der Exkursion, von welcher ausser den vorgenannten noch 16 weitere Teilnehmer, u.a. I. Kukkonen und H. Såltin, Pflanzenproben mitgebracht haben. Im gleichen Sommer botanisierten in dem Gebiet zusammen auch L. LAINE, G. MARKLUND und Y. VASARI (1949); ferner K.J. Lounamaa, T. Mankila und K. Takala jeder für sich.

Planmässiges Botanisieren wurde durch die von A. Kalela und M.J. Kotilainen im Sommer 1955 organisierte Biologenexpedition fortgesetzt. Die Teilnehmer bildeten zwei Gruppen, von denen die eine unter Führung von T. Ulvinen vom Kiutaköngäs zum Taivalköngäs und weiter durch das Schluchttal Oulangankanjoni zum Dorf Ollila wanderte. Ausser Ulvinen haben auch T. Ahti, L. Kilpeläinen, P. Kytölä und V. Törnroos Pflanzenproben gesammelt. Die andere, von S. Eurola geführte Gruppe machte die gleiche Tour in entgegengesetzter Richtung von Ollila zum Taivalköngäs und Kiutaköngäs, während P. Isoviita als Sammler beschäftigt war. Die floristischen Beobachtungen der Expedition wurden in einem Manuskript (BR 1955) zusammengefasst.

Im August 1957 fuhren J. TAARNA und Y. VASARI (1959) im Motorboot auf dem Oulankajoki vom Kiutaköngäs bis zur Reichsgrenze; ihre floristischen Angaben betreffen aber das Gebiet östlich vom Nationalpark.

Im folgenden Jahr botanisierten U. KIISTALA und M. JAHKOLA (1958) im Nationalpark. Im gleichen Sommer wanderten M. MUUKKONEN, A. VASARI und Y. VASARI (1958) an den Kleinseen Hiidenlammit und dem aus dem Weiher Alempi Hiidenlampi kommenden Bach entlang zum Oulankajoki. Auf der gleichen Strecke machten 1966 T. ULVINEN, S. EUROLA und Y. VASARI (1966) floristische Beobachtungen. Von der Exkursion des Vereins Symbioosi ry. nach Kuusamo 1960 enthalten die Manuskripte von SALMINEN (1960) und UOTILA (1960) Angaben vom Nationalpark. Drei Jahre später wanderte J. SUOMINEN (1963) die Strecke vom Kiutaköngäs zum Bach Merioja.

Die Kenntnisse von der Flora des Nationalparks sind ferner durch viele in den letzten Jahrzehnten veröffentlichte Arbeiten bereichert worden: FORTELIUS (1925), A.V. AUER (1938, 1944 a), LUTHER (1946), VASARI (1951), HÄMET (1956), RINTANEN (1967, 1968, 1976), SÖYRINKI (1970), AHTI & HÄMET-AHTI (1971), SAARI (1974, 1977) und SÖYRINKI, SALMELA & SUVANTO (1977). Unveröffentlichte Beiträge enthalten die Arbeiten von NISKASAARI (1956), KANGAS (1969) und HEIKURA (1970).

Seit der Gründung des Nationalparks 1956 ist das Sammeln von Pflanzenproben nur mit Sondergenehmigung gestattet.

IV. Die Methode der Untersuchung und Kartierung der Flora

Bei der Untersuchung der Flora wurde die Quadratmethode befolgt. Um die vielfältig variierenden floristischen Besonderheiten des Gebiets genügend herauszubekommen, wurde als Grösse des Quadrats $^1/_4$ km^2 gewählt statt des sonst bei uns üblichen 1 km^2 (vgl. z.B. ERKAMO 1939; SUOMINEN 1961; KYRÖVUORI & SUOMINEN 1967).

Da die Arbeit vor der Ingebrauchnahme des Einheitskoordinatensystems beim Zusammenstellen der floristischen Beobachtungen in Finnland begonnen worden war (vgl. HEIKINHEIMO & RAATIKAINEN 1971), wurde das Gitternetz der Grundkarte 1:20 000 zugrunde gelegt. Der Nationalpark fällt auf die Quadrate 736:59, 736:60, 736:61, 737:59, 737:60 und 738:59 der floristischen Kartierung Finnlands.

Das Gebiet des Nationalparks umfasst insgesamt 440 Quadrate von je $^1/_4$ km^2 (Karte 376). An den Rändern des Gebiets sind die Grenzen der Quadrate praktischen Gesichtspunkten angepasst worden (vgl. SUOMINEN 1961). Die an der Grenzlinie des Nationalparks gelegenen Quadrate können also etwas grösser oder kleiner sein als $^1/_4$ km^2. In der Regel wurden die Quadrate unter $^1/_8$ km^2 in die für den Zweck am besten passenden Nachbarquadrate einbezogen. Das Vereinigen der an die Gewässer grenzenden Quadrate wurde jedoch vermieden, um die Wirkung der Uferflora auf ein möglichst kleines Gebiet zu beschränken. Im ganzen wurden mehr kleine Quadrate erhalten als grössere, weshalb die mittlere Quadratgrösse unter Berücksichtigung der Gesamtfläche von 107 km^2 des Nationalparks unter $^1/_4$ km^2 bleibt.

Von jedem Quadrat wurde ein möglichst vollständiges Verzeichnis der Gefässpflanzenarten gemacht mit Angaben über Häufigkeit, Standortsverhältnisse und Begleitarten. Zu diesem Zweck wurde das Quadrat nach Bedarf auf 3—4 Linien untersucht mit besonderer Berücksichtigung der Geländepunkte mit variierenden und pflanzenreichen Standorten. Die Untersuchung eines Quadrats nahm je nach der Topographie und Beschaffenheit der Vegetation 1—4 Stunden in Anspruch, und im Lauf eines Tags wurden durchschnittlich 3—4 Quadrate durchforscht.

Auf Grund der Beobachtungen wurde die Verbreitung jeder Art im Nationalpark mit Hilfe einer Punktkarte dargestellt, wo das Vorkommen der Art in dem betreffenden Quadrat mit einem Punkt eingetragen ist (Karten 1—375). Auf den Verbreitungskarten sind ausser den eigenen Beobachtungen nur solche eventuelle frühere Funde berücksichtigt, die mit Sicherheit lokalisiert werden konnten.

Die Bodenproben für die pH-Bestimmungen wurden von dem mit den Wurzeln der betreffenden Pflanze in Berührung stehenden Nährboden genommen. Die Messungen wurden mit Metrohm E 280 A pH-Meter ausgeführt. Die Bodenprobe wurde eine halbe Stunde vorher in der doppelten Volumeneinheit destillierten Wassers ausgelaugt. In den Mooren wurde die Probe aus dem Moorwasser oder aus zusammengedrücktem Torf genommen. Die Resultate sind nicht getrennt angegeben, obwohl die aus ausgedrücktem Torf erhaltenen Werte nach HAVAS (1961: 22) 0.2 pH-Einheiten niedriger sind als diejenigen vom freien Wasser.

V. Die Frequenzverhältnisse der Gefässpflanzen des Nationalparks

Die Flora des Nationalparks umfasst im Ganzen 478 Taxa, d. h. 429 Arten und Unterarten und 49 Hybriden. Im folgenden wird die Verteilung dieser im Gebiete mit Hilfe der Frequenzwerte (rr — fqq) behandelt (siehe S. 24).

1. Die Gruppe der sehr seltenen (rr) Pflanzen, die auf 1—9 Quadraten von insgesamt 440 angetroffen worden sind, besteht aus 169 Taxa.

Die meisten Hybriden (37) des Nationalparks finden sich hier. Auch nahezu ein Drittel von den Arten gehören zu dieser Gruppe, die bedeutend grösser ist als die übrigen Frequenzklassen. Dies beruht wesentlich auf der grossen Zahl (ca. 60) der hemerochoren Pflanzen, die in der Einödenlandschaft des Nationalparks keine geeigneten Standorte finden und in der Hauptsache nur am Rand der einzigen Landstrasse und im Bereich der Biologischen Forschungsanstalt vorkommen. Insgesamt 33 Arten von diesen wurden nur auf einem einzigen Quadrat festgestellt, und viele waren ganz zufällig während der Bauarbeiten eingeschleppt worden und wieder verschwunden, wie z.B. die nordamerikanische Polemoniazeen-Pflanze *Navarretia intertexta,* die sonst überhaupt nicht in Finnland angetroffen worden ist.

Zu den sehr seltenen ursprünglichen Arten zählen im Nationalpark zahlreiche sowohl nördliche als südliche und östliche Arten, von denen viele hier an der Peripherie ihres Areals vorkommen. Nördliche Arten sind die folgenden, von denen die meisten zum arktischen bzw. arktisch-alpinen Element gehören:

Botrychium boreale
Poa glauca
Eriophorum russeolum
Carex buxbaumii ssp. *alpina*
C. rariflora
C. rotundata
Salix reticulata
Urtica dioica ssp. *sondenii*
Lychnis alpina
Silene furcata ssp. *angustiflora*
Ranunculus hyperboreus
R. lapponicus
Draba norvegica
Saxifraga aizoides
S. cespitosa
Potentilla nivea
(Anthyllis vulneraria)
Arctostaphylos alpinus
Primula stricta
Crepis tectorum ssp. *nigrescens*

Von den im Nationalpark sehr seltenen Arten wachsen hier an oder in der Nähe der Nordgrenze ihrer Verbreitung u.a.:

Lycopodiella inundata
Botrychium lanceolatum
Pteridium aquilinum
Thelypteris palustris
Potamogeton compressus
P. lucens
Alisma plantago-aquatica
Convallaria majalis
Schoenus ferrugineus
Rhynchospora alba
Carex elongata
Epipogium aphyllum
Salix aurita
Salix repens
Silene rupestris
Ranunculus trichophyllus ssp. *trichophyllus*
Vicia sylvatica
Polygala amarella
Viola riviniana
Elatine hydropiper
Circaea alpina
Myriophyllum verticillatum
Cicuta virosa
Galium triflorum

Sehr seltene östliche Arten sind:

Agropyron fibrosum
Carex elata ssp. *omskiana*
Salix pyrolifolia
Lonicera caerulea
Lactuca sibirica

Der Nationalpark ist also ein Treffpunkt vieler in dieser Gegend überhaupt sehr seltener nördlicher, südlicher und östlicher Pflanzen. Aus den obigen Pflanzenlisten geht auch hervor, wie begrenzte Verbreitung im Nationalpark viele von denjenigen Arten besitzen, auf welchen der Ruhm von dem Reichtum und der Eigenart seiner Flora in erster Linie beruht. Dies gilt besonders für die arktischen und arktisch-alpinen Arten in ihren Refugien inmitten der Nadelwaldzone. Von ihnen wurde *Silene furcata* ssp. *angustiflora,* die früher im Gebiet gesammelt worden ist, überhaupt nicht wiedergefunden.

2. Zur Gruppe der seltenen (r) Pflanzen, die auf 10—36 Quadraten gefunden worden sind, gehören 88 Taxa.

In dieser Gruppe befinden sich auch mehrere Vertreter des arktisch-alpinen bzw. arktisch-montanen Elements, nämlich:

Juncus triglumis
Luzula multiflora ssp. *frigida*
Eriophorum brachyantherum
Carex glacialis

Arenaria ciliata ssp. *pseudofrigida*	*Epilobium alsinifolium*
Draba cinerea	*Pinguicula villosa*
Dryas octopetala	*Erigeron acer* ssp. *politus*
Potentilla nivea	*Arnica alpina*
Epilobium hornemannii	*Cicerbita alpina*

An oder in der Nähe der Nord- bzw. Westgrenze ihrer Verbreitung wachsen u.a. folgende Arten selten im Nationalpark:

Asplenium ruta-muraria	*Silene tatarica*
Diplazium sibiricum	*Gypsophila fastigiata*
Woodsia ilvensis	*Ranunculus monophyllus*
Carex appropinquata	*Frangula alnus*
C. jemtlandica	*Viola selkirkii*
Epipactis atrorubens	*Erigeron decoloratus*
Listera cordata	*Inula salinica*

Die Gruppen der sehr seltenen und seltenen Taxa umfassen mehr als die Hälfte von dem Artenbestand des Nationalparks und den Hauptteil der in pflanzengeographischer Hinsicht interessantesten Arten des Gebietes.

3. Die Gruppe der ziemlich seltenen Arten (st r), die auf 37—81 Quadraten angetroffen worden sind, umfasst 55 Taxa.

Von den Arten arktischen bzw. arktisch-alpinen oder arktisch-montanen Charakters gehören zu dieser Gruppe *Asplenium viride, Woodsia alpina, W. glabella, Sparganium hyperboreum, Poa alpina, Agropyron boreale, Salix glauca, Stellaria calycantha, Cerastium alpinum, Saxifraga nivalis, Astragalus frigidus, Epilobium davuricum* und *Thymus serpyllum* ssp. *tanaënsis*, von denen mehrere auch weiter südlich in Finnland Vorkommen haben, ebenso wie die dort als Ospflanzen auftretenden *Astragalus alpinus* ssp. *arcticus* und *Oxytropis campestris* ssp. *sordida* (vgl. JALAS 1950).

Von den Arten dieser Gruppe hat *Carex digitata*, die im Nationalpark an ihrer Nordgrenze wächst, ihre verhältnismässig hohe Frequenz ausser der von Kalk verursachten Fruchtbarkeit des Bodens offenbar auch — wie viele andere Arten — der günstigen Klimaphase während ihrer Einwanderung zu verdanken. Die Einwirkung des Kalks ist auch im Vorkommen mancher anderen Arten wahrzunehmen, z.B. *Gymnocarpium robertianum, Cypripedium calceolus, Calypso bulbosa* und *Fragaria vesca*. Ein typischer Vertreter des östlichen Artenbestands ist *Dianthus superbus*, die am Oulankajoki entlang eingewandert ist, so wie auch z.B. *Carex ericetorum, Oxytropis campestris* ssp. *sordida* und *Viola rupestris* ssp. *rupestris*.

4. Die Gruppe der verstreut (p) vorkommenden Pflanzen, die auf 82—144 Quadraten angetroffen worden sind, umfasst 45 Taxa.

Das arktisch-montane Element wird repräsentiert von *Cystopteris montana, Carex capitata, C. norvegica* ssp. *inferalpina* und *Pinguicula alpina*, die nasse, kalkreiche Standorte bewohnen, und ausserdem von *Phleum alpinum* und *Euphrasia frigida*. Der Hauptteil der Gruppe besteht aus in Finnland gewöhnlichen borealen Arten.

5. Die Gruppe der ziemlich häufigen Pflanzen (st fq) umfasst 39 Taxa, die auf 145—224 Quadraten angetroffen worden sind.

Die Gruppe enthält die arktisch-zirkumpolare *Poa rigens* und die arktisch-montanen *Agrostis borealis, Salix myrsinites, S. hastata* und *Bartsia alpina*, ferner *Eriophorum latifolium, Carex capillaris* und *Actaea erythrocarpa*, die sich unter den vielen eutrophen Arten besonders auszeichnen.

6. Die Gruppe der häufigen Pflanzen (fq), die auf 225—323 Quadraten gefunden wurden, umfasst 43 Arten.

Die meisten von diesen sind in Finnland häufige Wald- bzw. Moorpflanzen. Zum arktisch-montanen Element gehören *Tofieldia pusilla* und die in ganz Finnland verbreitete *Polygonum viviparum*. Zu bemerken sind auch die für die kalkhaltigen Moore typischen *Equisetum scirpoides* und *Carex flava*, die hier in für unsere Verhältnisse ungewöhnlicher Reichlichkeit vorkommen.

7. Zur Gruppe der sehr häufigen Arten (fqq), die auf 324—440 Quadraten angetroffen worden sind, gehören folgende 39 (mit Anzahl der Fundquadrate):

382	*Lycopodium annotinum*	350	*Alnus incana*
332	*Diphasium complanatum*	351	*Rubus chamaemorus*
331	*Selaginella selaginoides*	359	*R. saxatilis*
335	*Gymnocarpium dryopteris*	377	*Sorbus aucuparia*
440	*Picea abies*	386	*Geranium sylvaticum*
440	*Pinus sylvestris*	360	*Epilobium angustifolium*
423	*Juniperus communis*	365	*Orthilia secunda*
338	*Maianthemum bifolium*	421	*Calluna vulgaris*
412	*Luzula pilosa*	438	*Ledum palustre*
334	*Molinia caerulea*	440	*Vaccinium vitis-idaea*
337	*Deschampsia flexuosa*	439	*V. uliginosum*
364	*Calamagrostis phragmitoides*	440	*V. myrtillus*
		440	*Empetrum nigrum* ssp. *hermaphroditum*
389	*Carex globularis*	405	*Trientalis europaea*
325	*C. rostrata*	430	*Melampyrum sylvaticum*
375	*Salix phylicifolia*	379	*Linnaea borealis*
408	*S. caprea*	424	*Solidago virgaurea*
343	*Populus tremula*	326	*Saussurea alpina*
396	*Betula pendula*	349	*Hieracium* spp.
438	*B. pubescens*		
330	*B. nana*		

Die Gruppe besteht aus Arten, die für die

wichtigsten Formationen in ganz Finnland, die borealen Nadelwälder und Moore, kennzeichnend sind. Eine Ausnahme bilden nur die arktisch-montanen *Selaginella selaginoides* und *Saussurea alpina,* die bei uns eine nördliche Verbreitung haben, und die von der Eutrophie des Nationalparks zeugen. Die nördliche Lage des Gebietes spiegelt sich auch in der hohen Frequenz von *Ledum palustre, Vaccinium uliginosum* und *Empetrum nigrum* ssp. *hermaphroditum,* die hier ausser in den Mooren auch in Heidewäldern wachsen.

VI. Die Beziehungen der Arten zum Kalkgehalt des Standorts

Der Reichtum der Flora im Nationalpark Oulanka ist in erster Linie durch die kalkhaltigen Gesteinsarten, Kalziumkarbonate und Dolomite, bedingt. Diese Gesteinsarten ermöglichen das Vorkommen vieler Pflanzenarten, die in unserem Lande mehr oder minder deutlich an Kalk gebunden sind und auf saurem granitischem Felsgrund nicht gedeihen. Die vom Kalk verursachte Erhöhung der allgemeinen Fruchtbarkeit schafft ausserdem günstige Wachstumsverhältnisse für viele edaphisch anspruchsvolle Arten, die nicht direkt auf Kalk angewiesen sind. Diese beiden ökologischen Pflanzengruppen geben der Flora und Vegetation des Nationalparks ihren Sondercharakter, obwohl der Artenbestand vorwiegend von mehr oder minder trivialen und indifferenten Arten gebildet wird.

Die in ihrem Vorkommen durch Kalkgehalt des Standbodens geförderten Gefässpflanzen des Nationalparks können in drei Kategorien eingeteilt werden.

Die erste Gruppe wird von den folgenden 25 Arten gebildet, die *kalkstet* sind (+++ = kalkfordernd, ++ = kalkliebend, + = schwach kalkliebend bei Pesola (1928:157—158)):

+++ *Asplenium ruta-muraria*
++ *Cystopteris dickieana*
+++ *C. montana*
+++ *Woodsia glabella*
Gymnocarpium heterosporum
+++ *G. robertianum*
+ *Juncus triglumis*
Schoenus ferrugineus
+++ *Carex glacialis*
C. jemtlandica
+++ *Cypripedium calceolus*
+++ *Epipactis atrorubens*
+++ *Salix reticulata*
++ *Salix pyrolifolia*
+++ *Arenaria ciliata*
+++ *Silene furcata* ssp. *angustiflora*
+++ *Gypsophila fastigiata*
++ *Draba cinerea*
++ *Saxifraga aizoides*
++ *S. cespitosa*
+++ *Dryas octopetala*
++ *Potentilla nivea*
Anthyllis vuneraria
++ *Polygala amarella*
+++ *Arnica alpina*

Ein Vergleich zeigt, dass die meisten Arten dieser Gruppe zu den kalkfordernden Pesolas (1928) gehören und die übrigen zu den kalkliebenden, mit Ausnahme von *Juncus triglumis,* die von ihm für schwach kalkliebend bewertet wird. Die Arten ohne Vorzeichen waren damals noch nicht aus Kuusamo bekannt.

Die Vorkommen dieser Arten stehen deutlich in Beziehung zu einem hohen Kalkgehalt des Standbodens. Die meisten gehören zu den Kategorien der sehr seltenen bzw. seltenen Arten und treten im Nationalpark weit entfernt von ihrem Hauptareal auf. Manche (*Juncus triglumis, Carex glacialis, Gypsophila fastigiata* und *Polygala amarella*) zeigen sich hier enger an Kalk gebunden als in ihrem eigentlichen Areal. Die Mehrzahl dieser Gruppe bilden die Felspflanzen, aber auch einige Arten der eutrophsten Moore und Quellen (*Juncus triglumis, Schoenus ferrugineus, Carex jemtlandica* und *Salix reticulata*) sind dabei. In feuchten kalkhaltigen Wäldern wachsen *Cystopteris montana* und *Cypripedium calceolus.*

Die zweite Gruppe besteht aus denjenigen Arten, die hauptsächlich den Vorkommen der Kalkgesteine folgen. Zu dieser Gruppe der *kalkliebenden* Pflanzen können folgende 42 Arten gerechnet werden:

++ *Equisetum variegatum*
++ *E. scirpoides*
+++ *Asplenium viride*
+++ *Diplazium sibiricum*
++ *Woodsia alpina*
+ *Triglochin palustre*
+ *Potamogeton filiformis*
P. compressus
+ *P. lucens*
++ *Poa glauca*
++ *Agropyron boreale*
++ *Eriophorum brachyantherum*
++ *E. latifolium*
+ *Eleocharis quinqueflora*
++ *Carex capitata*
++ *C. appropinquata*
++ *C. norvegica* ssp. *inferalpina*
++ *C. panicea*
++ *C. digitata*
++ *C. capillaris*
C. bergrothii
Listera ovata
+ *Calypso bulbosa*
+ *Coeloglossum viride*
++ *Gymnadenia conopsea*
++ *Dactylorhiza traunsteineri*
++ *Salix myrsinites*
+ *Cerastium alpinum*
++ *Actaea erythrocarpa*
Draba norvegica
+ *Saxifraga nivalis*
+ *Potentilla erecta*
+ *Astragalus frigidus*
+ *Vicia sylvatica*
+ *Myriophyllum spicatum*
Primula stricta
+ *Callitriche hermaphroditica*
++ *Bartsia alpina*
++ *Pinguicula alpina*
++ *Inula salicina*
++ *Tussilago farfara*
+ *Saussurea alpina*

Die Arten dieser Gruppe sind nicht so streng an Karbonatgesteinvorkommen gebunden wie diejenigen der ersten Gruppe. Manche (z. B. *Eriophorum latifolium, Bartsia alpina* und *Saussurea alpina*) sind demgemäss verhältnismässig häufig im Nationalpark, ihr Vorkommen konzentriert sich aber auf die eutrophen Gebiete. Diese Gruppe umfasst einige bei uns südliche Arten (*Carex digitata, Vicia sylvatica, Inula salicina* und *Tussilago farfara*), die hier anspruchsvoller erscheinen als südlicher in Finnland. Manche (*Potamogeton filiformis, Eleocharis quinqueflora* und *Myriophyllum spicatum*) sind bei uns zuvörderst nur als Meeresuferpflanzen bekannt, deren Fortkommen im Kuusamo-Salla-Gebiet auch nach der postglazialen Meeresuferphase durch den hohen Elektrolytgehalt des Standorts erklärt werden kann, der von dem kalkhaltigen Felsgrund verursacht ist. Die meisten Arten der Gruppe wachsen in eutrophen Mooren und feuchten Wäldern, es sind aber auch manche Fels- und Wasserpflanzen dabei.

Die meisten Arten dieser Gruppe werden von Pesola (1928) als kalkliebend (++) bezeichnet, und die übrigen als schwach kalkliebend (+), ausser *Asplenium viride* und *Diplazium sibiricum* als kalkfordernd. Die letztgenannten Arten wachsen aber auch an Stellen, wo es sowohl auf Grund der geologischen Kenntnisse als der Begleitflora keine Kalkgesteine gibt.

Die dritte Gruppe umfasst Arten, die in ihrem Vorkommen nicht direkt von den Karbonatgesteinen abhängig sind, obwohl ihre Häufigkeit im Nationalpark auf der durch den Kalk verursachten Fruchtbarkeit beruht. Zu dieser Gruppe der *kalkbegünstigten* Arten gehören:

+	*Selaginella selaginoides*	+	*Saxifraga hirculus*
+	*Equisetum pratense*	+	*Ribes spicatum*
+	*Pteridium aquilinum*	+	*Rubus idaeus*
+	*Matteuccia struthiopteris*	+	*Rosa majalis*
+	*Potamogeton praelongus*	+	*Geum rivale*
	Convallaria majalis	++	*Fragaria vesca*
++	*Paris quadrifolia*	++	*Prunus padus*
i	*Phragmites australis*	i	*Astragalus alpinus* ssp. *arcticus*
++	*Milium effusum*	+	*Oxytropis campestris* ssp. *sordida*
+	*Agropyron caninum*		*Frangula alnus*
++	*Carex dioica*	++	*Daphne mezereum*
+	*C. heleonastes*	+	*Viola rupestris* ssp. *rupestris*
	C. elongata		*V. riviniana*
+	*C. diandra*	++	*V. selkirkii*
+	*C. buxbaumii* ssp. *buxbaumii*	++	*Circaea alpina*
	C. buxbaumii ssp. *alpina*	+	*Epilobium davuricum*
	C. laxa	++	*Anthriscus sylvestris*
++	*C. flava*	++	*Galium triflorum*
++	*Dactylorhiza incarnata*	++	*Thymus serpyllum* ssp. *tanaënsis*
	Epipogium aphyllum	+	*Lonicera caerulea*
i	*Salix pentandra*	+	*Crepis paludosa.*
++	*Urtica dioica* ssp. *sondenii*		
+	*Stellaria crassifolia*		
+	*Lychnis alpina*		

Viele von den Arten dieser Gruppe sind von Pesola (1928) zu den kalkliebenden (++) gestellt worden, die meisten aber zu den schwach kalkliebenden (+). *Phragmites australis, Salix pentandra* und *Astragalus alpinus* ssp. *arcticus* hat er als indifferent (i) beurteilt.

Die Gruppe umfasst eine ganze Menge von Arten der feuchten Haine (z. B. *Equisetum pratense, Paris quadrifolia, Milium effusum, Agropyron caninum, Ribes spicatum, Rubus idaeus, Geum rivale, Prunus padus* und *Anthriscus sylvestris*). Einige Arten (*Matteuccia struthiopteris, Viola selkirkii* und *Circaea alpina*) wachsen nur an beständig nassen Standorten, wo die Zufuhr von Sauerstoff und Nährsalzen durch Wasserströmungen gefördert wird. Manche auf den Dolomitfelsen recht häufig wachsende Arten (*Oxytropis campestris* ssp. *sordida, Viola rupestris* ssp. *rupestris* und *Thymus serpyllum* ssp. *tanaënsis*) scheinen wenigstens in gleichem Masse von einem freien Wuchsraum wie von der Fruchtbarkeit des Standbodens abhängig zu sein, besonders weil ihr hauptsächliches Areal an den Sandufern des Oulankajoki im östlichen Teil des Nationalparks liegt. Freier Wuchsraum ist freilich oft ein ausschlaggebender Faktor auch im Vorkommen sogar der anspruchsvollsten Pflanzen.

Die Gruppe umfasst viele auch noch an mesotrophen Standorten gedeihende Moorpflanzen (z. B. *Selaginella selaginoides, Carex dioica, C. diandra, C. buxbaumii* ssp. *buxbaumii, C. buxbaumii* ssp. *alpina* und *C. laxa*), bei welchen der Schwerpunkt des Vorkommens jedoch auf der Seite der Eutrophie liegt. Einige in Süd-Finnland auch in den Heidewäldern wachsende Arten wie *Convallaria majalis* und *Pteridium aquilinum* erweisen sich hier an ihren nördlichen Standorten als verhältnismässig anspruchsvoll.

Die meisten Arten des Nationalparks können als indifferent bezeichnet werden. Die Grenze zwischen diesen und der dritten Gruppe ist aber recht diffus, und es gibt eine Menge von Arten, die nahe an die dritte Gruppe herankommen. Zu diesen gehören zuvörderst:

Thelypteris palustris	*Ranunculus lapponicus*
Potamogeton berchtoldii	*R. trichophyllus* coll.
Alisma plantago-aquatica	*Parnassia palustris*
Tofieldia pusilla	*Epilobium hornemannii*
Poa rigens	*E. alsinifolium*
Calamagrostis epigejos	*Pyrola media*
Phalaris arundinacea	*P. rotundifolia*
Carex disperma	*Pedicularis sceptrum-carolinum*
C. serotina ssp. *pulchella*	*Utricularia vulgaris*
Salix myrsinifolia	*Erigeron acer* ssp. *politus*
S. hastata	*Petasites frigidus*
Ranunculus hyperboreus	*Cicerbita alpina*

Die Vorkommen dieser Arten folgen nicht den Kalkgesteinbildungen. Sie fordern jedoch einen hinsichtlich des Nahrungsreichtums wenigstens mittelmässigen Standboden oder ganz bestimmte ökologische Verhältnisse, z. B. offenen lichten Wuchsraum, Quelligkeit oder Ufersäume der Gewässer.

Im Vergleich zu den obengenannten Pflanzengruppen bleibt die Zahl solcher Arten, die als mehr oder minder kalkmeidend beurteilt werden können, verhältnismässig gering. PESOLA (1928: 160) hat sie in zwei Gruppen eingeteilt, die schwach kalkmeidenden und die kalkmeidenden Arten.

Zur Gruppe der *schwach kalkmeidenden* Pflanzen könnten solche Arten geführt werden, die im Nationalpark im Bereich der sauren Gesteinsarten reichlicher auftreten als in den eutrophen Gebieten. Die Konzentrierung auf die kargen Gebiete geht aber nur schwer aus den Verbreitungskarten hervor. Zu solchen Arten gehören z. B. *Scheuchzeria palustris, Eriophorum vaginatum, Carex pauciflora, C. globularis, Rubus chamaemorus* und vielleicht auch viele andere von den Arten, die PESOLA für schwach kalkmeidend gehalten hat (*Scheuchzeria palustris* und *Carex pauciflora* hält er für kalkmeidend).

Eine leicht abzugrenzende Gruppe sind diejenigen Arten, die sich in ihrem Auftreten auf die Gebiete der sauren Gesteinsarten konzentrieren, und die in den eutrophen Gebieten fehlen oder selten sind. Solche als *kalkmeidend* zu klassifizierende Arten sind *Sparganium angustifolium, Carex tenuiflora, C. livida, C. rotundata, Salix aurita, S. myrtilloides, Rubus arcticus* und *Cornus suecica.*

VII. Vergleich der Flora mit Nachbargebieten

1. Vergleich mit dem Kuusamo-Salla-Gebiet

Der Nationalpark Oulanka ist floristisch die reichste Gegend im Kuusamo-Salla-Gebiet; nur das naheliegende Tal des Flusses Kitkajoki mit den berühmten Schluchttälern Juuman Vuomat ist bezüglich der Topographie und des Felsgrundes mit ihm vergleichbar. Der Nationalpark umfasst jedoch nur ein bescheidenes Areal, und es ist deshalb verständlich, dass im Kuusamo-Salla-Gebiet, das bekanntlich auch eine mannigfaltige Auswahl von unterschiedlichen Standorten besitzt, solche Pflanzen vorkommen können, die im Nationalpark fehlen.

Ein auffallender Unterschied besteht in der geringen Anzahl und niedrigen Frequenz der hemerochoren Pflanzen im Nationalpark (vgl. AHTI & HÄMET-AHTI 1971), wo es ausser der Försterei und der Biologischen Forschungsanstalt keine festen menschlichen Siedlungen gibt.

Eine bemerkenswerte Gruppe der ursprünglichen Arten von Kuusamo-Salla, die im Nationalpark fehlen, bilden die oligotrophen Pflanzen des alpinen Kahlfjelds:

Diphasium alpinum	*Loiseleuria procumbens*
Cryptogramma crispa	*Phyllodoce caerulea*
Juncus trifidus	*Diapensia lapponica*

Diese Arten wachsen auf manchen Fjelden in Kuusamo und Salla, ausser *Diapensia lapponica,* die nur von Salla jenseits der Reichsgrenze bekannt ist (vgl. RINTANEN 1968: 287). Im Nationalpark, wo die Kahlfjelde fehlen, ist *Arctostaphylos alpinus* die einzige auf waldbedeckten Bergen vorkommende oligotrophe Fjeldpflanze.

Von den eutrophen nördlichen Arten von Kuusamo-Salla fehlen im Nationalpark (in Klammern Arten, die nur im sowjetischen Gebiet von Kuusamo-Salla angetroffen worden sind):

(Polystichum lonchitis)	*Arabis alpina*
Kobresia simpliciuscula	*Saxifraga cernua*
(Carex parallela)	*Angelica archangelica*
C. norvegica ssp. *norvegica*	*(Hackelia deflexa)*
C. atrata	*(Myosotis decumbens)*
Minuartia biflora	*(Veronica fruticans)*
Thalictrum alpinum	*Gnaphalium norvegicum*
Draba hirta	

Alle diese Arten sind im Kuusamo-Salla-Gebiet sehr selten; viele sind nur von einer einzigen Stelle bekannt. Der Fundort von *Kobresia simpliciuscula* liegt in unmittelbarer Nähe des Nationalparks am Liikasenvaara (KOTILAINEN 1936—1938, 1947, 1954). *Carex norvegica* ssp. *norvegica, Draba hirta* und *Arabis alpina* wachsen in den Talschluchten Juuman Vuomat (vgl. HIRN 1894: 8; BACKMAN 1903: 117).

Von den anspruchsvollen südlichen Arten des Kuusamo-Salla-Gebiets fehlen im Nationalpark:

(Potamogeton friesii)	*Platanthera bifolia*
P. obtusifolius	*Stellaria nemorum*
P. rutilus	*Lemna trisulca*
Butomus umbellatus	*Ribes nigrum*
Stratiotes aloides	*Oxalis acetosella*

Die vielen eutrophen Wasserpflanzen in dieser Liste finden ihre Erklärung in der Tatsache, dass es im Naturpark keine eigentlichen Seen gibt.

Von den östlichen (Taiga-) Arten fehlen im Nationalpark *Carex rhynchophysa, Salix triandra* und *Rosa acicularis* sowie die im sowjetischen Teil von Kuusamo wachsenden *Agrostis clavata* und *Aster sibiricus*. Von diesen tritt *Salix triandra* am Ufer des Oulankajoki gleich östlich vom Nationalpark auf (vgl. TAARNA & VASARI 1959: 44). Überdies wurden die im naheliegenden Moor Purkuputaansuo gefundene *Triglochin maritimum* und die am Ufer des an der Grenze des Gebietes gelegenen Weihers Tulilampi wachsende *Carex kotilaini* (KOTILAINEN 1950: 34, 1951: 12) im Nationalpark nicht festgestellt.

Von den Arten des Nationalparks sind sonst im Kuusamo-Salla-Gebiet *Anthyllis vulneraria* und *Viola riviniana* nicht angetroffen worden. Nur von der sowjetischen Seite bekannt sind *Polygala amarella* und *Vicia sylvatica*, die augenscheinlich schon früh von Osten her eingewandert sind.

2. Vergleich mit dem Oulankajoki-Pjaozero-Gebiet

Dieses in Karelia keretina am unteren Laufe des Oulankajoki zwischen den Seen Paanajärvi und Pjaozero (Pääjärvi) gelegene Gebiet, das von SÖYRINKI (1956) floristisch inventiert wurde, bietet einen in östlicher Richtung liegenden Vergleichspunkt bei der Beurteilung der Eigenart des Nationalparks.

Von den Gefässpflanzen des Nationalparks sind 66 Arten nicht im Oulankajoki-Pjaozero-Gebiet angetroffen worden. Einen bedeutenden Teil von diesen machen anspruchsvolle, mehr oder minder deutlich an kalkreichen Nährboden gebundene Arten aus. Im Oulankajoki-Pjaozero-Gebiet fehlen die basischen Dolomitfelsen und die von diesen gebildeten Schluchttäler mit ihren Reliktpflanzen, die dem Nationalpark seinen Sondercharakter verleihen, und eutrophe Moore, Quellbäche und Hainsiedlungen sind dort seltener.

Im Oulankajoki-Pjaozero-Gebiet fehlende arktische bzw. arktisch-montane Pflanzen sind:

Woodsia glabella	*Arenaria ciliata* ssp. *pseudofrigida*
Botrychium boreale	*Silene furcata* ssp. *angustiflora*
Juncus triglumis	*Draba norvegica*
Eriophorum russeolum	*D. cinerea*
Carex capitata	*Saxifraga aizoides*
C. buxbaumii ssp. *alpina*	*S. cespitosa*
C. rariflora	*Dryas octopetala*
C. rotundata	*Potentilla nivea*
Salix reticulata	*Erigeron acer* ssp. *politus*
Astragalus alpinus ssp. *arcticus*	*Arnica alpina*
Oxytropis campestris ssp. *sordida*	*Crepis tectorum* ssp. *nigrescens*
(Anthyllis vulneraria)	
Epilobium davuricum	

Von den Arten des Nationalparks mit östlicher Verbreitung fehlen im Oulankajoki-Pjaozero-Gebiet:

Agropyron fibrosum	*Gypsophila fastigiata*
Salix pyrolifolia	*Viola selkirkii*
Silene tatarica	

Von den übrigen Arten, von denen viele borealmontan sind, wurden im Oulankajoki-Pjaozero-Gebiet nicht angetroffen:

Lycopodiella inundata	*Carex jemtlandica*
Botrychium lunaria	*C. bergrothii*
B. lanceolatum	*Epipactis atrorubens*
Thelypteris palustris	*Dactylorhiza incarnata*
Asplenium ruta-muraria	*D. traunsteineri*
Dryopteris carthusiana	*Salix aurita*
Gymnocarpium robertianum	*S. repens*
Potamogeton filiformis	*Montia fontana*
P. compressus	*Silene rupestris*
Juncus stygius	*Ranunculus lapponicus*
Agrostis gigantea var. *repens*	*Erysimum hieraciifolium*
Eleocharis quinqueflora	*Viola riviniana*
Schoenus ferrugineus	*Elatine hydropiper*
Rhynchospora alba	*Circaea alpina*
Carex appropinquata	*Myriophyllum verticillatum*
C. livida	*Peucedanum palustre*
C. laxa	*Pyrola chlorantha*
C. ericetorum	*Erigeron decoloratus*

Die meisten von diesen Arten sind im Nationalpark selten und wachsen dort an der Grenze ihres Areales im östlichen Fennoskandien. *Potamogeton filiformis* wurde im Oulankajoki-Pjaozero-Gebiet nicht festgestellt, wohl aber *P. filiformis* x *vaginatus* als Relikt aus der Zeit der postglazialen Meeresverbindungen.

Von den Gefässpflanzen des Oulankajoki-Pjaozero-Gebiets sind 96 nicht im Nationalpark Oulanka gefunden worden. Zwei Drittel von diesen sind Kulturankömmlinge. Von den 32 ursprünglichen Arten gehören folgende zum arktischen bzw. arktisch-montanen Element:

Lycopodium alpinum	*Phyllodoce caerulea*
Juncus trifidus	*Loiseleuria procumbens*
Carex rupestris	*Veronica fruticans*
Potentilla crantzii	*Gnaphalium norvegicum*
Angelica archangelica ssp. *norvegica*	

Eine östliche Verbreitung haben zunächst:

Sagittaria natans	*Carex atherodes*
Poa remota	*Stellaria palustris*
Agrostis clavata	*Rosa acicularis*
Carex rhynchophysa	*Chamaedaphne calyculata*

Ausserdem fehlen im Nationalpark folgende Arten, von denen die meisten auch mehr oder minder kontinental sind:

Dryopteris assimilis	*Ribes nigrum*
Butomus umbellatus	*Lathyrus palustris*
Stratiotes aloides	*L. vernus*
Poa angustifolia	*Vicia sepium*
Calamagrostis arundinacea	*Lysimachia vulgaris*
Scirpus sylvaticus	*Gentianella amarella*
Sagina nodosa	*Gentiana pneumonanthe*
Actaea spicata	

Das Auftreten des anspruchsvollen kontinental-südlichen Artenbestandes ist ein Charakterzug, der beiden Gebieten eigen ist. Typische Vertreter dieses Elements sind *Carex digitata, Vicia sylvatica, Polygala amarella, Viola rupestris* ssp. *rupestris* und *Inula salicina.* Bestimmte Arten kommen im Oulankajoki-Pjaozero-Gebiet häufiger vor als im Nationalpark, was einigermassen für die Theorie von der Einwanderung der Pflanzen aus nordöstlicher Richtung im Spätglazial spricht. Ein vorzügliches Beispiel von solchen Arten bietet *Lonicera caerulea.* Im allgemeinen haben die spätglazialen Pionierarten aber im Nationalpark günstigere Existenzmöglichkeiten gehabt. Dies gilt besonders für die anspruchsvollen arktischen und arktisch-montanen Pflanzen, die auf den ziemlich kargen und niedrigen Fjelden des Oulankajoki-Pjaozero-Gebiets keine mit den mikroklimatisch günstigen dolomitischen Schluchttälern und kalkreichen Quellbächen des Nationalparks vergleichbare Refugien gefunden haben.

VIII. Die einwanderungsgeschichtlichen Gruppen der Flora

Neben den günstigen edaphischen Verhältnissen hat das Kuusamo-Gebiet den Reichtum seiner Flora der geographischen Lage und Geomorphologie zu verdanken. Das Gebiet liegt in der Nähe der pflanzenreichen Hochfjelde der Halbinsel Kola, von welchen die Verbreitung der Fjeldpflanzen in günstigen Perioden möglich gewesen ist. Die ostwärts offenen Flusstäler haben als Wanderwege vieler östlicher Arten gedient. Das wechselnde, mikroklimatisch und edaphisch mannigfaltige Standortsauswahl bietende Relief hat zusammen mit dem karbonatführenden Felsgrund das Vorkommen der Vertreter verschiedenartiger Florenelemente ermöglicht.

Die auffälligste Besonderheit der Flora des Nationalparks ist das Auftreten der Fjeldpflanzen unten in der Nadelwaldstufe. Weil es keine Fjelde gibt, fehlen die charakteristischen Standorte dieses Artenelements oberhalb der Waldgrenze — nur auf dem höchsten Berg des Nationalparks, Kiutavaara, wird eine Fjeldpflanze angetroffen, *Arctostaphylos alpinus.* Die reichste Fjeldflora findet man in den in Dislokationsspalten entstandenen Schluchttälern mit steilen Felswänden (vgl. Airaksinen 1919: 101; Vaarama 1935: 97), von denen das Oulangankanjoni am oberen Lauf des Oulankajoki das beste Beispiel im Nationalpark ist.

Den früheren quartärgeologischen Untersuchungen gemäss ist das Gebiet schon mindestens in der älteren *Dryas*-Periode in der Spätglazialzeit eisfrei geworden (vgl. z.B. Vasari 1969: 268). Den heutigen Anschauungen gemäss war es aber noch am Anfang des Postglazials vom Eis bedeckt (vgl. z.B. Hyvärinen 1975: Fig. 3). Auf jeden Fall herrschte offenbar in dem Gebiet während dem Abschmelzen des Landeises und unmittelbar danach eine mehr oder minder baumlose Vegetation. Charakteristisch für die Feldschicht der Vegetation waren viele Arten des nackten Mineralbodens (Vasari 1969), zu welchen die Fjeldpflanzen grossenteils gehören. Während späterer Perioden nach dem Zusammenschliessen der Vegetationsdecke sind diese im Konkurrenzkampf schwachen Arten verschwunden, nur in den Schluchttälern mit ihren mikroklimatischen und edaphischen Sonderverhältnissen haben sie sich bis heute halten können.

Die nach Norden und Nordosten geneigten Felswände der Schluchttäler sind während des grössten Teils des Tages im Schatten und bleiben demgemäss kühl und feucht. Im Winter häuft sich der Schnee in den Schluchttälern und schmilzt sehr spät: im Bett des Bachs Merioja wurde noch Anfang August Eis gefunden. Die mikroklimatischen Verhältnisse in den Schluchttälern erinnern also an diejenigen auf den Fjelden. Der karbonatführende Felsgrund verwittert auch leicht. Wenn die Verwitterungsprodukte durch Schwerkraft, Wasser und Frost in Bewegung kommen, werden an steilen Hängen immer neue freie Standorte geschaffen, an welchen auch die konkurrenzschwachen Arten Wuchsraum finden. Einige Fjeldpflanzen wiederum haben sich an den Rändern der kalten Quellen und Quellbäche der Kalkgebiete halten können, manche in den Braunmooren und manche anderen an träufelnden Uferböschungen der Flüsse.

In der folgenden Einteilung der historischen Elemente der Flora des Nationalparks ist die Einwanderungstypengruppierung von KALELA (1961 a und b) befolgt worden.

1. Fjeldpflanzen

Die spätglazialen Verhältnisse sind besonders günstig für die Verbreitung der kontinentalen, sog. zentrischen Arten gewesen, die in Fennoskandien nur in bestimmten artenreichen Zentren vorkommen. Diese Pflanzen haben das Gebiet von ihren eiszeitlichen Refugien im Innern der Halbinsel Kola erreichen können. Zentrische Fjeldpflanzen sind im Nationalpark:

Woodsia glabella	*Potentilla nivea* ssp. *chamissonis*
Agropyron boreale	*Dryas octopetala* ssp. *punctata*
Carex glacialis	*Astragalus frigidus*
Arenaria ciliata ssp. *pseudofrigida*	*Primula stricta*
	Pinguicula alpina
Silene furcata ssp. *angustiflora*	*Arnica alpina*

Die meisten von diesen Arten fordern kalkhaltigen Wuchsboden, und viele können nur auf nacktem Mineralboden fortkommen.

Die Fjeldflora des Nationalparks umfasst auch eine Menge hinsichtlich der Kontinentalität und Ozeanität indifferente Fjeldpflanzen, die in Fennoskandien eine weitere Verbreitung haben als die vorgenannten, nämlich:

Cystopteris montana	*Cerastium alpinum*
Juncus triglumis	*Saxifraga nivalis*
Poa alpina	*S. aizoides*
P. glauca	*S. cespitosa*
Salix reticulata	*Dryas octopetala* s. str.

Auch fast alle Arten dieser Gruppe begünstigen kalkhaltigen Untergrund, und sie dürften in das Gebiet in derselben Periode eingewandert sein wie die zentrischen Arten.

Späterer Herkunft sind dagegen vielleicht viele ozeanische, in Fennoskandien weit verbreitete Fjeldpflanzen. Manche von ihnen sind Pflanzen des Kahlfjelds, die hier nicht wachsen. Folgende Arten dieser Gruppe kommen im Nationalpark vor:

Woodsia alpina	*Urtica dioica* ssp. *sondenii*
Asplenium viride	*Arctostaphylos alpinus*
Carex buxbaumii ssp. *alpina*	*Bartsia alpina*
C. rariflora	*Erigeron acer* ssp. *politus*
C. rotundata	

Die meisten Fjeldpflanzen treten im Nationalpark in einem recht engen Gebiet am unteren Lauf des Savinajoki, im Oulangankanjoni, am Oulankajoki zwischen Savilampi und Aventolampi oder am Unterlauf des Aventojoki auf. Dies gilt besonders für viele zentrische und indifferente Fjeldpflanzen. Am deutlichsten konzentrieren sich auf diese Gebiete die Pflanzen der Felsen und des nackten Mineralbodens:

Poa glauca	*Saxifraga cespitosa*
Carex glacialis	*Potentilla nivea*
Arenaria ciliata ssp. *pseudofrigida*	*Dryas octopetala*
	Arnica alpina
Saxifraga aizoides	

Die meisten von diesen Arten werden am Oulankajoki im mittleren und östlichen Teil des Nationalparks nicht angetroffen. Zwar gibt es hier für die Fjeldpflanzen geeignete Standorte weniger als im westlichen Teil des Nationalparks, man könnte aber jedenfalls erwarten, dass sie wenigstens am Kiutaköngäs ebenso wie am Putaanoja und Tulilammenpuro reichlicher vertreten wären, als heute der Fall ist. Diese Gegenden sind aber tiefer gelegen als die vorgenannten Verbreitungszentren der Fjeldpflanzen, die zusammen mit den Berghöhen des Nationalparks die älteste, am frühesten eisfrei gewordene Gegend des Gebiets sind. Wahrscheinlich sind die Fjeldpflanzen in diese Geländepartien schon in der Zeit eingewandert, wo das Flusstal noch von Schmelzwasserströmen gefüllt war. Nach dem Freiwerden des Flusstals waren die Verhältnisse für die Ausbreitung der Fjeldpflanzen offenbar schon dermassen ungünstig, dass nur wenige Arten in seinem Bereich Fuss fassen konnten. Die Vorkommen von *Dryas octopetala* und *Saxifraga cespitosa* am Kiutaköngäs sind möglicherweise infolge solcher Verbreitung durch vom Wasser von weiter oben mitgebrachte Diasporen entstanden. Auch an ihren ursprünglichen Standorten haben sich diese konkurrenzschwachen Arten nur unter den speziellen Verhältnissen der Schluchttäler halten können.

Länger als die vorige Gruppe haben die folgenden Pflanzen der Uferböschungen, Braunmoore und quelliger Standorte ihre Verbreitung fortsetzen können:

Cystopteris montana	*Astragalus frigidus*
Juncus triglumis	*Primula stricta*
Agropyron boreale	*Pinguicula alpina*
Cerastium alpinum	

Auch der Schwerpunkt des Vorkommens dieser Arten liegt in den ältesten Teilen des Nationalparks. *Cystopteris montana, Juncus triglumis* und *Pinguicula alpina* konzentrieren sich auf die karbonatführenden Hänge der Berge Ampumavaara und Liikasenvaara, wo sie auf kalten Sickerflächen und an Quellbächen ihre Standorte am zähesten behaupten konnten.

Eine Ursache für die örtliche Verteilung der Fjeldpflanzen im Gebiet des Nationalparks kann auch darin liegen, dass das Lokalklima im unteren Teil des Oulankajoki-Tals, wo es milder ist als in der Umgebung, für manche Fjeldpflanzen zu warm ist. Die wenigen Felstäler des Flusses und der Bäche sind möglicherweise zu klein, um ihnen günstige Verhältnisse zu schaffen.

2. Spätglaziale Steppenpflanzen

Ausser den Fjeldpflanzen sind im Nationalpark als Relikte aus der Zeit der Landeisschmelze auch Vertreter der Steppenflora erhalten:

Draba cinerea
Angelica archangelica ssp. *norvegica*
Oxytropis campestris ssp. *sordida*
Anthyllis vulneraria

Diese kälteresistenten, offenen und lichten Standort fordernden Arten haben auf den Dolomitfelsen bzw. kiesigen Flussufern eine Zufluchtsstätte gefunden.

3. Taiga-Pflanzen

Das Element der nördlichen Nadelwaldformation, die sog. Taiga-Pflanzen, ist stark vertreten in der Flora des Nationalparks. Die charakteristischsten Taiga-Pflanzen meiden maritime Küstengebiete der Kontinente. Die meisten brauchen ausserdem nahrungsreichen Wuchsboden. Die kalkreichen Gebiete von Kuusamo und Salla sind eine von den Pforten, durch welche dieses anspruchsvolle Element die karge Wasserscheidengegend zwischen Finnland und andererseits Ost-Karelien und Kola hat überschreiten können (vgl. KALELA 1943: 50).

Offenbar sind die Taiga-Arten schon früh während der Landeisschmelze in das Gebiet eingewandert, denn später ist das Klima nicht mehr so günstig für ihre Verbreitung gewesen. Im Laufe der folgenden Perioden ist ihre Ausbreitung zum Stehen gekommen, und besonders in der nacheiszeitlichen Wärmeperiode in Rückgang geraten, wodurch ihr Vorkommen im Gebiet verstreut ist. Die meisten Taiga-Arten sind Wald- und Moorpflanzen. Zu ihnen gehören u.a.:

Diplazium sibiricum
Calypso bulbosa
Eriophorum brachyantherum
Carex buxbaumii ssp. *buxbaumii*
C. norvegica ssp. *inferalpina*
Actaea erythrocarpa
Rosa majalis
Carex capitata
C. heleonastes
C. laxa
Daphne mezereum
Viola selkirkii
Epilobium davuricum
Galium triflorum

Eine bemerkenswerte Gruppe bilden dazu die Arten der Überschwemmungswiesen und Uferböschungen:

Agropyron fibrosum
Salix pyrolifolia
Dianthus superbus
Lonicera caerulea

4. Nördliche ozeanische und indifferente Pflanzen

Neben den Taiga-Arten bilden die nördlichen ozeanischen und indifferenten Pflanzen den wesentlichen Grundstock der Flora des Nationalparks. Die meisten sind anspruchslos und mehr oder minder gewöhnlich in Nord-Finnland. Unter den Indifferenten vertreten die folgenden das anspruchsvollste Element:

Equisetum variegatum
E. scirpoides
Matteuccia struthiopteris
Tofieldia pusilla
Carex capillaris
Salix myrsinites
S. hastata
Parnassia palustris
Petasites frigidus
Saussurea alpina

Die nördlichen ozeanischen Arten erinnern hinsichtlich ihrer Verbreitung an ozeanische Fjeldpflanzen. Diese Gruppe umfasst im Nationalpark u.a.:

Selaginella selaginoides
Stellaria calycantha
Lychnis alpina
Epilobium hornemannii
E. alsinifolium
Cicerbita alpina

Die für die Verbreitung der nördlichen ozeanischen und indifferenten Pflanzen günstigste Zeitspanne ist die nacheiszeitliche Wärmeperiode gewesen, obwohl ihre Einwanderung schon in der Zeit der Landeisschmelze begonnen haben dürfte.

5. Südliche Arten

Recht interessant sind diejenigen kontinental-südlichen Pflanzen, die in Fennoskandien eine vorwiegend östliche Verbreitung haben. Ihr Areal zeigt oft Ähnlichkeit mit dem der Steppenarten, und es wird angenommen, dass sie Relikte einer im Spätglazial von Nordosten her gekommenen Einwanderung sind. Die subatlantische Periode mit Verhäufigung der schattigen Fichtenwälder und Intensivierung der Moorbildung ist diesen Arten verhängnisvoll geworden. Sie haben sich nur an besonders günstigen Standorten halten können: auf Karbonatfelsen, in hainartigen lichten Wäldern und teilweise auch an trockenen Ufern. An diesartigen Stellen wachsen fortdauernd:

Carex ericetorum
Silene tatarica
Gypsophila fastigiata
Vicia sylvatica
Polygala amarella
Viola rupestris ssp. *rupestris*

Inula salicina hat ihre Standorte an hainartigen südlichen Uferböschungen und *Schoenus ferrugineus* in dünntorfigen Braunmooren behalten. Offenbar sind auch die in hainartigen Wäldern wachsenden *Carex digitata* und *Viola riviniana* in diese Gruppe zu führen, weil ihr Auftreten im Nationalpark sonst schwierig zu erklären ist.

Die Vorkommen der Arten dieser Gruppe sind überhaupt spärlich und befinden sich in den ältesten Teilen des Nationalparks so wie diejenigen der Fjeldarten. *Gypsophila fastigiata* und *Inula salinica* wachsen zwischen dem Savinajoki und dem Unterlauf des Aventojoki, *Carex digitata, Vicia sylvatica, Polygala amarella* und *Viola riviniana* wiederum an den früh eisfrei gewordenen Hängen des Ampumavaara und Liikasenvaara. *Carex ericetorum* und *Viola rupestris* ssp. *rupestris* sind bezüglich der Standortsanforderungen anspruchsloser und haben sich auch weiter nach dem unteren Lauf des Oulankajoki verbreiten können, wo *Silene tatarica* ihre einzigen Wuchsplätze hat. Offenbar haben diese Arten sich noch während der Borealperiode ausgebreitet.

Weiter westwärts verbreitete kontinental-südliche Arten, die derselben Wanderungsrichtung gefolgt sind, sind u.a.:

Carex appropinquata
Cypripedium calceolus
Listera ovata
Dactylorhiza traunsteineri
Circaea alpina
Pyrola media
P. chlorantha
Crepis paludosa

Diese Arten dürften ihr heutiges Areal schon in der Borealperiode erreicht haben, obwohl sie sich auch noch in der eigentlichen Wärmeperiode verbreitet haben können.

Die spätglazialen Gewässer haben im Kuusamo-Salla-Gebiet eine reiche Wasserflora beherbergt. Aus dieser Zeit stammen im Nationalpark viele in diesem Breitengrad seltenen Wasser- und Uferpflanzen:

Potamogeton compressus
P. lucens
Alisma plantago-aquatica
Scirpus lacustris
Frangula alnus
Myriophyllum spicatum
Cicuta virosa
Peucedanum palustre
Callitriche hermaphroditica.

IX. Floristisch-vegetationskundliche Einteilung des Nationalparks

Aus der Vegetationskarte des Nationalparks geht hervor, dass die Verteilung der verschiedenen Wald- und Moortypen in dem Gebiet bestimmte Regelmässigkeit aufweist (vgl. Söyrinki *et al.* 1977: Appendix 5). Diese hauptsächlich durch den Felsgrund und die Topographie des Geländes verursachte Variation wird deutlich sichtbar nicht nur in der floristischen Zusammensetzung der Wälder und Moore, sondern auch in der Flora der Felsen und Gewässer, und zwar besonders in der Verteilung des anspruchsvollen Artenbestands, wie bei der Behandlung der einzelnen Arten oft gesagt wurde.

Auf Grund des Vorkommens der verschiedenen ökologischen Pflanzengruppen und der Anhäufungen vegetationsgeschichtlicher Florenelemente wurde der Nationalpark in 7 Gebietstypen eingeteilt (Abb. 4), die je ihren eigenen floristischen Sondercharakter haben. Da der gleiche Gebietstyp an mehr als einer Stelle im Nationalpark vorkommen kann, sind diese Teilgebiete zu ein und demselben Gebietstyp vereinigt und mit Buchstaben *2 a, 2 b* usw.) bezeichnet worden.

1. Das Anhäufungsgebiet der Fjeldflora (Gebiet *1*)

Das Gebiet umfasst den Unterlauf des Savinajoki, das Schluchttal Oulangankanjoni, den Oulankajoki zwischen Savilampi und Aventolampi und den unteren und mittleren Lauf des Aventojoki. Das Gebiet ist gekennzeichnet durch in Bruchlinien verlaufende Flussbetten. Die hohen Uferfelsen bestehen hauptsächlich aus Dolomit; im Tal des Aventojoki gibt es aber auch reichlich Quarzite.

Nur in diesem Gebiet wachsen die eutrophen, in ihrer Verbreitung meist begrenzten Fjeldpflanzen:

Poa glauca
Carex glacialis
Arenaria ciliata ssp. *pseudofrigida*
Silene furcata ssp. *angustiflora*
Arnica alpina

Auch die folgenden Arten haben nur wenige Vorkommen ausserhalb des Gebiets:

Woodsia glabella
Saxifraga aizoides
S. cespitosa
Potentilla nivea ssp. *chamissonis*
Dryas octopetala

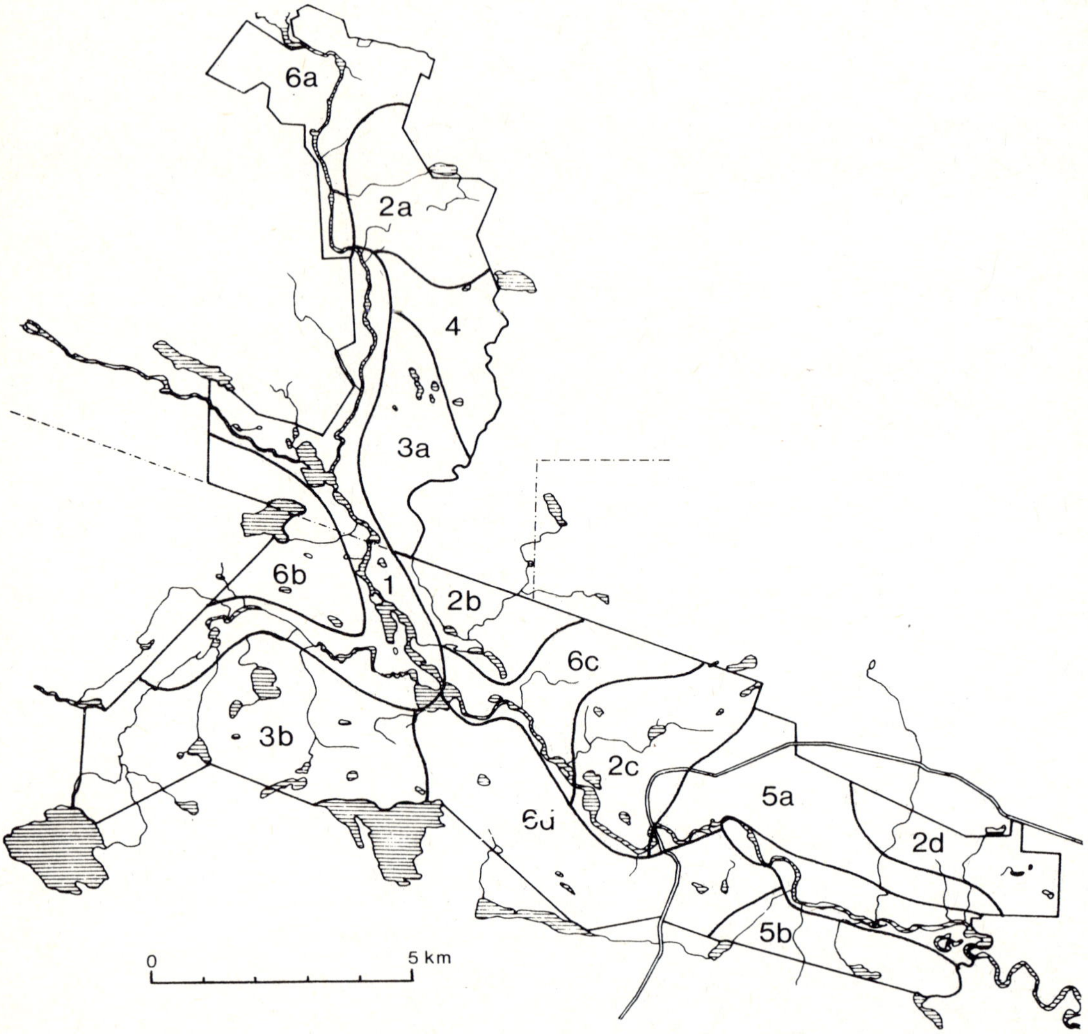

Abb. 4. Floristisch-vegetationskundliche Einteilung des Nationalparks Oulanka. — 1: Anhäufungsgebiet der Fjeldflora. *2 a, 2 b, 2 c* und *2 d*: Gebiete der eutrophen Moorflora. *3 a* und *3 b*: Gebiete der mesotrophen Moorflora. *4*: Gebiet der oligotrophen Moorflora. *5 a* und *5 b*: Gebiete der anspruchsvollen Waldflora. *6 a, 6 b, 6 c* und *6 d*: Gebiete der anspruchslosen Waldflora. *7*: Gebiet der Sandböschungsufer.

An südlichen Felswänden wachsen auch anspruchsvolle südliche Felspflanzen: *Asplenium ruta-muraria, Epipactis atrorubens* und *Gypsophila fastigiata.* In den Uferhainen am Fusse der Felsen kommen u.a. folgende eutrophe Hainpflanzen vor:

Matteuccia struthiopteris	*Prunus padus*
Carex norvegica ssp. *inferalpina*	*Rosa majalis*
Actaea erythrocarpa	*Daphne mezereum*
Ribes spicatum	

Moorpflanzen gibt es sehr spärlich. Die Flüsse haben viele Wasserfälle, weshalb die Wasserpflanzenflora gering bleibt. Zwischen Savilampi und Aventolampi fliesst der Oulankajoki jedoch ruhig, mit vielen stillen Stellen. Auf dieser Strecke häufen sich manche mehr oder minder anspruchsvolle Wasserpflanzen: *Potamogeton filiformis, P. berchtoldii, Ranunculus trichophyllus* ssp. *eradicatus* und *Callitriche hermaphroditica.*

Dieses Gebiet beherbergt auch die anspruchsvollste Uferwiesenflora des Nationalparks, die ausser manchen obenerwähnten Hainpflanzen u.a. *Potentilla erecta, Geum rivale, Bartsia alpina,*

Anthriscus sylvestris und *Crepis paludosa* umfasst.

Die Artenzahlen sind hoch, 130—140 Arten auf einem Quadrat sind häufig. Auf Quadrat *107* wurden sogar 177 Arten gefunden.

2. Die Gebiete der eutrophen Moorflora
(Gebiete *2 a*, *2 b*, *2 c* und *2 d*)

Weitgehende Versumpfung ist kennzeichnend für die Gebiete, und weil die Moore im Bereich des basischen Felsgrunds oder der dolomithaltigen Moräne liegen, sind sie eutroph. Die Braunmoore befinden sich oft in Senken und sind dann Sammelbecken der Kalkgyttja, die die Wasserströmungen vom Dolomitgrund mitgebracht haben. In dem Gebiete der eutrophen Moorflora häufen sich die anspruchsvollsten Braunmoorpflanzen:

Equisetum variegatum	*Carex jemtlandica*
Schoenus ferrugineus	*C. bergrothii*
Eriophorum latifolium	*Dactylorhiza traunsteineri*
Eleocharis quinqueflora	*Salix myrsinites*
Carex capitata	*Potentilla erecta*
C. panicea	

Der Gebietstyp umfasst vier Teilgebiete, die je ihre floristische Besonderheiten haben.

Teilgebiet *2 a*, welches das Moor Saviaapa umfasst, ist homogen. Der Felsgrund besteht aus Metabasiten, und das Relief ist eben. Die ausgedehnsten Rimpimoore des Nationalparks liegen in diesem Teilgebiet. Sie sind meistens eutroph, aber auch mesotrophe Moore kommen vor. Die Ursache für die Reichlichkeit von *Carex bergrothii* und für die Spärlichkeit von *C. panicea* in diesem Teilgebiet dürften die grossen Frühlingsüberschwemmungen sein. Die Moore sind durch kleine Waldinseln zersplittert. Die Waldvegetation ist jedoch schwächer vertreten als in irgeneinem anderen Teilgebiet. Wasserpflanzen werden nur in den Rimpis der Moore und in den wenigen Moorgräben angetroffen.

Die Artenzahlen sind infolge der Homogenität der Vegetation verhältnismässig klein, durchschnittlich 70—80 Arten auf einem Quadrat.

Teilgebiet *2 b* in der Umgegend der Kleinseen Kiekeröjärvet besteht geologisch hauptsächlich aus Quarziten und Glimmerschiefern. Am Bach Kiekeröoja gibt es auch Dolomite, und der Felsgrund ist überall von dolomitführender Moräne überzogen. Die Moore sind meistens dünntorfige Hangmoore, in denen als im Nationalpark seltene Braunmoorpflanzen u.a. *Eriophorum brachyantherum*, *Carex appropinquata* und *Listera ovata* auftreten. Der Anteil der Hainflora ist infolge des hohen Versumpfungsgrads gering. Auf den Uferfelsen des Kiekeröoja und an den Felswänden nördlich von den Kiekeröjärvet werden Arten der gleichen anspruchsvollen Felsflora wie im Häufungsgebiet der Fjeldflora angetroffen. In den Teichen Kiekerölammit und in den durch das Teilgebiet fliessenden Bächen gibt es Wasservegetation mit *Potamogeton filiformis* und *P. berchtoldii* als anspruchsvollste Arten.

Die Artenzahl auf einem Quadrat beträgt durchschnittlich 110—120.

Teilgebiet *2 c* erstreckt sich von Puukkorinne durch das Moor Soidinsuo zum Moor Pitkälamminsuo. Der Felsgrund besteht aus Dolomiten und Glimmerschiefern. Die Moore sind die fruchtbarsten im Nationalpark. In den dünntorfigen *Campylium stellatum*-Braunmooren von Puukkorinne wachsen u.a. *Equisetum variegatum*, *Juncus triglumis*, *Eriophorum brachyantherum* und *Carex capillaris*. In den Rimpibraunmooren des Soidinsuo wiederum wachsen u.a. *Triglochin palustre*, *Eleocharis quinqueflora*, *Schoenus ferrugineus*, *Carex jemtlandica* und *C. bergrothii*. Am Puukkorinne werden auch viele anspruchsvolle Hainpflanzen angetroffen. Dort sind u.a. *Milium effusum*, *Carex norvegica* ssp. *inferalpina* und *Cypripedium calceolus* häufig. Die Wasservegetation der Kalkgyttjateiche des Soidinsuo ist spärlich, mit *Potamogeton natans* als gewöhnlichste Art. Nur wenige Arten finden sich auch in den durch das Teilgebiet fliessenden Bächen sowie in den dort gelegenen Weihern Talvilampi und Kourulampi. Im Teich Haaralampi dagegen ist die Wasservegetation reich, und dort wachsen auch einige ziemlich anspruchsvolle Arten wie *Potamogeton berchtoldii* und *P. lucens*.

Die Artenzahlen 120—130 sind gewöhnlich auf einem Quadrat.

Teilgebiet *2 d* ist in der östlichsten Ecke des Nationalparks gelegen. Die Moore sind fruchtbare Braunmoore an den Ufern der Bäche und Kalkgyttjateiche. Das Kerngebiet wird von der Polvilampi-Gegend gebildet, wo viele von den gleichen Arten wachsen wie im Soidinsuo, u.a. *Triglochin palustre*, *Eleocharis quinqueflora* und *Carex jemtlandica*. Auch die anspruchsvolle Hainwaldflora ist recht gut repräsentiert, Anhäufungen zeigen u.a. *Actaea erythrocarpa*, *Ribes spicatum*, *Prunus padus* und *Rosa majalis*. Die Wasserflora ist sehr arm. Am Bach Tulilammenpuro gibt es Felsentblössungen, auf welchen manche anspruchsvolle Felspflanzen auftreten, z.B. *Woodsia glabella*, *Asplenium ruta-muraria*,

Epipactis atrorubens und *Potentilla nivea* ssp. *chamissonis*.

Die Artenzahlen sind hoch, durchschnittlich 140—150 auf einem Quadrat.

3. Die Gebiete der mesotrophen Moorflora (Gebiete *3 a* und *3 b*)

Die Gebiete sind in bezüglich des Felsgrunds und Bodens weniger fruchtbaren Teilen gelegen als die Gebiete der eutrophen Moorflora. Solche Moore, in denen keine eutrophen Moorpflanzen auftreten, gibt es jedoch ziemlich wenig im Nationalpark. Die meisten befinden sich in den Gegenden südlich vom Moor Saviaapa und vom Fluss Aventojoki. Die Mesotrophie anzeigenden Arten dagegen wachsen in der Regel auch in eutrophen Mooren. Zu diesen zählen zunächst:

Huperzia selago	*Carex livida*
Selaginella selaginoides	*Pedicularis palustris* ssp. *borealis*
Juncus stygius	*Pinguicula vulgaris*
Molinia caerulea	*Utricularia intermedia*
Eriophorum gracile	

Dieser Gebiettyp umfasst zwei Teilgebiete.

Teilgebiet *3 a* besteht aus der Umgegend der Teiche Onkilammit, von Isopalo und Kiekerökangas. Der Felsgrund besteht aus Quarziten, aber auch Dolomite gibt es besonders nordwestlich von den Onkilammit, wo auch manche eutrophe Moorpflanzen vorkommen. Der mesotrophe Artenbestand ist jedoch reiclicher als der eutrophe. Auch Moore mit ausschliesslich oligotropher Flora gibt es im Teilgebiet. Die Waldflora ist meistens anspruchslos. Die Wasservegetation in den Rimpis der Moore ebenso wie in den Onkilammit und im Kiekeröoja ist artenarm. An den niedrigen Felsufern des Kiekeröoja wachsen nur wenige Felspflanzen.

Die mittlere Artenzahl auf einem Quadrat beträgt 60—80.

Teilgebiet *3 b* liegt südlich vom Aventojoki, wo der Felsgrund vorwiegend aus Quarziten besteht. Die Ebenheit der mittleren Teile der Gegend ist durch die auf der Grünsteinformation liegende Siltformation verursacht. Der im östlichen Teil gelegene Berg Hirvivaara hebt sich stark aus der Topographie des Teilgebiets heraus. Die mesotrophe Moorflora ist gut vertreten, auch oligotrophe Moore gibt es reichlich. Eutrophe Braunmoorarten kommen ziemlich spärlich vor, und zwar hauptsächlich in zwischen den grossen Teichen gelegenen Mooren. Die Wälder sind versumpft und karg. Die pH-Werte der Kleinseen Isojärvi, Syvälampi und Räkkälampi sind verhältnismässig hoch, von eutrophen Wasserpflanzen ist aber nur *Potamogeton praelongus* im Syvälampi gefunden worden. Die Felsentblössungen begrenzen sich auf das Tal des Aventojoki. Gewöhnlichste Felspflanzen sind *Woodsia ilvensis, W. alpina, Cystopteris fragilis, Polypodium vulgare* und *Saxifraga nivalis*.

Die Artenzahlen auf einem Quadrat betragen gewöhnlich 70—80. Auf den an den Bächen gelegenen Quadraten sind sie aber grösser und am Aventojoki sogar 120—140.

4. Das Gebiet der oligotrophen Moorflora (Gebiet *4*)

Die oligotrophen Moore kommen am häufigsten zwischen Saviaapa und Onkilammit vor, wo der Felsgrund aus Quarziten und Glimmerschiefern besteht. Das Relief ist eben. Ausser den Mooren gibt es reichlich arme Heidewälder. Im Gebiet finden sich nur ein paar unergiebige Moorweiher, die Wasserflora wird aber durch den an der Grenze des Nationalparks fliessenden Kiekeröoja bereichert.

Aus der Dürftigkeit des Gebiets folgt, dass die Artenzahl eines Quadrats durchschnittlich nur 50—60 (26—91) beträgt.

5. Die Gebiete der anspruchsvollen Waldflora (Gebiete *5 a* und *5 b*)

Diese Gebiete sind an Berghängen mit wechselnder Topographie gelegen, an denen basische Gesteinsarten vorkommen. Zu der auch ausserhalb der Uferhaine auftretenden anspruchsvollen Waldflora gehören zunächst:

Equisetum pratense	*Cypripedium calceolus*
E. scirpoides	*Coeloglossum viride*
Cystopteris montana	*Calypso bulbosa*
Diplazium sibiricum	*Actaea erythrocarpa*
Paris quadrifolia	*Geum rivale*
Milium effusum	*Astragalus frigidus*
Agropyron caninum	*Daphne mezereum*
Carex norvegica ssp. *inferalpina*	*Circaea alpina*
C. digitata	*Saussurea alpina*

Der Gebiettyp umfasst zwei Teilgebiete.

Teilgebiet *5 a* schliesst den Ampumavaara und den westlichen Teil des Liikasenvaara ein. Der Felsgrund enthält Glimmerschiefer, Quarzite und Dolomite. Die Hänge der Berge sind an manchen Stellen mit dolomitführender Moräne bedeckt. Der dominierende Waldtyp ist der *Hylocomium-Myrtillus*-Typ, die anspruchsvolle

Waldflora ist aber reichlich vertreten. An mikroklimatisch günstigen Standorten an den Berghängen wachsen südliche Arten wie *Epipogium aphyllum, Fragaria vesca, Polygala amarella* und *Viola riviniana.* Die Moorstreifen der Berghänge beherbergen anspruchsvolle Braunmoorarten. Felsentblössungen finden sich am Kiutaköngäs, stellenweise an den Hängen des Ampumavaara und am Wasserfall Purkuputaanköngäs, und sie bieten Standorte für viele eutrophe Felspflanzen, z.B. *Cystopteris dickieana, Gymnocarpium robertianum, Epipactis atrorubens, Draba cinerea* und *Dryas octopetala.* Die Wasserflora im Oulankajoki am Kiutaköngäs ist dürftig. Die Flora im Putaanoja ist ähnlich wie im Oulankajoki.

Die Artenzahl auf einem Quadrat beträgt gewöhnlich 80—110.

Das Teilgebiet *5 b* zwischen Merioja und Ansavuoma unterbricht die Kargheit der südlich vom Oulankajoki gelegenen Gebiete. Der Felsgrund besteht hier aus Grünstein (Metabasit). Der häufigste Waldtyp ist der *Hylocomium-Myrtillus*-Typ. An Bächen werden auch feuchte Haine angetroffen, in denen der Anteil der anspruchsvollen Hainwaldflora beachtlich ist. Auf den die Bachtäler säumenden Felsen wachsen manche ziemlich eutrophe Felspflanzen, z.B. *Woodsia alpina, Cystopteris dickieana, Gymnocarpium heterosporum* und *Saxifraga nivalis.*

Die Artenzahl auf einem Quadrat beträgt meistens 100—110.

6. Die Gebiete der anspruchslosen Waldflora
(Gebiete *6 a, 6 b, 6 c* und *6 d*)

Diese Gebiete liegen im Bereich der sauren Gesteinsarten. In der Waldvegetation dominieren dürftige Heidewaldtypen, vor allem der mässig trockene *Empetrum-Myrtillus*-Typ. Versumpftes Gelände kommt oft reichlich vor, aber die Braunmoore fehlen. Durch Lücken des Areals sind u.a. folgende im Nationalpark sonst gewöhnliche mehr oder minder anspruchsvolle Hainpflanzen charakterisiert:

Melica nutans	*Angelica sylvestris*
Filipendula ulmaria	*Saussurea alpina*
Geum rivale	*Cirsium helenioides*

Der Gebietstyp umfasst vier Teilgebiete.

Teilgebiet *6 a* an der Nordspitze des Nationalparks vom Kleinsee Viksjärvi und dem Flüsschen Niitselysjoki bis Niemikangas am Savinajoki ist eine der kargsten Gegenden des Nationalparks. Die Höhendifferenzen sind auch am Fluss gering. Der Felsgrund besteht aus Metabasiten und Schiefern. Der Anteil der anspruchsvollen Hainwaldflora ist klein. Sie wird nur am Savinajoki angetroffen, wo u.a. wachsen:

Equisetum pratense	*Ribes spicatum*
Paris quadrifolia	*Prunus padus*
Milium effusum	*Rosa majalis*

Die Wasservegetation im Savinajoki ist wegen der vielen Wasserfälle spärlich. In den Uferwiesen und feuchten Uferböschungen wachsen als Vertreter anspruchsvollen Artenbestands u.a. *Potentilla erecta, Bartsia alpina* und *Crepis paludosa.*

Ein Zeichen für die Kargheit des Teilgebiets ist es, dass die Artenzahl auf einem Quadrat oft nur 40—60 beträgt. Als kleinste Zahl wurde 19 auf Quadrat Nummer *4* festgestellt. Am Ufer des Savinajoki war die Zahl jedoch 116—157.

Teilgebiet *6 b* in der Umgegend des Kleinsees Puikkojärvi liegt auf Quarzitgrund. Eutrophe Hainwaldflora ist kaum vertreten. Das Gelände ist oft versumpft, Braunmoorarten treten aber nur spärlich auf. Der durch das Teilgebiet fliessende Bach Puikko-oja hat eine anspruchslose Wasserflora.

Die Artenzahlen 70—100 auf einem Quadrat sind gewöhnlich.

Teilgebiet *6 c* von Aventolamminkankaat bis zum Moor Metsosuo hat als Felsgrund Glimmerschiefer und Quarzite. Trockene Heidewälder vom *Calluna-Cladina*-Typ nehmen bedeutenden Raum ein. Im versumpften nördlichen Teil überwiegen arme Moortypen, aber auch Braunmoore treten auf. Anspruchsvolle Hainwaldflora wird an dem durch das Teilgebiet fliessenden Bach angetroffen. Der Artenbestand wird durch die nördlich vom Moor Patoniva gelegenen Felshänge bereichert, wo manche eutrophe Felspflanzen, u.a. *Asplenium ruta-muraria, Gymnocarpium robertianum* und *Epipactis atrorubens* zu Hause sind. Im Weiher Runsulampi wachsen anspruchsvolle Wasserpflanzen *Potamogeton filiformis, Callitriche hermaphroditica* und *Myriophyllum spicatum.* Der das Teilgebiet begrenzende Fluss Oulankajoki ist hier seicht und hat starke Strömung, weshalb die Wasservegetation spärlich ist. Die Überschwemmungswiesen an den Flussufern sind trocken, und ihre Flora hat weniger eutrophe Arten als zum Beispiel am Savinajoki, weil der Boden schon glazifluvialen Sand enthält.

Die Artenzahlen der Quadrate sind durchschnittlich 90—110.

Teilgebiet *6 d* von südlich vom Aventolampi zum Merioja umfasst ein einheitliches Quarzitgebiet. Der dominierende Waldtyp ist der *Empetrum-Myrtillus*-Typ. Anspruchsvolle Hainwaldflora ist spärlich vertreten. Die Häufigkeit der nördlich-ozeanischen Arten *Cornus suecica* und *Cicerbita alpina* ist auffallend. Die Moore sind zuvörderst arme Bruchmoore und Reisermoore. Am Südhang des Kiutavaara finden sich auch üppige Hainbrücher. Die eigentliche Braunmoorflora fehlt fast ganz. Am Südufer des Aventolampi und stellenweise an den Hängen des Kiutavaara gibt es Felsentblössungen, ihre Flora ist aber arm. Die Wasservegetation in den insgesamt sechs Weihern ist bescheiden. Von anspruchsvollen Wasserpflanzen werden nur *Potamogeton compressus* und *Callitriche hermaphroditica* angetroffen, beide im Weiher Alempi Hiidenlampi.

Die Artenzahlen sind klein, oft nur 40—50, auf den reichsten Quadraten 80—100.

7. **Das Gebiet der Sandböschungsufer** (Gebiet *7*)

Das Gebiet umfasst die Ufer des Oulankajoki abwärts vom Wasserfall Kiutaköngäs. Die Uferböschungen haben eine lückenhafte Vegetation, und dort häufen sich manche konkurrenzschwache östliche Arten: *Agropyron fibrosum, Silene tatarica* und *Dianthus superbus*. In ihrer Gesellschaft wachsen oft die anspruchsvollen nördlichen Arten *Agropyron boreale, Cerastium alpinum, Astragalus alpinus* ssp. *arcticus, Oxytropis campestris* ssp. *sordida* und *Thymus serpyllum* ssp. *tanaënsis*. Die Wälder im Gebiet des glazifluvialen Sands sind trockene Heidewälder des *Calluna-Cladina*-Typs, die sehr artenarm sind. In der Vegetation der Überschwemmungswiesen hat der anspruchsvolle Artenbestand einen geringeren Anteil als irgendwo sonst im Nationalpark. Der Oulankajoki ist hier seicht und hat starke Strömung, weshalb die Wasservegetation spärlich entwickelt ist, als gewöhnlichste Arten *Potamogeton gramineus, Ranunculus peltatus* und *Myriophyllum alterniflorum*.

Auf den Quadraten, die Ufergelände enthalten, sind die Artenzahlen gross, und zwar 140—160. Im Heidewald vom *Calluna-Cladina*-Typ wurden auf Quadrat *392* nur 8 Arten festgestellt.

X. Erklärungen zum Artenverzeichnis

1. **Allgemeines**

In der Nomenklatur und Reihenfolge der Pteridophyten und Dicotyledonen wurden der Atlas Florae Europaeae 1—3 (Jalas & Suominen 1972, 1973, 1976) und die Flora Europaea 1—4 (Tutin *et al.* 1964, 1968, 1972 und 1976) und bezüglich der Monocotyledonen die Nordisk Kärlväxtflora 1—2 von Hylander (1953 und 1966) befolgt. Ausserdem wurden einige in der letzten Zeit gemachte systematische und nomenklatorische Überprüfungen berücksichtigt. Die Synonyme stammen aus den genannten Florenwerken.

Die Häufigkeit der Arten im Nationalpark ist mit Hilfe der 7-gradigen Frequenzskala von Norrlin (1871: 134) angegeben. Nach der Methode von A. Ulvinen (1937: 40) sind die Arten folgendermassen in Frequenzklassen eingeteilt (n = 440):

	Anzahl der Quadrate
Rr (sehr selten)	1—9
R (selten)	10—36
St r (ziemlich selten)	37—81
P (verstreut)	82—144
St fq (ziemlich häufig)	145—224
Fq (häufig)	225—323
Fqq (sehr häufig)	324—440

Die Nummern der einzelnen Quadrate, auf welchen die Art gefunden worden ist, werden nur bei sehr seltenen (rr) und seltenen (r) Arten angegeben. Bei sehr seltenen Arten wird auch der Standort näher beschrieben und die Reichlichkeit am Standort nach der Skala pcc-cpp (vgl. Linkola 1916: 40) angegeben. Ein Apostroph nach der Nummer des Quadrats bedeutet, dass der betreffende Fund mit einer im Herbarium der Universität Oulu (Oulu) aufbewahrten Probe gesichert ist.

Unter der Literatur sind auch die unveröffentlichten Beiträge erwähnt; Fundortangaben sind nur bei sehr seltenen Arten und in Sonderfällen mitgenommen. Von den Herbarienproben werden gewöhnlich nur der Sammler und das Jahr angegeben.

Von den Herbarien werden folgende Abkürzungen gebraucht:

H	=	Botanisches Museum der Universität Helsinki
HEL	=	Herbarium des Propädeutisch-Botanischen Instituts der Universität Helsinki
HFR	=	Herbarium des Forstwissenschaftlichen Instituts, Helsinki
HPP	=	Herbarium des Instituts für Pflanzenpathologie der Universität Helsinki
HSI	=	Herbarium des Instituts für Waldbau der Universität Helsinki
KUO	=	Herbarium des Museums von Kuopio
OULU	=	Botanisches Museum der Universität Oulu
TUR	=	Botanisches Museum der Universität Turku
TURA	=	Herbarium der Åbo Akademi, Turku

2. Verzeichnis der Sammler von Herbarienproben

Die Namen der Sammler sind nach dem finnischen Alphabet geordnet.

HAm	Ahlström, Harald 1922
AA	Ahmavaara, A. 1934
TA	Ahti, Teuvo 1955
KA	Airaksinen, K. 1915
LA	Andersson, Lisbeth 1949
HAo	Aulanko, H. 1932
AAu	Aura, Aino 1949
AB	Backman, Albin L. 1902, 1908
EB	Berger, Einar 1950, 1958
VB	Brotherus, V.F. 1883, 1908
IB	Bärlund, I.-L. 1968
CC	Cedercreutz, C. 1934, 1956
OE	Eronen, Oiva 1908
SE	Eurola, Seppo 1966
OF	Fortelius, Olof 1922
RF	Frey, R. 1926
JH	Haverinen, Jaakko 1949
OH	Heikinheimo, O. 1911
RH	Helanko, Rafael 1949
TH	Hintikka, T.J. 1909
KH	Hirn, K.E. 1893
EH	af Hällström, Edvard 1911, 1912, 1914, 1928, 1930, 1936
RLH	Hämet, Raija-Leena 1943, 1944, 1946, 1951, 1952, 1953, 1954, 1955, 1960
GI	Idman, Gösta 1932, 1934, 1935, 1937, 1938, 1947, 1948
UI	Illikainen, Urpo 1950
AI	Ilvessalo, A. 1949
KI	Ilvessalo, Kaleva 1949
PI	Isoviita, Pekka, 1951, 1955
RJ	Jarva, R. 1951
TJ	Jarva, T. 1951
IJ	Jokela, Ilpo 1949
PJ	Jokela, Paavo 1949
AJ	Järvilehto, Auli 1949
HJ	Jäykkä, Helvi 1949
EKn	Kaakinen, Eero 1976
KK	Kaila, K. 1936
RK	Kalliola, Reino 1937, 1950
LKi	Kari, Lauri E. 1949
PKa	Karma, Pekka 1958
LKn	Kilpeläinen, Leena 1955
EK	Korhonen, E. 1953
OK	Koskinen, Oiva 1949
MK	Kotilainen, Mauno J. 1926, 1937, 1938, 1940, 1946, 1950
VK	Kujala, Viljo 1919
KKa	Kukko-oja, Kari 1968
IK	Kukkonen, Ilkka 1949
PKä	Kytölä, P. 1955
EL	Laaksonen, Eevi 1949
LLa	Laine, L. 1962
ML	Laurila, Matti 1939
LLe	Lehtonen, Lauri 1937
OEL	Lehtonen, Olli E. 1948
HL	Lindberg, Harald 1936
PL	Lindberg, Per Harald 1936
GL	Lindeberg, Gunnar 1937
LLi	Lindgren, Leo 1949
KL	Linkola, K. 1930
KJL	Lounamaa, K.J. 1949
OVL	Lumiala, Olli V. 1937, 1938
VLa	Luotola, V. 1934
KL-J	Lyyra-Jokinen, Katri 1957
VL	Lyytikäinen, V. 1914
AM	Malmberg, A. 1870
BM	Malmio, Bruno 1934
TM	Mankila, Timo 1949
GM	Marklund, Gunnar 1949
OM	Mattila, Olavi 1939
JM	Montell, Justus 1898, 1937, 1947
HN	Niinimäki, H. 1960
VN	Niinimäki, Vappu 1936
KN	Niskasaari, Kaisu 1952
BN	Nyberg, B.A. 1864
EPn	Paalanen, Erkki 1948, 1950
PP	Pakula, Pauli 1949
EPi	Pallari, Eino 1937, 1948, 1949, 1951
APs	Panelius, Armas 1933, 1935
APi	Pankakoski, Antero 1937
VP	Pesola, Vilho A. 1917
KP	Pohjola, Kalevi 1949
TR	Rintanen, Tapio 1965
GR	Roos, G. 1936, 1937, 1940
RR	Ruotsalo, Raikko E. 1955

VS Saari, Veli 1968-71, 1973, 1974, 1976
IS Sahlberg, I. 1949
JSg Sahlberg, John 1870
M&JS Sahlberg, M.&J. 1873
MS Salminen, Marjatta 1960
LS Salo, Lilja 1949
JSn Salonen, Jouko 1954
US Saxén, Uno 1928, 1934
PS Siivonen, Pirkko 1954
FS Silen, F 1967
CS Sonck, C.-E. 1936
JSa Sovala, Jaakko 1950
JSi Soveri, Jorma 1935
SS Stenius, Sten 1926
TSm Strandström, Thure 1954
ARS Suomalainen, A.R. 1944
E&PS Suomalainen, E.&P. 1937
AS Suorsa, Aimo 1956
JSo Suvanto, Jorma 1971
HS Såltin, Holger 1949
NS Söyrinki, Niilo 1970
JT Taarna, Jorma 1957
KT Takala, Kalevi 1949
ETg Thuneberg, E. 1931
HT Toppari, Harri 1963
ETn Tuominen, Eva 1949
AT Turunen, Ali 1949
VT Törnroos, Veijo 1952, 1955
TU Ulvinen, Tauno 1951, 1955, 1966, 1967
PV Vaarama, Pentti 1949
YV Vasari, Yrjö 1949, 1954, 1957, 1958, 1966
EV Vilpa, Erkki 1951
IV Virta, I. 1932
AV Vuorisalo, Aarne 1949
EW Wainio, Edvard A. 1877
FW von Wright, F. 1883
GÅ Åberg, Gunnar 1934

XI. Die Gefässpflanzenarten des Nationalparks

Nach der Frequenzangabe (s. S. 24) in Klammern die Anzahl der Fundquadrate von insgesamt 440 Quadraten von je 0.25 km^2 (Karte 376, S. 141). Wenn nicht anders gesagt, ist die Art ursprünglich im Nationalpark.

Lycopodiaceae

Huperzia selago (L.) Bernh. (*Lycopodium selago* L.) — Karte 1.

P (107). — (Backman 1908; Pesola 1934 b; Vr 1937; Suominen 1963.) — Herb.: OULU (VS 1970).

Vor allem Ränder, Bülten und Rimpiflächen der mesotrophen und eutrophen Moore. Anspruchslose Begleiter wie *Scheuchzeria palustris, Eriophorum angustifolium, Scirpus cespitosus* und mesotrophe wie *Selaginella selaginoides, Tofieldia pusilla* und *Scirpus hudsonianus.* Oft versumpfte Wälder, hainartige bzw. brüchige Ufer, moosbedeckte Ufersteine an schattigen Bachrändern und feuchte Spalten und Terrassen der Felswände mit u.a. *Selaginella selaginoides, Cystopteris fragilis, Tofieldia pusilla, Salix myrsinites* und *Saxifraga nivalis.* Im östlichen Teil in nordexponierten sandigen Uferböschungen des Oulankajoki.

Verdichtungen in den eutrophen Gebieten von Saviaapa und Merioja-Ansavuoma. Nach Pesola (1928: 159) schwach kalkliebend, nach Kallio *et al.* (1969: 53) indifferent, nach Kujala (1964: 23—24) ziemlich anspruchsvoll.

Im Oulankajoki-Pjaozero-Gebiet noch auf den Felsen in der alpinen Stufe (Söyrinki 1956: 3).

Lycopodiella inundata (L.) J. Holub (*Lycopodium inundatum* L.) — Karte 2.

Rr (1): *18*. 1 km E von Louhikoski auf der moosarmen Rimpifläche eines mesotrophen Weissmoors mit *Huperzia selago, Molinia caerulea, Scirpus cespitosus* und *Drosera anglica,* pcc.

Früher nicht vom Nationalpark bekannt. Der nördöstlichste Fundort in ganz Europa (vgl. Jalas & Suominen 1972: Karte 3).

Lycopodium annotinum L. — Karte 3.

Fqq (382). — (Pesola 1934 a, 1934 b; Vr 1937; Niskasaari 1956; Suominen 1963.) — Herb.: OULU (VS 1968—70).

Auf Quadrat *430* var. *pungens* (La Pylaie) Desv. mit ziemlich ganzrandigen, stark gewölbten, nadelspitzigen Blättern (vgl. Tuomikoski in Jalas Suuri Kasvikirja I: 19—21; Jalas & Suominen 1972: 18). Zwischenformen auf *162, 306* und *327*.

Die häufigste *Lycopodium*-Art. Konstant in hainartigen Heidewäldern vom *Geranium-Myrtillus*-Typ, häufig in Hainen vom *Geranium-Dryopteris*-Typ und Heidewäldern vom *Hylocomium-Myrtillus*-Typ (vgl. Söyrinki *et al.* 1977). In Hainen vom *Geranium-Filipendula*-Typ und Heidewäldern vom *Ledum-Uliginosum*-Typ, gelegentlich im *Empetrum-Myrtillus*-Typ. In der Bruchvegetation von gemeinen Bruchwäldern bis zu Hainbrüchern, in nasseren Typen besonders auf Bülten. Nie recht hohe Deckungswerte.

Ausfallsgebiete in den Mooren von Salla und in der Umgegend von Isojärvi-Syvälampi. Zuvörders frische, nahrungsreiche Standorte, aber eine weite Amplitude. Nach PESOLA (1928: 159) indifferent.

Im Oulankajoki-Pjaozero-Gebiet noch in der alpinen Stufe (SÖYRINKI 1956: 3).

Lycopodium clavatum L. — Karte 4.

R (19): *1.' 30.' 39.' 40, 42.' 47, 52, 62.' 99.' 227, 279, 288.' 316.' 351, 359, 381, 414.' 429.* — (VR 1937; NISKASAARI 1956.) — Herb.: OULU (VS 1969—70).

Die nördliche var. *lagopus* Laest. (ssp. *monostachyon* (Grev. Hook) Selander; var *clavatum* nur am Ufer des Sees Ollilanjärvi, Quadrat *316*.

Kleine Flecken in lichten Heidewäldern vom *Empetrum-Myrtillus-* und *Calluna-Cladina*-Typ; an Waldpfaden (*1, 99* und *386*), in Erosionsböschungen an Flussufern (*62* und *279*) und in Landstrassengräben (*288* und *359*).

Anspruchslos, aber ziemlich lichtbedürftig. Nach PESOLA (1928: 150) indifferent. Scheint durch die Waldbrände begünstigt: eine Verdichtung südlich von Piessaniitty, wo die Spuren der Brände am deutlichsten sind. Apophytisch in Landstrassengräben und vielleicht an Waldpfaden (vgl. AHTI & HÄMET-AHTI 1971: 32). Im Oulankajoki-Pjaozero-Gebiet noch in der alpinen Stufe in den Zwergstrauchheiden (SÖYRINKI 1956: 3).

Diphasium complanatum (L.) Rothm. (*Lycopodium complanatum* L.) — Karte 5.

Fqq (332). — (VR 1937; NISKASAARI 1956; SUOMINEN 1963.) — Herb.: OULU (VS 1969).

Hauptsächlich ssp. *complanatum*. Auf Quadraten *327* und *341* ssp. *montellii* Kukk.

Verstreut in Heidewäldern, am häufigsten auf Sandboden im *Empetrum-Myrtillus*-Typ, vereinzelt im *Hylocomium-Myrtillus*-Typ und *Geranium-Myrtillus*-Typ (vgl. SÖYRINKI et al. 1977). In den trockensten flechtenreichen Heiden fehlend (Quadrate *392* und *412*) oder selten.

Die weitesten Ausfallsgebiete in den Mooren von Salla. Nach PESOLA (1928: 160) kalkfliehend.

Im Oulankajoki-Pjaozero-Gebiet noch auf den Gipfeln der Fjelde (SÖYRINKI 1956: 4). Dort auch *Diphasium alpinum.*

Selaginellaceae

Selaginella selaginoides (L.) Link — Karte 6.

Fqq (331). — (BACKMAN 1908; PESOLA 1918 a, c; 1928; 1934 b; 1955 b; VR 1937; BR 1955; KIISTALA & JAHKOLA 1958; MUUKKONEN *et al.* 1958; VASARI 1958; UOTILA 1960; SUOMINEN 1963; KANGAS 1969; SAARI 1973.)

Besonders braunmoorartige Moore und wiesenartige Bachränder. In den Mooren am häufigsten in den *Molinia*-Braunmoor-Weissmooren und Braunmoor-Reisermooren, seltener in *Sphagnum warnstorfii-* und *Campylium stellatum* -Braunmooren (SÖYRINKI et al. 1977). In den Rimpi-Braunmooren nur auf den Bültenflächen. Häufig an feuchten Felshängen und in kräuterreichen Senken der Wälder. In frischen *Geranium-Dryopteris-* und trockenen *Geranium-Vaccinium*-Hainen, seltener im *Geranium-Filipendula*-Typ.

Weite Nahrungsamplitude, häufig noch an der unteren Grenze der Eutrophie (vgl. KOTILAINEN 1950: 13, 1951: 85; RUUHIJÄRVI 1960: 36), fehlt selten in den besten Mooren. Ausfallsgebiete nur im Bereich der oligotrophen Moore und Heidewälder.

Auf gemähten Uferwiesen apophytisch (vgl. AHTI & HÄMET-AHTI 1971: 32).

Isoëtaceae

Isoëtes lacustris L. — Karte 2.

R (14): *108.' 109.' 176.' 223.' 279.' 305.' 306.' 345.' 346, 347, 350.' 351.' 364.' 365.'* Vorher nicht vom Nationalpark bekannt.

Auf Quadraten *108, 306, 345* und *351* ausser der Hauptform die f. *falcata* (Tausch) Fiche mit kürzeren, gekrümmten Blättern (vgl. VAARAMA 1938: 181; MARISTO 1941: 22; KALLIO *et al.* 1969: 64).

Oulankajoki zwischen Oulangankanjoni und Heikinniemi auf hartem Boden in langsam fliessendem Wasser meist allein in lichten Siedlungen. Häufigste Begleiter *I. echinospora, Potamogeton gramineus, Ranunculus reptans* und *Myriophyllum alterniflorum.* Nach PESOLA (1928: 158) schwach kalkliebend, gilt aber allgemein für oligotroph (vgl. LINKOLA 1933: 6).

Isoëtes echinospora Durieu (*I. setacea* auct., non Lam.) — Karte 7.

R (18): *108.' 109.' 117.' 118.' 124.' 146.' 160.' 161.' 176.' 177.' 198.' 222.' 223.' 279.' 329.' 364.' 365.' 369.'* — Herb.: H (AB 1908: Salla, Savilampi, N-Teil; JSn 1954: Oulankajoki, 0,5—1 km NW vom Kiutaköngäs).

Oulankajoki in demselben Flussabschnitt wie *I. lacustris,* der Schwerpunkt aber im oberen Lauf, zwischen Savilampi und Aventolampi, wo stille Wässer mit Dyboden. In durchschnittlich etwas seichterem Wasser als *I. lacustris,* aber mindestens 20—30 cm tief; auch gemischte Siedlungen. Häufigste Begleiter *Sagittaria sagittifolia, Sparganium emersum, Potamogeton gramineus, P. berchtoldii, Eleocharis acicularis, Ranunculus reptans, Subularia aquatica* und *Callitriche cophocarpa.* Nach PESOLA (1928: 158) schwach kalkliebend, nach LINKOLA (1933: 6) meso-oligotroph.

Equisetaceae

Equisetum hyemale L. — Karte 8.

P (113). — (BROTHERUS 1878; PESOLA 1928, 1955 b; VR 1937; LAINE *et al.* 1949; KOTILAINEN 1951; KIISTALA & JAHKOLA 1958; VASARI 1958; SUOMINEN 1963.) — Herb.: H (KH 1893): OULU (UI 1950; VT 1955).

Uferböschungen, -Gebüsche und -Wälder und trockene Heidewälder an Südhängen der Berge, auch dünntorfige quellenbeeinflusste Braunmoore. Begleitflora sehr variabel.

Verstreut besonders am Oulankajoki und am unteren Lauf des Savinajoki, ausserdem Anhäufungen in den kalkreichen Gebieten von Puukkorinne-Soidinsuo und Polvilammit. Auf trockenen Böden ziemlich anspruchslos, in den Mooren aber eutroph (vgl. PANKAKOSKI 1939: 37; KUJALA 1964: 27). Nach PESOLA (1928: 158) schwach kalkliebend.

Equisetum hyemale × *variegatum* (*E.* × *trachyodon* A. Braun) — Karte 9.

Rr (2): *306*: Ufer des Weihers Talvilampi auf Mineralboden, pcc: *379*: N von den Polvilammit am Rande eines Braunmoors, pcc. — (SAARI 1973, 1977.)

Die Stammarten auf den beiden Quadraten.

Equisetum variegatum Schleicher — Karte 10.

St r (76).: — (BACKMAN 1902; VR 1937; SAARI 1973.) — Herb.: H (LLe, OVL & APi 1937; RLH 1954; TA 1955); OULU (VT 1955; VS. 1968—69).

Dünntorfige Hangbraunmoore, besonders quellenbeeinflusste Sickerflächen an der Grenze des Braunmoors gegen die Heide, und häufiger in den *Sphagnum warnstorfii*- als *Campylium stellatum*-Braunmooren (vgl. KOTILAINEN 1951: 87; RUUHIJÄRVI 1960). Viele eutrophe Begleiter: *Equisetum pratense, Carex capitata, Pinguicula alpina, Bartsia alpina, Saussurea alpina* und *Crepis paludosa.* Auf Quadraten *429* und *430* am Kies- und Geröllufer des Oulankajoki (vgl. SÖYRINKI 1956: 4; TAARNA & VASARI 1959: 40; RINTANEN 1968: 233; KALLIO *et al.* 1969: 66).

Konzentriert sich deutlich auf die kalkreichen Gegenden von Kiekeröjärvet, Rytisuo-Puukkorinne und Polvilammit. Nach PESOLA (1928: 157) kalkliebend (vgl. RINTANEN 1968).

Equisetum scirpoides Michx — Karte 11.

Fq (248). — (HJELT 1888; BACKMAN 1902; HÄLLSTRÖM 1915, 1949; PESOLA 1918 a, 1918 c, 1928, 1934 a, 1934 b, 1955 b; VR 1937; BR 1955; HÄMET 1956; KIISTALA & JAHKOLA 1958; SUOMINEN 1963; ULVINEN *et al.* 1966; SAARI 1973.) — Herb.: H (AB 1908; US 1928; JSi 1935; TA 1955); HFR (VK 1919); OULU (EPi 1937; RLH 1953; VT 1955; VS 1969); TUR (PP 1949).

In erster Linie hainartige Wälder. Am häufigsten im *Geranium-Dryopteris*-Typ (vgl. SÖYRINKI *et al.* 1977), beinahe gleich häufig im *Geranium-Myrtillus*-Typ und *Geranium-Vaccinium*-Typ. Im *Hylocomium-Myrtillus*-Typ bedeutend seltener, ebenso im *Geranium-Filipendula*-Typ, ferner in Hainbrüchern, auf den Bülten der Braunmoorränder, Terrassen feuchter Karbonatfelsen und Uferböschungen der Flüsse. In den Mooren auf trockeneren Nährboden als *E. variegatum.*

Fehlt in Gebieten, wo der Felsgrund oder die Moräne frei von Karbonaten ist: Moore von Salla, südlich vom Puikkojärvi, Umgegend von Isojärvi-Syvälampi und Kiutavaara. Nach PESOLA (1934 a: 6—7) und KOTILAINEN (1951: 87) vorwiegend kalkhaltige Wälder (vgl. RINTANEN 1968: 234).

Equisetum fluviatile L. — Karte 12.

Fq (298). — (PESOLA 1934 a, 1952 a, 1955 b; VR 1937; KIISTALA & JAHKOLA 1958; UUOTILA 1960; ULVINEN *et al.* 1966.) — Herb.: OULU (VS 1971).

Vorwiegend nasse, offene oder bewaldete Moore (vgl. SÖYRINKI *et al.* 1977): besonders Überschwemmungsweissmoore, Rimpiweissmoore und Rimpibraunmoore, *Molinia*-Braunmoor-Weissmoore, *Sphagnum warnstorfii*-Braunmoore, Braunmoor-Reisermoore, Braunmoorbrücher und Quellenbrücher. In den Teichen und im seichten Uferwasser der Flüsse ausserhalb der *Calamagrostis phragmitoides*-Zone mit *Carex acuta* und *C. rostrata* als nächste Begleiter. Begünstigt stilles Wasser mit Schlammoder Dyboden, welche es besonders im Aventojoki und im Oulankajoki zwischen Savilampi und Aventolampi gibt. Meidet Stromschnellen mit Geröllboden.

Verbreitung am dichtesten im Norden und Westen; die weiteste Lücke am Ampumavaara. pH der Torfunterlage 4,6—6,9; (vgl. PANKAKOSKI 1939: 37; KOTILAINEN 1927: 53; BRENNER 1931: 152). Nach PESOLA (1928: 158) schwach kalkliebend, nach LINKOLA (1933: 6) mesotroph.

Auf Quadrat *288* apophytisch im Landstrassengraben (vgl. SÖYRINKI 1856: 4; AHTI & HÄMET-AHTI 1971: 32).

Equisetum palustre L. — Karte 13.

Fq (263). — (V. AUER 1923 a; PESOLA 1934 a, 1934 b, 1955 b; VR 1937; MUUKKONEN *et al.* 1958; SALMINEN 1960; UOTILA 1960.) — Herb.: OULU (VT 1955); TUR (LS 1949).

Fruchtbare Moore und Ufer der Quellbäche. Besonders *Paludella*- und *Sphagnum warnstorfii*- Braunmoore, Braunmoor-Reisermoore, Blaubeerbrücher, Gras- und Krautbrücher, Quellenbrücher, Hainbrücher und Braunmoorbrücher (vgl. SÖYRINKI *et al.* 1977). Viele anspruchsvolle Begleiter: *Selaginella selaginoides, Tofieldia pusilla, Carex dioica, C. cespitosa, C. vaginata, Angelica sylvestris, Geranium sylvaticum, Saussurea alpina* und *Crepis paludosa,* gewöhnlichste anspruchslose *Equisetum fluviatile, Carex chordorrhiza, C. lasiocarpa, Potentilla palustris, Menyanthes trifoliata* und *Vaccinium oxycoccos.*

Gleichmässige Verbreitung in den Moorgebieten. Das Waldgelände und Ufer des Oulankajoki vom Savilampi abwärts eine weite Lücke im Arealbild. pH 4,1—7,4 (Mittel 5,9 von 22 Proben; vgl. PANKAKOSKI 1939: 36; BRENNER 1931: 152). Nach PESOLA (1928: 158) schwach kalkliebend, nach KUJALA (1964: 26) ziemlich anspruchsvoll, nach BORG (1971: 117) zunächst mesotrophmesoeutroph.

Auf Quadraten *308* und *331* apophytisch im Landstrassengraben (vgl. AHTI & HÄMET-AHTI 1971: 32). Im Oulankajoki-Pjaozero-Gebiet auch an Sandufern (SÖYRINKI 1956: 9).

Equisetum sylvaticum L. — Karte 14.

Fq (318). — (PESOLA 1934 a, 1955 b; VR 1937; NISKASAARI 1956; SALMINEN 1960; UOTILA 1960.)

Vorwiegend Bruchmoore. Dominiert in der Feldschicht der *Equisetum sylvaticum*-Brücher. Reichlich in gemeinen Bruchwäldern, Moltebeerbrüchern, Heidel-

Karten 1—12. — 1: *Huperzia selago* (L.) Bernh. — 2: • *Lycopodiella inundata* (L.) J. Holub, ▼ *Isoëtes lacustris* L. — 3: *Lycopodium annotinum* L. — 4: *L. clavatum* L. — 5: *Diphasium complanatum* (L.) Rothm. — 6: *Selaginella selaginoides* (L.) Link — 7: *Isoëtes echinospora* Durieu — 8: *Equisetum hyemale* L. — 9: • *E. hyemale* × *variegatum*, ▼ *E. arvense* × *fluviatile* — 10: *E. variegatum* Schleicher — 11: *E. scirpoides* Michx — 12: *E. fluviatile* L.

beerbrüchern und Gras- und Krautbrüchern. Weniger reichlich in anmoorigen Heidewäldern und spärlich in normalen Reisermooren und Braunmoor- und Hainbrüchern, in Hainen und frischen Heidewäldern, meist im *Geranium-Myrtillus*-Typ (vgl. SÖYRINKI *et al.* 1977).

Alle Moorgebiete. Fehlt im Oulankajoki-Tal zwischen dem Savilampi und der Ostgrenze des Parks. Nach PESOLA (1928: 159) indifferent (vgl. PANKAKOSKI 1939: 35).

Auf Quadrat *311, 312, 366* und *386* apophytisch im Landstrassengraben (vgl. AHTI & HÄMET-AHTI 1971: 32). Im Oulankajoki-Pjaozero Gebiet noch in alpinen Zwergstrauchheiden (SÖYRINKI 1956: 4).

Equisetum pratense Ehrh. — Karte 15.

Fq (297). — (BACKMAN 1902, 1908; PESOLA 1934 a, 1955 b; VR 1937; BR 1955; MUUKKONEN *et al.* 1958; VASARI 1958; SUOMINEN 1963; ULVINEN *et al.* 1966; KANGAS 1969; AHTI & HÄMET-AHTI 1971; SAARI 1973.)

Sandige Uferböschungen und Überschwemmungswiesen am unteren Laufe des Oulankajoki mit u.a. *Anthoxanthum odoratum, Dianthus superbus, Astragalus alpinus* ssp. *arcticus, Thymus serpyllum* ssp. *tanaënsis, Galium boreale* und *Achillea millefolium.* In der Waldvegetation nahezu regelmässig im *Geranium-Dryopteris*-Typ und *Geranium-Filipendula*-Typ (SÖYRINKI *et al.* 1977), weniger reichlich im *Geranium-Myrtillus*-Typ und in Farnhainen. Gewöhnlichste Moorstandorte die *Sphagnum warnstorfii*-Braunmoore, besonders randbeeinflusste Teile, Hainbrücher und Braunmoorbrücher.

In Südfinnland eine anspruchsvolle Hainpflanze (z.B. PANKAKOSKI 1939; KUJALA 1964: 26), in Lappland auch auf oligotrophen Standorten (KALLIO *et al.* 1969: 71). Im Nationalpark augenscheinlich im Zusammenhang mit dem Kalkgehalt. Nach PESOLA (1928: 158) schwacher Kalkforderer. Ausfallsgebiete nur in den oligotrophsten und am stärksten versumpften Teilen, wie im Gebiete des Kirchspiels Salla, Isojärvi-Syvälampi und Kiutavaara. Häufiger als *E. arvense* und *E. palustre,* umgekehrt wie in weniger eutrophen Gebieten (vgl. SÖYRINKI 1956: 4).

Auf Uferwiesen und an Strassenrändern apophytisch (vgl. AHTI & HÄMET-AHTI 1971: 32).

Equisetum arvense L. — Karte 16.

St fq (208). — (BACKMAN 1908; PESOLA 1918 c, 1928, 1955 b; VR 1937; NISKASAARI 1956; KIISTALA & JAHKOLA 1958; VASARI 1958; SUOMINEN 1963; AHTI & HÄMET-AHTI 1971.) — Herb. OULU (VS 1971).

Ufer, Uferwälder, Bruchwälder mit dünner Torfdecke, Ränder der Quellen, Quellbäche und der Braunmoore mit Quellenwirkung (sogen. Sickerflächen). Folgt den Ufern der Flüsse und Bäche durch den Nationalpark, am reichlichsten im östlichsten Teil an Sand- und Kiesufern des Oulankajoki. In den Mooren anspruchsvoll (pH 5.7, 6.6 und 7.1; an übrigen Standorten 3.9—7.0, Mittel 5.8 von 6 Proben). Nach PESOLA (1928: 158) schwach kalkfordernd (vgl. PANKAKOSKI 1939).

Apophytisch in Flussuferwiesen und an Rändern der Landstrasse (vgl. AHTI & HÄMET-AHTI 1971: 32).

Equisetum arvense × *fluviatile* (*E.* × *litorale* Kühlew. ex Rupr.) — Karte 9.

Rr (1): *308.* Moor Puukkosuo. — (SAARI 1977).

Ophioglossaceae

Botrychium lunaria (L.) Sw. — Karte 17.

St r (41). — (PESOLA 1934 b; VR 1937; HÄLLSTRÖM 1949; NISKASAARI 1956; MUUKKONEN *et al.* 1958; ULVINEN *et al.* 1966.) — Herb.: H (AB 1908); OULU (VS 1969, 1970).

An Flussufern, am reichlichsten am Oulankajoki südlich vom Haaralampi in sandigen Uferböschungen und trockenen Uferwiesen mit z. B. *Festuca ovina, Astragalus alpinus* ssp. *arcticus, Oxytropis campestris* ssp. *sordida, Thymus serpyllum* ssp. *tanaënsis* und *Veronica longifolia.* Seltener in Hainwäldern vom *Geranium-Dryopteris*-Typ und *Filices*-Typ (SÖYRINKI *et al.* 1977) und an dickmoosigen Felsterrassen. An Fels- und Waldstandorten verhältnismässig anspruchsvoll. Nach PESOLA (1928: 158) schwach kalkfordernd.

In Uferwiesen augenscheinlich apophytisch (vgl. SÖYRINKI 1956: 5; AHTI & HÄMET-AHTI 1971: 32).

Botrychium boreale Milde — Karte 18.

Rr (1): *437.* Sandige Uferböschung des Oulankajoki, mit *Botrychium lunaria, Festuca ovina, Poa nemoralis, Thymus serpyllum* ssp. *tanaënsis* und *Antennaria dioica,* pcc. — (FORTELIUS 1925: Kiutaköngäs.)

Botrychium lanceolatum (S.G. Gmelin) Ångström — Karte 18.

Rr (1): *329.* ein einziges Individuum im J. 1974 beim Haaralampi auf einer kurzwüchsigen Wiese am östlichen Ufer des Oulankajoki, mit *Botrychium lunaria.*

Früher nicht vom Nationalpark bekannt.

Botrychium multifidum (S.G. Gmelin) Rupr. — Karte 19.

Rr (4): *147* N vom Taivalköngäs, 1 Ind.; *197* Aventojokimündung, 1 Ind.; *329* Haaralampi (E. Kaakinen mündl.); *411* (R. Salmela mündl.).

Früher nicht vom Nationalpark gemeldet.

Alle Standorte gemähte Uferwiesen. Im Oulankajoki-Pjaozero-Gebiet häufiger und kaum ursprünglich (SÖYRINKI 1956: 5 und 44; vgl. AHTI & HÄMET-AHTI 1971: 33).

Hypolepidaceae

Pteridium aquilinum (L.) Kuhn (*Eupteris aquilina* (L.) Newm.) — Karte 20.

Rr (8): *87* am Oulankajoki aufwärts vom Oulangankanjoni, pc; *129* am Puikko-oja, pc; *156* am Aventojoki beim Vaalulampi, pc; *160, 177* und *198* am Oulankajoki zw. Taivalköngäs und Aventolampi, sp; *223* E-Ufer des Aventolampi, st pc; *306* Landenge zw. Oulankajoki und Talvilampi, pc. — (BACKMAN 1908, 1913—1914; HÄLLSTRÖM 1915, 1949; PESOLA 1918 a, 1928; KOTILAINEN 1950;

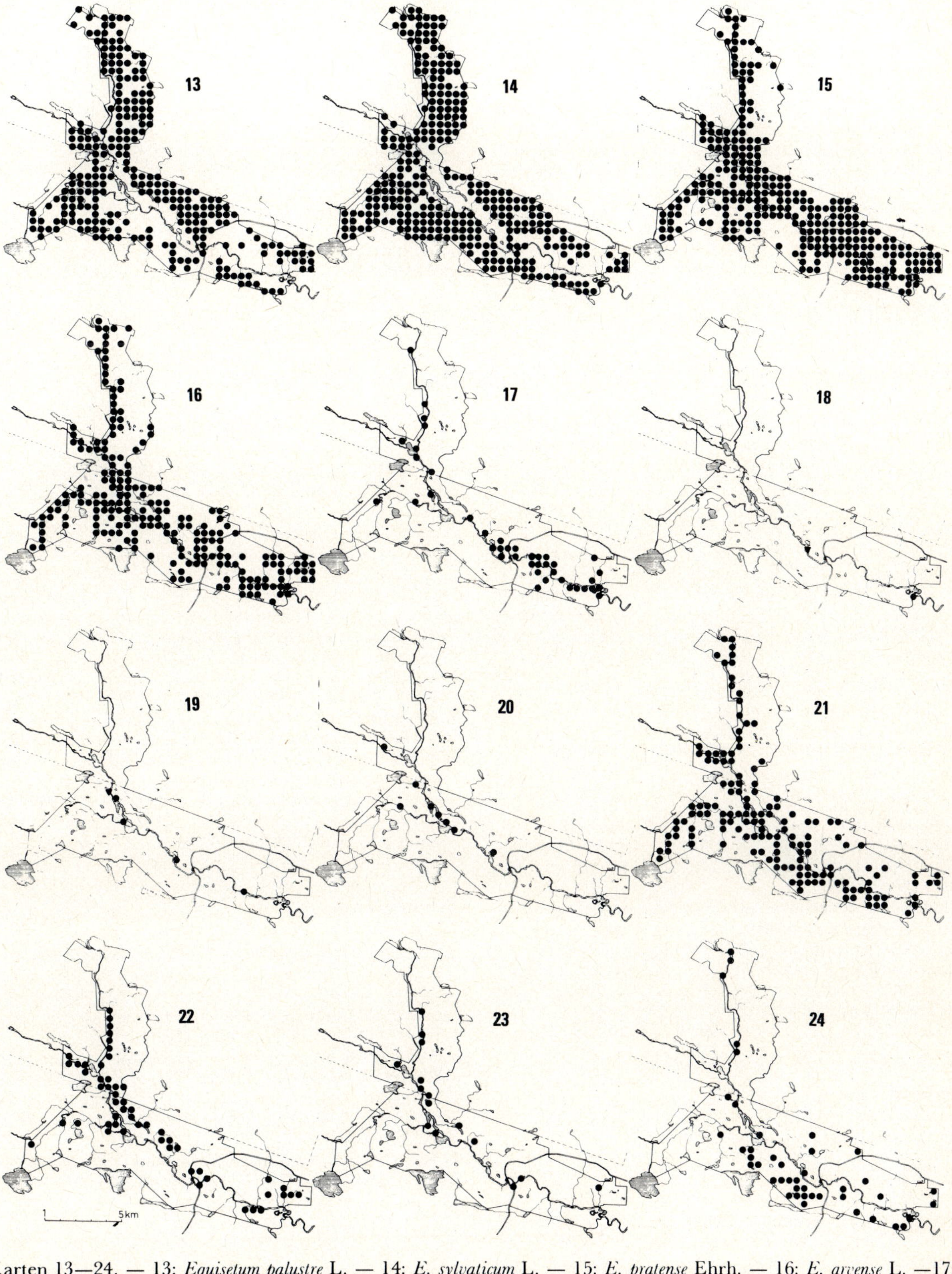

Karten 13—24. — 13: *Equisetum palustre* L. — 14: *E. sylvaticum* L. — 15: *E. pratense* Ehrh. — 16: *E. arvense* L. —17: *Botrychium lunaria* (L.) Sw. — 18: • *B. boreale* Milde, ▼ *B. lanceolatum* (S.G.Gmelin) Ångström — 19: • *B. multifidum* (S. G. Gmelin) Rupr., ▼ *Thelypteris palustris* Schott — 20: *Pteridium aquilinum* (L.) Kuhn — 21: *Thelypteris phegopteris* (L.) Slosson — 22: *Asplenium viride* Hudson — 23: *A. ruta-muraria* L. — 24: *Athyrium filix-femina* (L.) Roth.

SAARI 1973.) — Herb.: H (AB 1908; VP 1917).

Bisher nur vom Taivalköngäs gemeldet.

Auf Quadrat *160, 177* und *223* an wiesenartigen, sonst an hainartigen Ufern. Günstige Lichtverhältnisse ein gemeinsamer Zug der Standorte. Gewöhnlich an Landspitzen und Landengen, wo die erordierende Wirkung des Eises am stärksten ist. So die Standorte auf *177, 198* und *223,* wo die grössten Bestände, teilweise frei von der übrigen Vegetation. Bildet nirgends andere Pflanzen erstickende dichte Bestände, wie in Südfinnland.

Keine Sporenbildung. Die Bestände offenbar nach Waldbränden entstanden aus mit dem Wind hergeflogenen Sporen (vgl. OINONEN 1967).

Hier an ihrer Nordgrenze anspruchsvoll (vgl. SÖYRINKI 1956: 5). pH 4.9 — 6.0 (Mittel 5.5 von 7 Proben). Nach PESOLA (1928: 158) schwach kalkliebend.

Thelypteridaceae

Thelypteris palustris Schott (*T. thelypteroides* (Michx) J. Holub, *Lastrea thelypteris* (L.) Bory, *Dryopteris t.* (L.) A. Gray) — Karte 19.

Rr (1): *137.* — (T. ULVINEN 1957.) — Herb.: H (JS 1955); OULU (VT 1955).

Der nördlichste Standort in Finnland. An einem etwa 500 m langen Bach 300 m südwärts von der Grenze des Kirchspiels Salla, auf einer Strecke von etwa 250 m fqq mit u.a. *Carex diandra.* In der Umgebung ein *Sphagnum fuscum*-Reisermoor mit bruchmoorartigen Zügen. — Nach TUOMIKOSKI (in JALAS: Suuri Kasvikirja I: 90) verhältnismässig anspruchsvoll.

Thelypteris phegopteris (L.) Slosson (*Dryopteris p.* (L.) C.Chr., *Phegopteris connectilis* (Michx) Watt.) — Karte 21.

St fq (149). — (PESOLA 1934 a; VR 1937; BR 1955; NISKASAARI 1956; KIISTALA & JAHKOLA 1958; MUUKKONEN *et al.* 1958; SALMINEN 1960; UOTILA 1960; SUOMINEN 1963; ULVINEN *et al.* 1966.)

Besonders Haine vom *Geranium-Filipendula*-Typ, spärlicher in Farnhainen (SÖYRINKI *et al.* 1977). Häufig in eutrophen bruchmoorartigen Bachufersiedlungen. In Spalten und auf Terassen feuchter, schattiger Felswände. Jenseits der Reichsgrenze bis 450 m ü.d.M. auf dem Fjeld Kivakkatunturi (SÖYRINKI 1956: 5).

Nach PESOLA (1928: 58) schwach kalkliebend.

Aspleniaceae

Asplenium viride Hudson — Karte 22.

St r (54). — (BROTHERUS 1878; HJELT 1888; BACKMAN 1902, 1908; HÄLLSTRÖM 1915, 1949; PESOLA 1918 a, 1928, 1934 b; VR 1937; LAINE *et al.* 1949; BR 1955; KIISTALA & JAHKOLA 1958; MUUKKONEN *et al.* 1958; UOTILA 1960; HEIKURA 1970; SAARI 1973.) — Herb.: H (RK 1937; OEL 1948; KT 1949; JT 1957; YV 1958); HFR (VK 1919); OULU (RLH 1951; TJ 1951; VT 1952, 1955); TURA (HAm 1922; GL 1937).

Felsspalten, Felsterrassen und Geröll- und Verwitterungshänge der Flussläufe, sogar auf kleinflächigen, genügend schattigen und feuchten Felsentblössungen. Begleiter meistens anspruchsvoll: *Woodsia glabella, Cystopteris dickieana, Gymnocarpium robertianum, Epipactis atrorubens, Cerastium alpinum* und *Saxifraga nivalis,* von den anspruchslosen gewöhnlich *Festuca ovina, Carex ericetorum, Campanula rotundifolia* und *Antennaria dioica.*

Bevorzugt ultrabasische Gesteinsarten (z.B. MIKKOLA 1938; RINTANEN 1969: 239; KALLIO *et al.* 1969: 80), die in Kuusamo selten sind. Nach LINKOLA (1921: 165) kalkstet, nach PESOLA (1928: 157) Kalkforderer. Im Nationalpark ausgesprochen auf Dolomitgrund, verhältnismässig gleichmässig zwischen dem Oulangankanjoni, Niemikangas am Savinajoki und Kiutaköngäs. Auch im östlichen Teil und am Aventojoki.

Asplenium ruta-muraria L. — Karte 23.

R (15): *51, 68, 74, 97, 119, 124, 131, 138, 176, 180, 197, 266, 349, 366, 377.* — (BACKMAN 1902, 1908; HÄLLSTRÖM 1915, 1949; PESOLA 1918 a, 1928, 1934 b; VR 1937; LAINE *et al.* 1949; KIISTALA & JAHKOLA 1958; HEIKURA 1970; SAARI 1973.) — Herb.: H (AB 1908; MK 1939); OULU (EH 1928; TU 1951); TUR (ML 1939).

Bei Quadrat *79* unmittelbar ausserhalb des Nationalparks auf dem Uferfels des Kiekeröoja.

In Finnland ausserhalb des Kuusamo-Salla Gebiets nur im äussersten Südwesten. — Spalten von trockenen, südexponierten Dolomitfelsen, oft an einer geringflächigen weit erodierten Felsböschung. Begleitflora sehr artenarm: basiphile *Woodsia glabella, Asplenium viride, Gypsophila fastigiata, Cerastium alpinum* und *Saxifraga nivalis.*

Nach PESOLA (1928: 157) kalkfordernd. Konzentriert sich deutlicher als jede andere Art auf die Karbonatentblössungen zwischen Niemikangas am Savinajoki und am Kiutaköngäs. Isoliertes Vorkommen an der Dolomitböschung beim Tulilammenpuro.

Asplenium septentrionale wird von HÄLLSTRÖM (1949) vom Kiutaköngäs gemeldet, aber offenbar infolge einer Verwechslung mit *A. viride* oder *A. ruta-muraria.*

Athyriaceae

Athyrium filix-femina (L.) Roth — Karte 24.

St r (43). — (PESOLA 1934 a; VR 1937; NISKASAARI 1956; KIISTALA & JAHKOLA 1958; VASARI 1958; ULVINEN *et al.* 1966.) — Herb.: OULU (VS 1971).

Am reichlichsten in etwas bruchmoorartigen Hainsiedlungen im unteren Teil der Süd- und Westhänge des Kiutavaara. Sonst ziemlich spärlich in den *Filices*-Typ Hainen an Bachufern, seltener im *Geranium-Filipendula*-Typ (SÖYRINKI *et al.* 1977).

Selten in den eutrophsten Teilen des Nationalparks, in grösster Reichlichkeit im Gebiet der sauren Gesteinsarten.

Diplazium sibiricum (Turcz. ex G. Kunze) Kurata (*Athyrium crenatum* (Somf.) Rupr.) — Karte 25.

R (18): *96, 97, 154, 225, 246, 247, 336, 368, 377, 388, 397, 408, 409, 416, 419, 422, 425, 426.* — (BROTHERUS 1878;

HJELT 1888; HÄLLSTRÖM 1915, 1949; KUJALA 1921; VR 1937; LAINE *et al.* 1949; VASARI 1958; SUOMINEN 1963; ULVINEN *et al.* 1966; SAARI 1973.) — Herb.: H (AB 1908; KT 1949); HFR (VK 1919).

Die Angaben vom Putaanoja (VR 1937) und Lippihetteenpuro (LAINE *et al.* 1949) beziehen sich wahrscheinlich auf den Bach Tulilamminpuro.

Charakteristische Standorte Farnhaine und -Brücher an den Stromschnellen der Bäche; oft schöne einheitliche Siedlungen (Quadrate *246, 247, 397, 408* und *409*); *96* und *97* in Hainsiedlungen am Fusse der Felsen der Schluchttäler, *336* und *419* an Hainwaldhängen des Ampumavaara bzw. Liikasenvaara. Gewöhnlichste Begleiter *Paris quadrifolia, Agropyron caninum, Actaea erythrocarpa, Ribes spicatum, Filipendula ulmaria, Rubus idaeus, Daphne mezereum* und *Angelica sylvestris*. Oft Kalkwirkung bemerkbar (z.B. *Cystopteris montana, Carex norvegica* ssp. *inferalpina*; vgl. SÖYRINKI 1956: 5). Bisweilen Begleiter ziemlich anspruchslos (*Maianthemum bifolium, Melica nutans, Carex loliacea, C. vaginata* und *Caltha palustris*). Offenbar mehr abhängig von nährstoffführenden Bodenwasserströmungen, von einem bestimmten Humustypus und Beschattung als direkt von Kalk. Nach PESOLA (1928: 157) Kalkforderer. pH 5.0, 5.6, 5.7 und 6.6 (vgl. PANKAKOSKI 1939: 39; KALLIO *et al.* 1969: 82).

Cystopteris fragilis (L.) Bernh. — Karte 26.

St r (42). — (BROTHERUS 1878; HJELT 1888; PESOLA 1928, 1934 b; VR 1937; HÄLLSTRÖM 1949; KIISTALA & JAHKOLA 1958; MUUKKONEN *et al.* 1958; SALMINEN 1960; UOTILA 1960; SUOMINEN 1963.) — Herb.: H (AB 1908, 1918; EH 1914; VP 1917); HSI (AB 1908); OULU (RLH 1951; VS 1968—71).

Die älteren Literaturangaben umfassen auch Funde von *C. dickieana*.

Vorkommen jedesmal mikroskopisch gesichert. Jedoch möglich, dass die Art auf einigen Quadraten, wo die Proben ausschliesslich *C. dickieana* enthalten haben, unberücksichtigt geblieben ist. Ähnlich ist der Fall mit *C. dickieana* auf den Quadraten, wo *C. fragilis* reichlicher gewesen ist.

Felsenritzen, höhlenartige Vertiefungen und Felsterrassen, auch kleine Felsentblössungen, die genügend Schatten und Feuchtigkeit bieten. Am Fusse lichter Südhänge an Stellen, die durch Sickerwasser feucht sind. Die gewöhnlichsten anspruchsvollen Begleiter *Woodsia alpina, Aplenium viride, Cerastium alpinum* und *Saxifraga nivalis*, anspruchslosen *Polypodium vulgare, Woodsia ilvensis, Festuca ovina* und *Campanula rotundifolia*. Keine deutliche Konzentrierung auf kalkreiche Gebiete, wahrscheinlich sind die Standorte jedoch nicht ganz sterile Quarzitfelsen, sondern mit Dolomitadern oder -Körnern. — Nach PESOLA (1928: 158) und KALLIO *et al.* (1969: 83) schwach kalkliebend.

Auf Quadrat *167* auf den Steinen des Feuerherds einer alten Holzfällerhütte. — Jenseits der Reichsgrenze auf dem Fjeld Kivakkatunturi oberhalb der Waldgrenze (SÖYRINKI 1956: 5).

Cystopteris dickieana R. Sim (*C. fragilis* var. *dickieana* (R.Sim)Moore) — Karte 27.

St r (48). — (BACKMAN 1908, 1913—1914; HÄLLSTRÖM 1915; PESOLA 1918 a, 1928, 1934 b; VR 1937; SAARI 1973.) — Herb.: H (VP 1917; GI 1934; LLe & APi 1937; TA 1955); HFR (VP 1917); OULU (TU 1967; VS 1968—71); TUR (VP 1917; ML 1939).

Offenbar auch auf Quadrat *176, 197* und *334*, von welchen Proben von *C. dickieana* × *fragilis* (s. *C. fragilis*).

Der einzige völlig zuverlässige Unterschied zwischen *C. dickieana* und *C. fragilis* ist in den Sporen. (LINDBERG 1906: 22—24; HYLANDER 1953: 30; Flora Europaea 1: 18; KALLIO *et al.* 1969: 84). Bei der ersteren sind sie seicht gefurcht, bei der letzteren dicht stachelig. Ausserdem sind die Blattlappen bei *C. dickieana* kürzer und stumpfer und die Farbe der Pflanze dunkler als bei *C. fragilis*.

Felsenritzen und -Höhlungen und Terrassen mit dünner Humusschicht, auch kleine Felsenpartien mit genügend Schatten und Feuchtigkeit. Gewöhnlich an sonnigen und trockenen Felshängen nur am unteren Teile, wo aus den Ritzen träufelndes Wasser Nässe bringt. Anspruchsvolle Begleiter *Woodsia glabella, Gymnocarpium robertianum, G. heterosporum, Asplenium viride, Carex digitata, Cerastium alpinum, Saxifraga nivalis* und *Viola rupestris* ssp. *rupestris*, gewöhnlichste anspruchslose *Festuca ovina* und *Campanula rotundifolia*.

In Karbonatgebieten am unteren Lauf des Savinajoki, im Oulangankanjoni und zwischen Savilampi und Taivalköngäs; auf den Uferfelsen des Merioja in der Grünsteinformation. Mancherorts zusammen mit *C. fragilis*, deren Schwerpunkt aber in weniger eutrophen Gebieten beim Aventojoki und Mustosenvaara-Ansavaara ist. — Nach PESOLA (1928: 157, *C. Baenitzii*) kalkliebend (vgl. KALLIO *et al.* 1969: 84).

Cystopteris dickieana × *fragilis* — Karte 28.

Rr (5): *95*.' Oulangankanjoni; *130*.' Kyökkökallio; *176*.' und *197*.' am Aventojoki nahe an der Mündung; *334*.' Fels ca. 1 km vom Kiutaköngäs NE. — (SAARI 1973, 1977.)

Mit Hilfe der verkümmerten Sporen identifiziert. Beide Stammarten wahrscheinlich auf denselben Quadraten, obgleich *C. dickieana* nur von *95* und *130* und *C. fragilis* von *95, 130* und *334* durch Proben festgestellt.

Cystopteris montana (Lam.) Desv. — Karte 29.

P (90). — (BACKMAN 1902, 1908; HÄLLSTRÖM 1915; PESOLA 1934 b; VR 1937; BR 1955; HÄMET 1956; ULVINEN *et al.* 1966; HEIKURA 1970; SAARI 1973.) — Herb.: H (AB 1908; JSi 1935; TA 1955); OULU (EH 1928; APs 1935; VT 1955; VS 1970).

Schattige Stellen an den Ufern der Quellen und Quellbäche, feuchte Haine, Hainbrücher und dünntorfige, quellenbeeinflusste Randpartien der Braunmoore. Sehr typische Standorte die oberen Läufe der Quellbäche, wo z.B. *Poa rigens, Salix myrsinites, Geum rivale, Stellaria calycantha, Epilobium hornemannii, Pinguicula alpina, Saussurea alpina* und *Crepis paludosa* als häufigste Begleiter. Konzentriert sich auf die kalkreichen Gebiete von Liikasenvaara, Ampumavaara, Puukkorinne-Kiutaköngäs, Oulangankanjoni und am Unterlauf des Savinajoki. — Kalkforderer nach PESOLA (1928: 157; vgl. RINTANEN 1968; 237; KALLIO *et al.* 1969: 85).

Woodsia ilvensis (L.) R. Br. — Karte 30.

R (20). — (PESOLA 1934 b; VR 1937; NISKASAARI 1956; KIISTALA & JAHKOLA 1958.) — Herb.: H (VP 1917); OULU (VN 1936; VS 1968—69, 1971); TURA (JM 1937).

Spalten und Terrassen trockener, sonniger Felswände. Am reichlichsten im Gebiet der sauren Felsen am Aventojoki, fehlt in kalkreichen Gebieten und auf kleineren Felsentblössungen. Unter den Begleitern einige anspruchsvollere Arten (*Woodsia alpina, Cerastium alpinum* und *Saxifraga nivalis*), die häufigsten anspruchslosen *Festuca ovina, Polypodium vulgare, Arctostaphylos uva-ursi* und *Campanula rotundifolia.* — Nach PESOLA (1928: 160) schwach kalkmeidend, nach EKLUND (1958) im südwestlichen Schärenhof stark kalkliebend (vgl. KALLIO *et al.* 1969: 85). Wahrscheinlich nach dem Norden hin und im Schärenhof enger an Kalk gebunden. — Im Oulankajoki-Pjaozero-Gebiet noch oberhalb der Birkengrenze (SÖYRINKI 1956: 5).

Woodsia alpina (Bolton) S. F. Gray — Karte 31.

St r (46). — (BROTHERUS 1878; HJELT 1888; BACKMAN 1908; PESOLA 1918 a, 1928, 1934 b; VR 1937; A.V. AUER 1944 a; HÄLLSTRÖM 1949; KIISTALA & JAHKOLA 1958; HEIKURA 1970; SAARI 1973.) — Herb.: H (VB & FW 1883; AB 1908; OH 1911; VP 1917; US 1928; LLe, OVL & APi 1937; RLH 1954); OULU (VN 1936; VS 1968, 1970—71); TUR (AV 1949); TURA (VP 1917; JM 1937). Wahrscheinlich auch auf Quadraten *74, 89, 175* und *289*, von denen Proben von *W. alpina × ilvensis.* — Unmittelbar ausserhalb des Nationalparkes im Tal des Oulankajoki nordwestlich vom *87.*

Spalten und Terrassen der Felsen und Geröllhänge, sogar ganz kleinflächige Felsentblössungen. Gewöhnlich an mehr beschatteten und feuchten Stellen als *W. ilvensis,* aber an deutlich trockeneren als *W. glabella* (vgl. KALLIO et al. 1969: 86). Im Oulangankanjoni *W. ilvensis* ausschliesslich an den Südwänden, *W. alpina* sowohl an Süd- als Nordwänden und *W. glabella* deutlich reichlicher an den Nordwänden. Anspruchsvoller als *W. ilvensis,* aber weniger als *W. glabella.* Konzentriert sich auf die Dolomitentblössungen am Kiutaköngäs und Taivalköngäs und im Oulangankanjoni; häufig auch auf den weniger eutrophen Uferfelsen des Aventojoki und Merioja. Gewöhnlichste eutrophe Begleiter *Cerastium alpinum* und *Saxifraga nivalis,* seltenere *Asplenium viride, Saxifraga aizoides, Potentilla nivea* ssp. *chamissonis* und *Thymus serpyllum* ssp. *tanaënsis,* häufigste anspruchslose *Festuca ovina* und *Campanula rotundifolia.* Nach PESOLA (1928: 157; 1934 b: 14) kalkliebend, aber auch auf saurem Substrat (vgl. LINKOLA 1921: 64; RINTANEN 1968: 236). — Im Oulankajoki-Pjaozero-Gebiet nur oberhalb der Birkengrenze auf dem Fjeld Kivakkatunturi (SÖYRINKI 1956: 5).

Woodsia alpina × ilvensis — Karte 32.

R (12): *74.' 89.' 96.' 107.' 130.' 169.' 170.' 173.' 175.' 289.' 334.' 366.'* — (SAARI 1973, 1977.) — Herb.: H (AB 1908; VP 1917); TURA (JM 1937).

Mit Hilfe der verkümmerten Sporen identifiziert. Gewöhnlich auch morphologisch Zwischenformen der Stammarten. Durch Zurückkreuzungen kann die Fertilität steigen, solche Individuen sehr ähnlich mit *W. ilvensis* (KALLIO *et al.* 1969: 86 und dort zit. Literatur).

Gewöhnlich zusammen mit den Stammarten. Bisweilen nur eine von diesen gefunden.

Woodsia glabella R. Br. — Karte 33.

St r (55). — (WAINIO 1878; HJELT 1888; BACKMAN 1902, 1908, 1913—1914; HÄLLSTRÖM 1915, 1949; PESOLA 1918 a, 1928, 1934 b; VR 1937; BR 1955; HEIKURA 1970; SAARI 1973.) — Herb.: H (EH 1911; OH 1911; GI 1932, 1934; TA 1955); HFR (EH 1911); OULU (VS 1970); TUR (AV 1949); TURA (GL 1937).

Felsenspalten, Terrassen und Geröllhänge, bevorzugt nordexponierte nasse Felswände, wo häufiger in den träufelnden unteren Partien als an höher gelegenen trockeneren Hängen. Von den eutrophen Begleitern *Cystopteris dickieana, Gymnocarpium robertianum, Asplenium viride, Cerastium alpinum* und *Saxifraga nivalis* die gewöhnlichsten, seltener *Asplenium ruta-muraria, Arenaria ciliata* ssp. *pseudofrigida, Saxifraga aizoides* und *Dryas octopetala.*

Der Schwerpunkt in den kalkreichsten Gebieten vom Schluchttal Oulangankanjoni und vom Savinajokital zum unteren Lauf des Aventojoki. Nach PESOLA (1928: 157) ein Kalkforderer, umgekehrt wie in Inari Lappland (KALLIO *et al.* 1969: 88). Im östlichen Teil des Nationalparks bemerkenswert selten, auch im Hinblick darauf, dass es dort weniger geeignete Standorte gibt. Es scheint möglich, dass die Art in die westlichen Teile früher im Postglazial vordringen konnte als an die tiefer gelegenen Standorte im Osten.

Matteuccia struthiopteris (L.) Tod. (*Struthiopteris filicastrum* All.) — Karte 34.

St r (37). — (BACKMAN 1902, 1908; KUJALA 1921; FORTELIUS 1922; PESOLA 1928; VR 1937; HÄLLSTRÖM 1949; BR 1955; KIISTALA & JAHKOLA 1958; VASARI 1958; SALMINEN 1960; UOTILA 1960; SUOMINEN 1963; ULVINEN *et al.* 1966; SAARI 1973. — Herb.: OULU (RLH 1952); TUR (JH 1949).

Ufer der Flüsse und Bäche. Nur auf Quadrat *119* deutlich ausserhalb der Uferstandorte, aber wahrscheinlich unter der Wirkung des fliessenden Bodenwassers. Die Bachuferstandorte gewöhnlich üppige Farnhaine oder -Brücher. Die reichlichsten Siedlungen am Bach Vasajänganoja, an dem von NW zum Savilampi fliessenden Bach, am Ansapuro und an den Mündungen des Puikkooja und Merioja. Von schattenertragenden Begleitern gewöhnlichste *Equisetum pratense, Maianthemum bifolium, Paris quadrifolia, Circaea alpina, Viola epipsila, V. selkirkii* und *Trientalis europaea,* von den hochwüchsigeren *Agropyron caninum, Ribes spicatum, Filipendula ulmaria, Prunus padus* und *Rubus idaeus,* (vgl. SÖYRINKI *et al.* 1977). Die Standorte an Flüssen hainartige Uferböschungen und Senken der Uferwiesen, z.T. unter der Frühlingsflut.

Nach PESOLA (1928: 157) kalkliebend. Offenbar aber in erster Linie abhängig von dauernd feuchten Standorten im Bereich von reichlich Sauerstoff und Nahrung zubringenden Wasserströmungen. pH im Bachuferhain 6.5, in Flussuferhainen 5.0 und 5.7 (vgl. PANKAKOSKI 1939: 41).

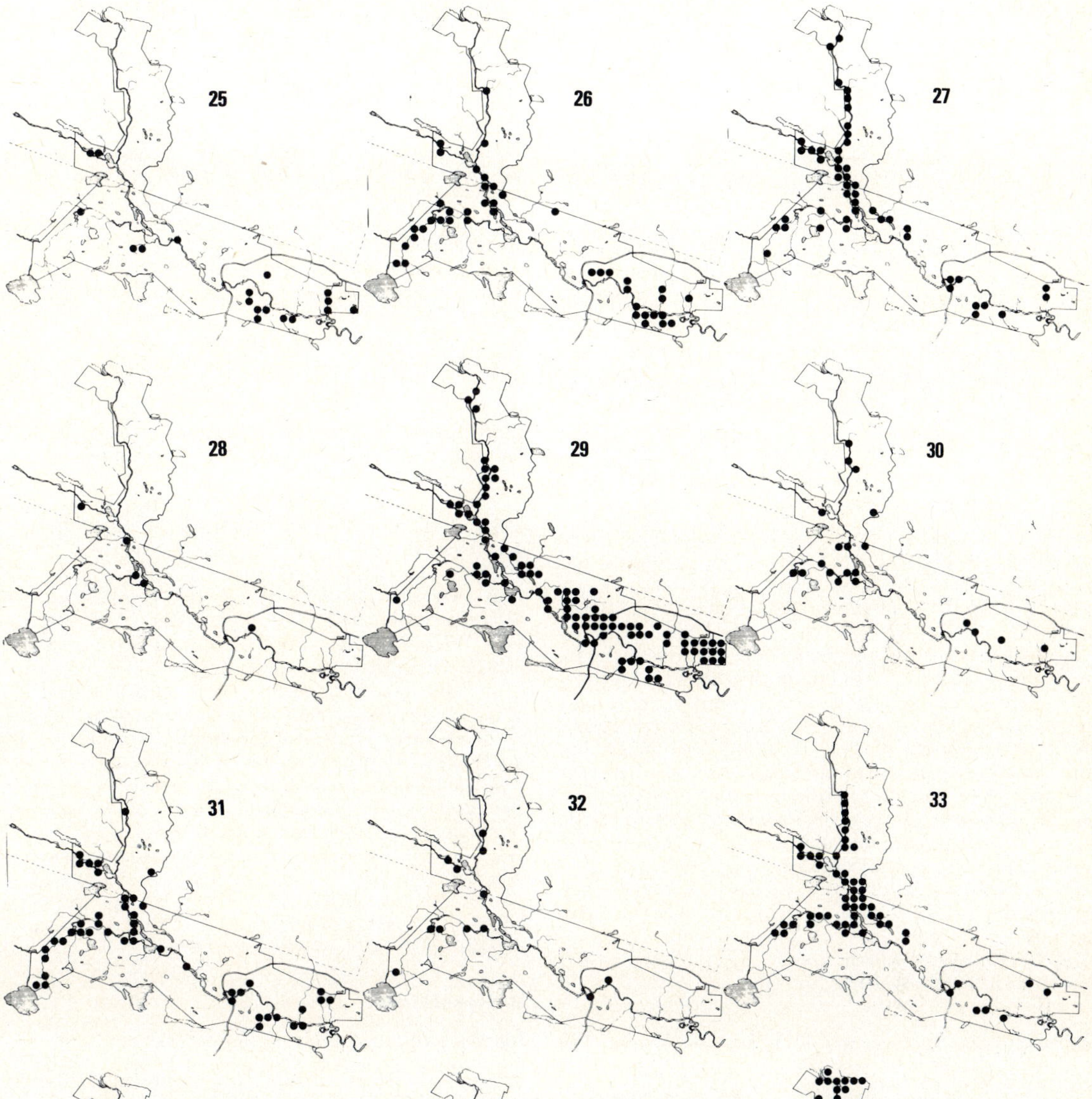

Karten 25—36. — 25: *Diplazium sibiricum* (Turcz. ex G. Kunze) Kurata — 26: *Cystopteris fragilis* (L.) Bernh. — 27 *C. dickieana* R. Sim. — 28: *C. dickieana* × *fragilis* — 29: *C. montana* (Lam.) Desv. — 30: *Woodsia ilvensis* (L.) R. Br. — 31: *W. alpina* (Bolton) S. F. Gray — 32: *W. alpina* × *ilvensis* — 33: *W. glabella* R. Br. — 34: *Matteuccia struthiopteris* (L.) Tod. — 35: *Dryopteris carthusiana* (Vill.) H. P. Fuchs — 36: *Gymnocarpium dryopteris* (L.) Newman.

Aspidiaceae

Dryopteris carthusiana (Vill.) H.P. Fuchs (*D. spinulosa* Watt.) — Karte 35.

R (11): *62, 143, 157, 285, 288, 346, 349, 365, 421, 426, 437.* — Herb.: OULU (VS 1968—70).

Vorher nicht vom Nationalpark bekannt.

In der Regel nur in einzelnen oder einigen wenigen Horsten (vgl. AHTI & HÄMET-AHTI 1971: 33). Standorte oft deutlich kulturbeeinflusst (Quadrat *143* an einer Rentierhütte, *346* und *421* bei ehemaligen Holzfällerhütten und *288* im Landstrassengraben). Reichlich nur auf *437*, in einem lichten Birkenwald und in der anschliessenden wiesenartigen Senke, wo wahrscheinlich ursprünglich. An die meisten Standorte durch die Tätigkeit des Menschen gebracht. In Ladoga-Karelien nach LINKOLA (1921: 162) hemerophob.

Gymnocarpium dryopteris (L.) Newman (*Dryopteris linnaeana* C.Chr.) — Karte 36.

Fqq (335). — (PESOLA 1934 a und b; VR 1937; BR 1955; NISKASAARI 1956; KIISTALA & JAHKOLA 1958; MUUKKONEN *et al.* 1958; VASARI 1958; SALMINEN 1960; UOTILA 1960; SUOMINEN 1963.) — Herb.: H (CC 1956); OULU (VS 1970).

Die häufigste Farnpflanze der Wälder. Am reichlichsten im *Geranium-Dryopteris*-Typ, häufig im *Geranium-Myrtillus* -Typ und *Geranium-Filipendula*-Typ, seltener in Farnhainen (SÖYRINKI et al. 1977). In meso- und eutrophen Brüchern, besonders in Hain-, Braunmoor- und Kraut- und Grasbrüchern, etwas auch in normalen Bruchmooren. Ferner in Spalten und am Fusse schattiger Felsen. Verbreitung im südlichen Teil ziemlich gleichmässig; weitere Ausfallsgebiete nur im Westen, wo Moore und oligotrophe Wälder mehr verbreitet. Im nördlichen Teil hauptsächlich am Laufe des Savinajoki und seiner Nebenbäche. — Nach PESOLA (1928: 158) schwach kalkliebend.

Im Oulankajoki-Pjaozero-Gebiet noch oberhalb der Waldgrenze (SÖYRINKI 1956: 5).

Gymnocarpium heterosporum Wagner — Karte 37.

St r (40). — (SAARI 1973; SARVELA 1978.) — Herb.: H (AB 1908; VP 1917; SS 1926; HS 1949; RLH 1952; KN 1952); OULU (YV 1954; VS 1971).

Nomenklatur noch offen. Die Merkmale zeigen Ähnlichkeit mit der in Nordamerika gesammelten *Gymnocarpium heterosporum* Wagner und asiatischen *G. continentale* (Petrov) Pojark (*G. jessoense* (Koidz.) Koidz. ssp. *parvulum* Sarvela) (vgl. KALLIO *et al.* 1969: 96; JALAS & SUOMINEN 1972: 110; SARVELA 1978: 104).

Die morphologischen Kennzeichen in der Mitte zwischen *G. robertianum* und *G. dryopteris.* Blättchen spitzer als bei *G. dryopteris* und weniger Drüsenhaare in den Blattstielen und -Nerven als bei *G. robertianum.* Diese Züge zeigen jedoch reichlich Variation. Wurzelstock schwarzglänzend und dünn wie bei *G. dryopteris.* Das beste Kennzeichen die auf einen hybriden Ursprung hindeutenden schwach entwickelten Sporen (vgl. TUOMIKOSKI 1954: 18, und in JALAS Suuri Kasvikirja I: 96; KALLIO *et al.* 1969; SARVELA 1978).

Die Standorte erinnern an *G. robertianum,* aber offenbar auch auf etwas trockenerem und anspruchsloserem Substrat. Charakteristische Standorte geröllige oder hainartige Füsse der Felsen mit erodiertem Mineralboden, auch mit einer dünnen Humusdecke überzogene Fels- und Steinhänge. Bisweilen eine hainartige Uferböschung (Quadrat *56*) oder moosbedeckte Ufersteine (*179*). Auf *334* im *Hylocomium-Myrtillus*-Typ, auf *259* in Hainwald vom *Geranium-Filipendula*-Typ. Möglicherweise im Kuusamo-Salla-Gebiet häufiger an diesartigen Standorten, wo man sie noch nicht zu suchen gewusst hat.

Anspruchsvoll. Sammelt sich deutlich auf die unter Kalkwirkung stehenden Gebiete am unteren Laufe des Savinajoki, am Oulankajoki und am unteren Laufe des Aventojoki. Häufig auch auf den schwächer basischen Uferfelsen des Merioja.

Gymnocarpium robertianum (Hoffm.) Newman (*Dryopteris robertiana* Hoffm.) — Karte 38.

St r (37). — (BACKMAN 1908, 1913—1914; PESOLA 1918 a, 1928, 1934 b; VR 1937; HÄLLSTRÖM 1949; BR 1955; HEIKURA 1970.) — Die Angabe bei PESOLA (1918 a, 1934 b) vom Merioja gilt augenscheinlich *G. heterosporum* (vgl. SARVELA 1978: 104). — Herb.: H (AB 1908; VP 1917; IK 1949; HS 1949; RLH 1954; TA 1955; RR 1955); OULU (EPi 1949; TU 1955; NS 1970; VS 1971); TURA (GL 1937).

In Felsspalten mit manchen anspruchsvollen Begleitern: *Woodsia glabella, Asplenium viride, Cystopteris dickieana, Cerastium alpinum* und *Saxifraga nivalis.* Typische Standorte auch Fuss der Felsen, wo z.B. *Epipactis atrorubens, Gymnocarpium heterosporum, Rubus saxatilis* und *Galium boreale* häufigste Arten, Geröllhänge und hainartige Uferböschungen der Flüsse auf kalkhaltigem Untergrund. Das Areal an den Flussläufen vom Oulangankanjoni und von Niemikangas am Savinajoki bis zur Mündung des Aventojoki; ausserdem in der Umgebung des Kiutaköngäs. — Kalkforderer (z.B. LINKOLA 1921: 160; PESOLA 1928: 157; TUOMIKOSKI 1954: 17).

Polypodiaceae

Polypodium vulgare L. — Karte 39.

St r (67). — (PESOLA 1934 b; NISKASAARI 1956; KIISTALA & JAHKOLA 1958; SALMINEN 1960; UUOTILA 1960.)

Spalten und Terrassen mehr oder minder trockener, sonniger Felsen und Geröllhänge. Die Auswahl der Standorte kleiner als im Süden Finnlands; im allgemeinen nur an Felswänden, selten auf geringeren Felsenpartien und Steinen. Begleiter gewöhnlich anspruchslos, wie *Woodsia ilvensis, Cystopteris fragilis, Festuca ovina, Arctostaphylos uva-ursi* und *Campanula rotundifolia.* Am reichlichsten in den Quarzitgebieten, fehlt oft in den reichsten Dolomitgebieten. — Nach PESOLA (1928: 159) indifferent (vgl. SÖYRINKI 1956: 5; KALLIO *et al.* 1969: 98).

Pinaceae

Picea abies (L.) Karsten (*P. excelsa* (Lam.) Lk) — Karte 40.

Fqq (440). — (SÖYRINKI *et al.* 1977.)

Zuvörderst von der östlichen kontinentalen *P. abies* ssp.

obovata (Ledeb.) Domin repräsentiert (vgl. JALAS & SUOMINEN 1973: 14), die schmal säulenförmig ist und bei welcher die Seitenzweige der Äste auf demselben Niveau mit der Hauptachse des Astes liegen. Die Zapfen der ssp. *obovata* dunkel, ziemlich klein und zylinderförmig, die Schuppen der Zapfen kurz, glatt und ganzrandig. Die letzgenannten Merkmale zeigen jedoch in dem Gebiet eine leichte Veränderlichkeit, offenbar infolge der genetischen Wirkung von ssp. *abies*.

Der Schwerpunkt des Vorkommens in den frischen Heidewäldern vom *Hylocomium-Myrtillus*-Typ, *Ledum-Uliginosum*-Typ und *Geranium-Myrtillus*-Typ (vgl. SÖYRINKI *et al.* 1977), wo deutlich reichlicher als *Pinus sylvestris*. Mit der Zunahme des Hainwaldcharakters immer mehr begünstigt. In den trockenen Heidewäldern spärlich. Fehlt in den *Calluna-Cladina*-Heiden auf glazifluvialen Böden im östlichen Teil auf Flächen von mehreren Hektaren. Jedoch kein Quadrat von 0.25 km^2 ganz ohne *Picea*. Reichlich in allen Bruchtypen, in anmoorigen Heidewäldern und Fichtenreisermooren; in den übrigen Reisermooren gewöhnlich spärlich und krüppelig, sowie auf den Bülten und Strängen der Braunmoore.

Die wenigen Abholzungen haben augenscheinlich keine besondere Wirkung auf die Verhältnisse der Baumarten gehabt. Die Waldbrände sind aber für *Picea* nachteilig gewesen, und infolgedessen kann *Pinus* stellenweise in jungen Siedlungen der Heide- und Hainwälder den Hauptteil des Baumbestandes ausmachen (vgl. KUJALA 1964: 31).

Auf den Fjelden des Oulankajoki-Pjaozero Gebietes bildet *Picea* die tatsächliche Waldgrenze (SÖYRINKI 1956: 6) wie auch auf den Fjelden der Provinz Kuusamo.

Pinus sylvestris L. — Karte 40.

Fqq (440). — SÖYRINKI *et al.* 1977.)

Dominierende Baumart in den trockenen Heidewäldern vom *Calluna-Cladina*-Typ und *Empetrum-Myrtillus* -Typ (SÖYRINKI *et al.* 1977) und ziemlich reichlich noch in den frischen Heidewäldern. Als vorherrschender Baum in den Reisermooren, die Fichtenreisermoore ausgenommen. Spärlich in den Brüchern, in *Sphagnum warnstorfii*- und *Campylium stellatum*-Braunmooren und *Molinia*-Braunmoor-Weissmooren.

Gedeiht an oligotrophen Standorten besser als jede andere Baumart. Wahrscheinlich nach den Waldbränden stellenweise auch auf bessere Böden vorgedrungen, wo sie binnen Kurzem von *Picea* verdrängt wird. Verschieden alte Sukzessionsphasen, die nach den Waldbränden entstanden sind, auch im Nationalpark. Jungwuchsbestände besonders auf der Heide Paatamakangas, wo wie in Puukkorinne auch ältere dünnstämmige, nahezu undurchdringliche Dickichte. Vielleicht haben auch die Abholzungen Anfang des Jahrhunderts *Pinus* als ein Lichtbaum begünstigt, allerdings ohne grösseren Einfluss auf die Verteilung der Baumarten.

Cupressaceae

Juniperus communis L. — Karte 41.

Fqq (423). — (PESOLA 1934 b; SÖYRINKI *et al.* 1977) — Herb.: OULU (VS 1970).

Zeigt Variation. In welchem Masse dies von erblichen oder standörtlichen Faktoren verursacht ist, bleibt unsicher. Auf ssp. *alpina* (Neilr.) Čelak. (ssp. *nana* Syme; var. *montana* Aiton) hindeutende Züge ziemlich häufig: Pflanze niedrig, Blätter kurz, breit und gegen den Stamm angedrückt (vgl. Flora Europaea 1: 38; KALLIO *et al.* 1971: 97—98).

Fehlt nur in den allerärmsten *Calluna-Cladina*-Typ Heiden. In den frischen Heidewäldern häufig und am reichlichsten im *Geranium-Myrtillus*-Typ (SÖYRINKI *et al.* 1977). Geht zurück mit der Zunahme der Hainwaldzüge, vielleicht infolge der Beschattung. Häufig in Braunmoor-Reisermooren, eutrophen Brüchern und *Molinia*-Braunmoor-Weissmooren, weniger häufig in armen Brüchern und *Sphagnum warnstorfii*- und *Campylium stellatum*-Braunmooren. Gewöhnliche Standorte die Ufer, Ufergebüsche und Felsen. Oft als teppichartige, schwerdurchgängliche Dickichte an südexponierten Hängen der Felsen, wie die Gebüsche an den südlichen Terrassen im Oulangankanjoni. Infolge der verhältnismässig kurzen Lebensdauer und des langsamen Vermorschens an manchen Stellen tote, stehengebliebene Strauchdickichte.

Nach PESOLA (1928: 60) indifferent. Bevorzugt aber nahrungsreichen Boden (vgl. KOTILAINEN 1927: 99; PANKAKOSKI 1939: 42). Deutlich reichlicher in dem kalkbeeinflussten östlichen Teil als in weniger eutrophen westlichen und nördlichen Gebieten.

Die Abholzungen haben augenscheinlich diese lichtliebende Pflanze etwas begünstigt (vgl. KUJALA 1964: 31—32). Hat auch an den Rändern der kulturbeeinflussten Uferwiesen ihre Stellungen befestigt.

Sparganiaceae

Sparganium minimum Wallr. — Karte 42.

St r (53). — (VR 1937.) — Herb.: OULU (VS 1969—71).

Bäche und kleine Flüsse, besonders Kiekeröoja und Aventojoki. Am Laufe des Oulankajoki nur in kleinen Weihern mit ruhig fliessendem Wasser oder in nassen Vertiefungen der Uferwiesen. Möglicherweise häufiger im Savinajoki und Oulankajoki, aber als steril unbestimmt geblieben. Wächst gewöhnlich in ganz seichtem Wasser. Im Aventojoki meistens an dem steinigen Boden der Stromschnellen. Am oberen Laufe des Kiekeröoja und in dem am Saviaavanlampi beginnenden Bache in langsam fliessendem Wasser auf Dyboden. Nördlich vom Nationalpark in dem Moore nahe beim Liejulampi in einer Rimpisenke mit wechselndem Wasser, welcher Standort für *S. hyperboreum* typisch ist.

Mehr oder minder anspruchslos (vgl. LINKOLA 1933: 6). Fehlt in den aus den eutrophsten Karbonatgebieten kommenden Gewässern, wie in dem vom Rytilampi laufenden Bach und im Putaanoja.

Im Nationalpark gibt es keine durch den Menschen geschaffene Standorte, auf welche die Art hätte übersiedeln können (vgl. AARIO 1933: 17—18; LUTHER 1951: 59).

Sparganium hyperboreum Laest. — Karte 43.

St r (58). — Herb.: OULU (VS 1969—71).

Früher nicht vom Nationalpark gemeldet.

Rimpis in den Mooren, Bäche und seichte Weiher. Bevorzugt kleinere und langsamer fliessende Bäche als *S. minimum*. In dem vom Saviaavanlampi laufenden Bach jedoch gemischte Siedlungen der Arten.

Moorstandorte mindestens mesotrophisch. Dagegen auch in sehr unfruchtbaren Teichen, wie im Takkulampi, eines der oligotrophsten Gewässer des Nationalparks.

Auf Quadrat *288* im Graben der Landstrasse, der bei Hochwasser Verbindung mit einem Weiher hat. — Im Oulankajoki-Pjaozero-Gebiet bei 460 m auf dem Fjeld Kivakkatunturi (Söyrinki 1956: 7).

Sparganium angustifolium Michx (*S. affine* Schnizl.) — Karte 44.

Rr (4): *84*: *124*: *286*: und *387*:
Nicht früher vom Nationalpark gemeldet.

Quadrat *124* still fliessendes Wasser im Oulankajoki auf Dyboden; *84* (Onkilampi), *286* (Syvälampi) und *387* (Ylempi Hiidenlampi) Moortümpel mit Schlammboden. Alle Vorkommen in seichtem Wasser. Im Ylempi Hiidenlampi mehrere starke Siedlungen, sonst spärlich.

Anspruchsloseste Art der Gattung; nach Linkola (1933: 6) meso-oligotroph. Im Syvälampi pH des Wassers 7.6, im Ylempi Hiidenlampi 5.0. — In den oligotrophen Gewässern des Oulankajoki-Pjaozero-Gebiets häufiger als im Nationalpark (vgl. Söyrinki 1956: 7).

Sparganium angustifolium × *friesii* Beurl. — Karte 44.

Rr (4): *109*: Savilampi; *177*: Oulankajoki, im stillen Wasser an der Mündung des Kiekeröoja; *221*: und *222*: Aventolampi. — (Saari 1977).

Vorher nicht vom Nationalpark bekannt. *S. friesii* nicht angetroffen. Die Angaben von Pesola (1952 a: 104) von der Mündung des Aventojoki und vom Savinajoki betreffen wahrscheinlich diese Hybride oder *S. emersum* × *friesii*.

Sparganium emersum Rehman (*S. simplex* Huds.) — Karte 45.

P (92). — (Vr 1937.) — Herb.: H (CS 1936: IS 1954); OULU (VS 1969—70).

Alle Flüsse. Ausserhalb der Flussstandorte nur auf Quadrat *421* am oberen Lauf des Bachs Merioja. Auch blühend gewöhnlich als schwimmblättrige Tiefwasserform; oft völlig untergetaucht. Die Seichtwasserform mit einem aufrechten Spross nur auf *74*. Blüht in der Regel spärlich, besonders in dem niederschlag- und wasserreichen Sommer 1974. In warmen und trockenen Sommern, wie 1973, blühende Individuen zahlreicher.

Augenscheinlich die anspruchsvollste Art der Gattung. Nach Pesola (1928: 158) schwach kalkliebend, nach Linkola (1933: 6) mesotroph. Die Beschaffenheit des Bodens scheint keine grosse Bedeutung zu haben: sowohl an den Kies- und Sandufern des unteren Laufes des Oulankajoki wie auf Dyboden in den still fliessenden Wässern am oberen Laufe, in den Letzteren allerdings reichlicher. Am Unterlauf, wo grössere Stromgeschwindigkeit, häufiger steril.

Sparganium cf. *emersum* × *friesii* — Karte 46.

Rr (1): 179: Kiekerölampi: — (Saari 1977.)

Sparganium emersum × *minimum* — Karte 46.

Rr (1): *250*: Oulankajoki aufwärts von der Stromschnelle Hepokoski, Ufergeröll. — (Saari 1977.)

Vorher nicht vom Nationalpark bekannt. Die Möglichkeit für die Entstehung dieser Hybride recht begrenzt, weil die Stammarten in der Regel an verschiedenartigen Standorten vorkommen.

Juncaginaceae

Triglochin palustre L. — Karte 47.

R (27). — (Pesola 1918 a, 1955 b; Vr 1937; Br 1955; Saari 1973.) — Herb.: OULU (VS 1968).

Im Nationalpark eine Moorpflanze, allerdings oft unter Quellenwirkung oder in der Nähe von Ufern (vgl. Söyrinki 1956: 6). Meistens am Ufer der Weiher in *Scorpidium*-Rimpiflächen, mit z.B. *Juncus alpinus* ssp. *nodulosus*, *J. stygius*, *Eleocharis quinqueflora*, *Carex dioica*, *C. bergrothii* und *Drosera anglica*. An dem aus dem Rytilampi kommenden Bach im *Campylium stellatum*-Braunmoor. Quadrat *427* auf Schlammboden an den Mündung des Putaanoja, *308* im Birkenbraunmoor.

Anspruchsvoll. Konzentriert sich auf die drei eutrophsten Moorgebieten: Rytisuo, Saviaapa und Polvilammit. pH des Moorwassers 5.8, 6.7, 6.8 und 7.3. — Nach Pesola (1928: 158) schwach kalkliebend.

Potamogetonaceae

Potamogeton filiformis Pers. — Karte 48.

Rr (8): *95*: der Weiher N vom Oulangankanjoni; *98*: Savilampi, Mündung des von NW fliessenden Baches; *139*: der an den Kiekeröoja anschliessende Teich 1 km NE vom Taivalköngäs; *162*: Ylin Kiekerölampi; *224*: Runsulampi; *256*: Rytilampi; *332*: der Waldteich ca. 500 m NE von der Biologischen Forschungsanstalt; *398*, der Waldteich zwischen dem Bach Tulilammenpuro und den Polvilammit. — Jenseits der Grenze des Nationalparks am Südufer des Sees Venojärvi bei *80*. — (Saari 1973.) — Herb.: OULU (SE 1966).

Eutrophe Teiche. Nur Quadrat *98* in still fliessendem Wasser an der Mündung eines aus einem eutrophen Teich laufenden Bachs. Gewöhnlich auf Mineralboden (vgl. Maristo 1941: 223; Luther 1951: 72) weniger als $^1/_2$ m tief, im Rytilampi jedoch deutlich tiefer. Übrige Wasservegetation gewöhnlich spärlich oder fehlend; häufigste Begleiter *Equisetum fluviatile*, *Sparganium emersum*, *Potamogeton gramineus*, *P. perfoliatus*, *Ranunculus trichophyllus* ssp. *eradicatus* und *Myriophyllum alterniflorum*. Alle Vorkommen spärlich, aber fertil. Fruchtreife im Juli. Verträgt gelegentliches Austrocknen (vgl. Luther 1951: 76); im Sommer 1970 Standort auf *332* ganz ohne Wasser.

pH im Ylin Kiekerölampi 7.6 und im Runsulampi

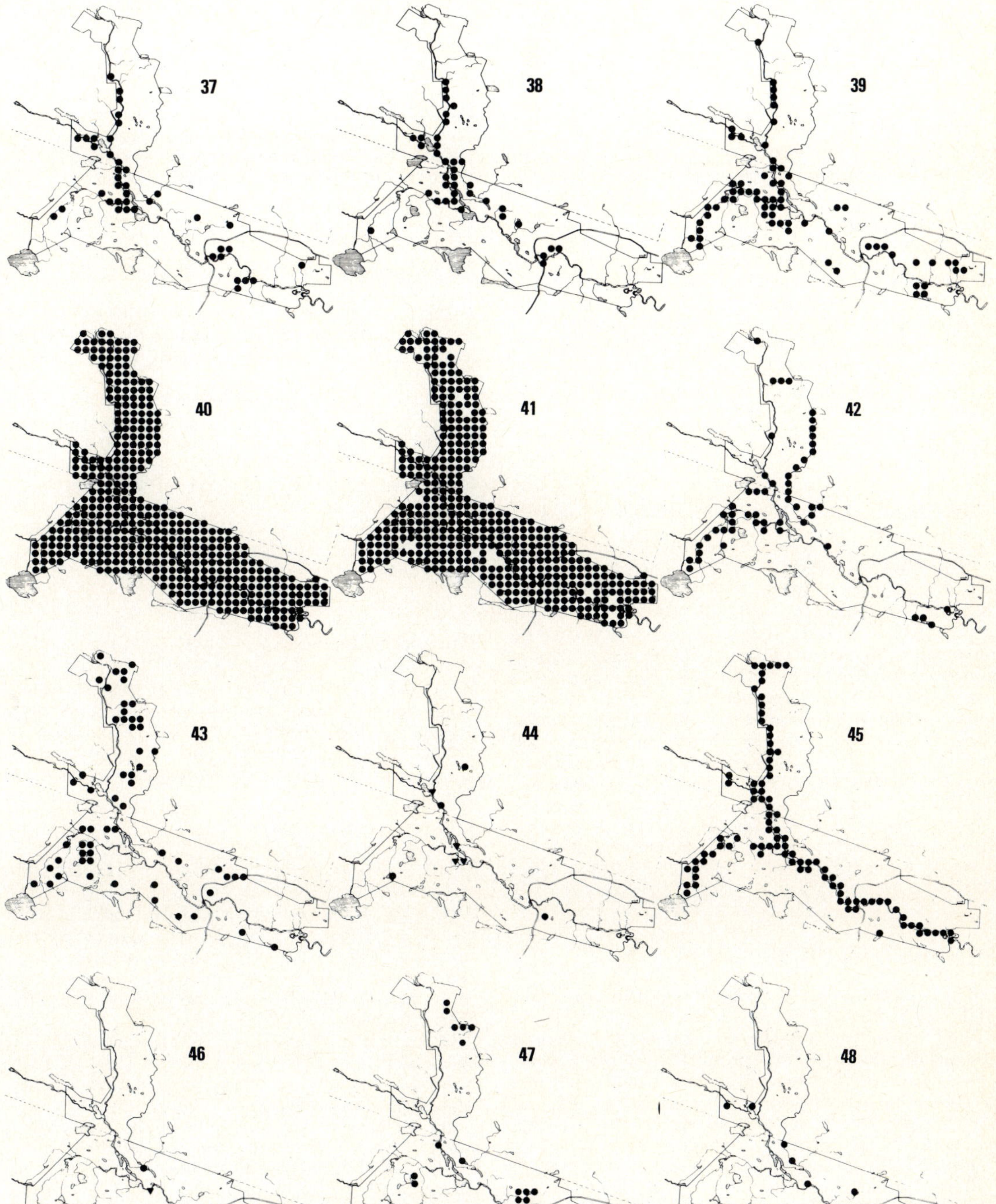

Karten 37–48. - 37: Gymnocarpium heterosporum Wagner — 38: *G. robertianum* (Hoffm.) Newman — 39: *Polypodium vulgare* L. — 40: *Picea abies* (L.) Karst., *Pinus sylvestris* L. — 41: *Juniperus communis* L. — 42: *Sparganium minimum* Wallr. — 43: *S. hyperboreum* Laest. — 44: • *S. angustifolium* Michx, ▼ *S. angustifolium* × *friesii* Beurl., — 45: *S. emersum* Rehman — 46: • *S.* cf. *emersum* × *friesii*, ▼ *S. emersum* × *minimum* — 47: *Triglochin palustre* L. — 48: • *Potamogeton filiformis* Pers., ▼ *P. compressus* L.

8.0 (vgl. MARISTO 1941: 240). Nach PESOLA (1928: 158) schwach kalkliebend, nach LINKOLA (1933: 6) Eutraphent, nach SAMUELSSON (1934: 177) eine Pflanze alkalischen Wassers, sonst aber nicht eutroph (vgl. LUTHER 1951: 78). MARISTO (1941) zählt den *Potamogeton filiformis-Chara*-Typ zu den oligotrophen Seetypen. —

Die Hybride *P. filiformis* × *vaginatus* (*P.* × *fennicus*) von Pjaozero (SÖYRINKI 1956: 7), wo keine von den Stammarten gefunden worden ist, zeugt von der früheren Verbreitung dieser in Kuusamo reliktartigen Pflanze.

Potamogeton compressus L. (*P. zosterifolius* Schum.) — Karte 48.

Rr (1): *388*: Alempi Hiidenlampi. — (VR 1937; SAARI 1973.) — Herb.: H (LLe, OVL & APi 1937).

In einem Weiher mit Braunmoorufern in Gesellschaft von *Equisetum fluviatile, Potamogeton alpinus, Nuphar lutea* und *Callitriche hermaphroditica.*

pH des Wassers 7.1. — Nach LINKOLA (1933: 6) Eutraphent, nach MARISTO (1941: 76) Pflanze alkalischen Wassers.

Potamogeton berchtoldii Fieber (*P. pusillus* L. em.Fr.) — Karte 49.

R (19): *67: 69: 94, 108: 117: 146, 149, 160: 177: 194: 221: 279: 329: 347: 349: 364: 391, 419, 429:* — (VR 1937.) — Herb.: H (AB 1908; MK 1950; JSn 1954).

Auf Dyboden in seichtem, ruhig fliessendem Wasser der Flüsse, am häufigsten im Oulankajoki zwischen Savilampi und Kiutaköngäs. Gewöhnlichste Begleiter *Sparganium emersum, Sagittaria sagittifolia, Ranunculus reptans, Subularia aquatica, Callitriche cophocarpa* und *Myriophyllum alterniflorum.* Im Savinajoki, wo viele Stromschnellen, nur auf Quadrat *69*; in dem an Wasserfällen reichen Aventojoki nur auf *194*. Dagegen auf *67, 94* und *149* auf Schlammboden in den eutrophen Tümpeln des Kiekeröoja.

In nahrungsreichem Wasser, aber auch in ziemlich armem (vgl. LINKOLA 1933 a: 6; SAMUELSSON 1934: 50; VAARAMA 1938: 162; MARISTO 1941: 240; LUTHER 1951: 98).

Potamogeton alpinus Balbis — Karte 50.

P (87). — (HJELT 1895.) — Herb.: H (FW 1883; AB 1908); OULU (VS 1969—70).

Flüsse, wasserreiche Bäche und Teiche, besonders in langsam fliessenden Gewässern auf Dy- oder Schlammboden. Am reichlichsten im Oulankajoki zwischen Savilampi und Aventolampi und zwischen Patoniva und Kiutaköngäs. In dem an Stromschnellen reichen Savinajoki selten. In ruhig fliessendem Wasser und in Teichen oft untergetaucht.

Blühend in langsam fliessenden Stellen.

Eine weite Standortsamplitude; fehlt jedoch in den oligotrophsten Teichen. Nach PESOLA (1928: 159) indifferent, nach LINKOLA (1933: 6) meso-oligotroph.

Potamogeton natans L. — Karte 51.

R (31).
Vorher nicht vom Nationalpark bekannt.

Gewöhnliche Standorte Weiher mit Dyboden (vgl. LUTHER 1951: 102; SÖYRINKI 1956: 7) und alkalischem oder schwach saurem Wasser, oft in den Braunmooren gelegen und rimpiartig. Fehlt in den Flüssen; im fliessenden Wasser nur in dem vom Saviaavanlampi laufenden Bach und in teichartigen Erweiterungen des Kiekeröoja. Gewöhnlich mit *Nuphar lutea.* Nach PESOLA (1928: 159) indifferent, nach LINKOLA (1933: 6) ± deutlicher mesotroph, im Nationalpark aber in eutrophen Gewässern.

Potamogeton gramineus L. — Karte 52.

P (84). — (VR 1937; NISKASAARI 1956; UOTILA 1960; SUOMINEN 1963.) — Herb.: H (VB & FW 1883; AB 1908; VP 1917; YV 1957); HSI (AB 1908); OULU (VS 1968, 1970, 1971).

Neben *P. alpinus* die häufigste Art der Gattung (vgl. SÖYRINKI 1956: 7); bildet reichlichere Siedlungen als diese. Meistens auf Mineralboden (vgl. MARISTO 1941: 213; LUTHER 1951: 103), reichlich auf Kiesgrund am unteren Laufe des Oulankajoki. Nicht in den Teichen mit Schlammboden.

Nicht anspruchsvoll, sondern offenbar mesotroph, wie bei LINKOLA (1933: 6). Nach PESOLA (1928: 158) schwach kalkliebend.

Potamogeton lucens L. — Karte 53.

Rr (2): *306* Talvilampi (JSn 1954 in H); *329*: Haaralampi, einige sterile Sprosse am Südende etwa 2 m tief mit *P. perfoliatus* (vgl. SÖYRINKI 1956: 7).

Nach PESOLA (1928: 158) schwach kalkliebend, nach LINKOLA (1933: 6) und SAMUELSSON (1934: 114) Eutraphent.

Potamogeton praelongus Wulfen — Karte 54.

Rr (2): *226*: Syvälampi, pc; *306*: Talvilampi (auf Hinweis von A. Tenhunen), an einem Fischgerät angeklebt.

Früher nicht vom Nationalpark bekannt. In den angrenzenden Gewässern in den Seen Kiutajärvi (Angabe von P. Hytinkoski) und Puikkojärvi (bei Quadrat *116* ans Ufer getrieben).

Pflanze tiefen Wassers. Im Syvälampi auf Schlammboden mehr als 1 m tief (vgl. VAARAMA 1938: 162). In der Nähe *Sparganium angustifolium, Potamogeton perfoliatus* und *Myriophyllum alterniflorum.*

pH des Wassers im Syvälampi 7.6, im Kiutajärvi 6.8. Nach PESOLA (1928: 158) schwach kalkliebend, nach LINKOLA (1933: 6) und SAMUELSSON (1934: 177) halbeutroph.

Potamogeton perfoliatus L. — Karte 55.

St r (46). — (VR 1937; PESOLA 1952 a; UOTILA 1960.) — Herb.: TURA (GL 1937); OULU (VS 1970).

Flüsse, seltener Teiche (Quadrat *180, 266, 433* und *438*). Der Schwerpunkt in dem langsam fliessenden Teil des

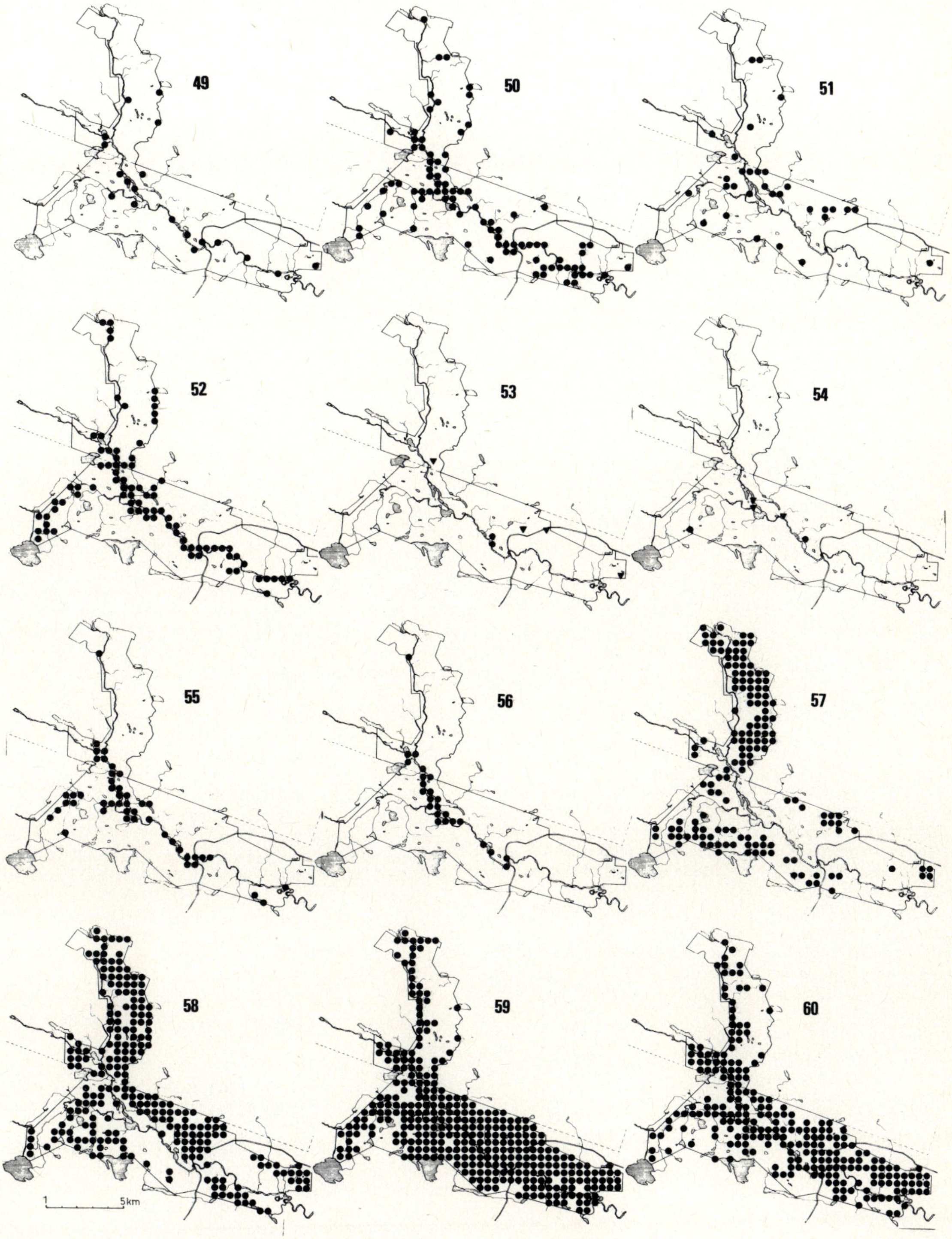

Karten 49—60. — 49: *Potamogeton berchtoldii* Fieber — 50: *P. alpinus* Balb. — 51: *P. natans* L. — 52: *P. gramineus* L. — 53: ● *P. lucens* L., ▼ *Alisma plantago-aquatica* L. — 54: ● *Potamogeton praelongus* Wulfen, ▼ *Convallaria majalis* L. — 55: *Potamogeton perfoliatus* L. — 56: *Sagittaria sagittifolia* L. — 57: *Scheuchzeria palustris* L. — 58: *Tofieldia pusilla* (Michx) Pers. — 59: *Maianthemum bifolium* (L.) F. M. Schmidt — 60: *Paris quadrifolia* L.

Oulankajoki mit stillem Wasser zwischen Savilampi und Aventolampi. Meistens auf Dyboden (vgl. MARISTO 1941: 212; LUTHER 1951: 112), aber auch auf anderen Bodenarten. Tiefe des Wassers gewöhnlich grösser als bei *P. alpinus* und *P. gramineus* und die Siedlungen licht (vgl. SÖYRINKI 1956: 6). Häufigste Begleiter *Sparganium emersum, Potamogeton alpinus, P. gramineus* und *Myriophyllum alterniflorum.*

Fehlt in den oligotrophsten Wässern, in denen z.B. noch *P. alpinus.* Nach PESOLA (1928: 158) schwach kalkliebend (vgl. MARISTO 1941: 240).

Alismataceae

Alisma plantago-aquatica L. — Karte 53.

Rr (4): *125* Waldteich ca. 1400 m N vom Taivalköngäs; *285* Waldteich ca. 1500 m N vom Kiutaköngäs; *288* Ampumavaara, Landstrassengraben; *419* Nurmisaarenrinne, Waldteich S von den Polvilammit. — (VR 1937; AHTI & HÄMET-AHTI 1971.)

In kleinen, oft im Sommer austrocknenden Waldteichen. Alle Vorkommen geringflächig. Am reichlichsten auf Quadrat *125,* wo der seichte Tümpel während der Regen mit dem von den höher gelegenen Braunmooren rinnenden Wasser gefüllt wurde, mit *Alopecurus aequalis, Carex nigra* ssp. *juncella, C. panicea, C. bergrothii, Ranunculus reptans, Galium palustre* und *Veronica scutellata.* Auf *285 Alopecurus aequalis* und *Ranunculus reptans,* auf *419 Caltha palustris, Callitriche cophocarpa* und *Hippuris vulgaris.*

Nur in vom Kalk bereicherten Gebieten. Nach LINKOLA (1933 a: 6) halbeutroph.

Auf *288* apophytisch (vgl. LINKOLA 1916: 266, 1921: 185; LUTHER 1951: 156).

Sagittaria sagittifolia L. — Karte 56.

R (24). — Herb.: OULU (RLH 1952).

In ruhig fliessendem Wasser der Flüsse auf Dyboden, wie es besonders im Oulankajoki zwischen Savilampi und Kiutaköngäs häufig ist. Siedlungen ziemlich klein und licht. Gewöhnlichste Begleiter *Equisetum fluviatile, Sparganium emersum, Potamogeton alpinus, P. gramineus, P. perfoliatus, Ranunculus reptans* und *Subularia aquatica.*

Blüht recht spärlich und nur in trockenen Sommern. Im J. 1971 kein blühendes Individuum, 1970 und 1973 zwei. Die Letzteren einwandfrei *S. sagittifolia,* diejenigen vom Sommer 1970 konnten nicht mit Sicherheit bestimmt werden. Es bleibt also offen, ob *S. natans* auch in dem Gebiet wächst. An allen Standorten Schwimmblätter wie *S. natans,* aber oft auch eine leichte Pfeilförmigkeit an der Blattbasis wie bei *S. sagittifolia.*

Im Oulankajoki-Pjaozero-Gebiet beide Arten (SÖYRINKI 1956: 6).

Nach LINKOLA (1933 a: 6) eutroph.

Scheuchzeriaceae

Scheuchzeria palustris L. — Karte 57.

St fq (149). — (VR 1937; PESOLA 1955 b.) — Herb.: TUR (KI 1949).

Arme und nasse Weissmoore. In *Sphagnum*-Rimpiweissmooren in der Feldschicht dominierend (SÖYRINKI *et al.* 1977), häufig in oligotrophen moosarmen Rimpiweissmooren und *Sphagnum compactum*-Weissmooren, ferner in *Scorpidium*-Rimpibraunmooren und Weissmoor-Reisermooren, gelegentlich in Schlenken anderer Moore, die eutrophsten Typen ausgenommen. Häufigste Begleiter anspruchslos: *Eriophorum angustifolium, Scirpus cespitosus, Carex limosa, C. rostrata, C. pauciflora, Andromeda polifolia, Vaccinium oxycoccos, Menyanthes trifoliata* und auf Mesotrophie hindeutende *Carex livida* und *Utricularia intermedia.*

Das Areal stimmt mit der Verbreitung der oligo-mesotrophen Moorvegetation überein. Ziemlich weite Standortsamplitude, obgleich die Art in den fruchtbarsten Mooren fehlt. pH des Moorwassers 3.4—6.9 (Mittel 4.6 von 13 Proben). Nach PESOLA (1928: 160) kalkmeidend.

Liliaceae

Tofieldia pusilla (Michx) Pers. (*T. palustris* Huds.) — Karte 58.

Fq (234). — (PESOLA 1918 b, 1928, 1934 b, 1955 b; V. AUER 1923 a; VR 1937; KOTILAINEN 1951; BR 1955; MUUKKONEN *et al.* 1958; ULVINEN *et al.* 1966.) — Herb.: H (VP 1917; JSi 1935); OULU (YV 1954; VT 1955).

Braunmoore, am reichlichsten in *Campylium stellatum*- und *Sphagnum warnstorfii* -Braunmooren und in Braunmoor-Reisermooren (SÖYRINKI *et al.* 1977; vgl. RUUHIJÄRVI 1960), auch häufig in *Molinia*-Braunmoor-Weissmooren und Braunmoorbrüchern. Viele anspruchsvolle Begleiter wie *Eriophorum latifolium, Carex dioica, C. flava, Salix myrsinites, Potentilla erecta, Bartsia alpina* und *Crepis paludosa.* Oft an feuchten Wiesenrändern der Ufer (vgl. SÖYRINKI 1956: 7), an von Tropfwasser angefeuchteten basischen Felswänden und Böschungen mit *Carex capillaris, Polygonum viviparum* und *Pinguicula alpina.*

Nach PESOLA (1928: 157) kalkliebend. Eine die untere Grenze der Mesotrophie kennzeichnende Pflanze, auch in den eutrophsten Braunmooren reichlich (vgl. KOTILAINEN 1951: 117; RUUHIJÄRVI 1960: 30; HAVAS 1961: 34, 39, 50). Einheitliche Ausfallsgebiete in den Heidewaldgebieten an den Flussläufen sowie auf dem Ampumavaara und Kiutavaara.

Maianthemum bifolium (L.) F.M. Schmidt — Karte 59.

Fqq (338). — (BACKMAN 1908; PESOLA 1918 a, 1934 a und b; VR 1937; KOTILAINEN 1951; MUUKKONEN *et al.* 1958; VASARI 1958; SALMINEN 1960; SUOMINEN 1963; ULVINEN *et al.* 1966.) — Herb.: OULU (RLH 1943).

Mehr oder minder eutrophe Wälder, am reichlichsten im *Geranium-Myrtillus*-Typ und *Geranium-Dryopteris*-Typ (vgl. SÖYRINKI *et al.* 1977). In Heidewäldern vom *Hylocomium-Myrtillus*-Typ und feuchten Hainen vom *Geranium-Filipendula*-Typ und *Filices*-Typ weniger reichlich. In Hainbrüchern, aber nicht sonst in den Mooren. Ein ausgedehntes Ausfallsgebiet im Moorgelände jenseits der Grenze von Salla und kleinere im Gebiet des Puikkojärvi, Isojärvi-Syvälampi und an der Südgrenze an der Landstrasse.

Nicht von Kalk abhängig (vgl. PESOLA 1928: 159; PANKAKOSKI 1939: 44; KUJALA 1964: 33); die Häufigkeit beruht auf der allgemeinen Fruchtbarkeit des Nationalparks.

Convallaria majalis L. — Karte 54.

Rr (3): *177* und *197* am Oulankajoki zwischen der Mündung des Kiekeröoja und Aventolampi, st cp; *225* Insel im Fluss beim Runsulampi, st pc. — (HÄMET 1956; SAARI 1973.) — Herb.: OULU (RLH 1952).

In Nordfinnland oft auf Torfunterlage (vgl. z.B. KOTILAINEN 1951: 118). Im Nationalpark nur auf Mineralboden. Auf Quadrat *177* und *197* an einer hainartigen Uferböschung des Oulankajoki, auf einer Strecke von etwa 100 m. Auf *225* in einer Uferwiese mit Gebüschbildung (vgl. HÄMET 1956). Begleitflora auf *177* und *197* hainartig: *Melica nutans, Agropyron caninum, Filipendula ulmaria, Rubus idaeus, Geranium sylvaticum, Anthriscus sylvestris* und *Saussurea alpina*, auf Quadrat *225* Arten trockener Strandwiesen: *Equisetum pratense, Molinia caerulea, Dianthus superbus, Trollius europaeus, Astragalus alpinus* ssp. *arcticus* und *Galium boreale*. Kein Zeichen von Blühen. pH 5.1 und 5.5 (vgl. BRENNER 1931: 161; PANKAKOSKI 1939: 44).

Auf *225* und teilweise auf *177* wurde früher Heu gemäht. Im Oulankajoki-Pjaozero-Gebiet an der Birkengrenze auf dem Fjeld Päänuorunen (SÖYRINKI 1956: 7).

Paris quadrifolia L. — Karte 60.

Fq (238). — (BACKMAN 1902, 1908; HÄLLSTRÖM 1915, 1949; PESOLA 1934 a und b, 1955 b; VR 1937; LAINE *et al.* 1949; BR 1955; KIISTALA & JAHKOLA 1958; SALMINEN 1960; UOTILA 1960; SUOMINEN 1963; ULVINEN *et al.* 1966; KANGAS 1969; SAARI 1973.) — Herb.: OULU (RLH 1946).

Der Schwerpunkt in feuchten Hainen vom *Filices*-Typ und *Geranium-Filipendula*-Typ. Sehr oft im *Geranium-Dryopteris*-Typ, selten im *Geranium-Myrtillus*-Typ (vgl. SÖYRINKI *et al.* 1977). Auch in Hainbrüchern und Braunmoorbrüchern (vgl. RUUHIJÄRVI 1960; SÖYRINKI 1956). Gewöhnlichste Begleiter Pflanzen feuchter Haine: *Equisetum pratense, Filipendula ulmaria, Agropyron caninum, Ribes spicatum* und *Daphne mezereum*, sowie ökologisch anpassungsfähigere *Maianthemum bifolium, Rubus saxatilis, Geranium sylvaticum* und *Trientalis europaea*.

Nach PESOLA (1928: 157) kalkliebend. Nach KUJALA (1926: 73, 1964: 34) Pflanze fruchtbarer Waldböden. Häufigkeit offenbar durch die von Kalk hervorgerufene Eutrophie verursacht. Das Areal an den Flussläufen und auf zu diesen hin abfallenden Waldböden durch das Parkgebiet. Lücken zuvörderst in Heidewäldern und Moorgebieten.

Juncaceae

Juncus bufonius L. — Karte 61.

Rr (2): *347* Südufer des Oulankajoki am Bootssteg bei der Landstrassenbrücke, pc; *366* an dem zum Kiutaköngäs führenden Pfade in der Nähe der Landstrasse, pc. — (AHTI & HÄMET-AHTI 1971.)

Spät angekommener Kulturankömmling. In den Dörfern in Kuusamo und im Oulankajoki-Pjaozero-Gebiet völlig eingebürgert (SÖYRINKI 1956: 8).

Juncus alpinus Vill. ssp. *nodulosus* (Wg) Lindm. — Karte 62.

St r (43). — (VR 1937.) — Herb.: H (RLH 1954); OULU (KKa 1968; VS 1968, 1970); TURA (JM 1937).

Charakteristischste Standorte Mineralbodenufer der Flüsse und Teiche (vgl. SÖYRINKI 1956: 8), besonders am Oulankajoki im östlichen Teil des Nationalparks. Auch in nackten Rimpiflächen der *Scorpidium*-Rimpibraunmoore und bisweilen in dünntorfigen, quellenbeeinflussten Randpartien der Braunmoorsiedlungen. Oft in Strassengräben. An Moorstandorten anspruchsvoll; pH 6.4, 6.7 und 7.3. Nach PESOLA (1928: 158) schwach kalkliebend.

An der Landstrasse apophytisch oder Kulturankömmling. — In Kuusamo zwei Rassen (AHTI & HÄMET-AHTI 1971: 34), von denen die mit lichtem Blütenstand, dunkelbrauner Blütenhülle und Kapsel, die etwas länger als die Blütenhülle ist, offenbar allein im Nationalpark.

Juncus filiformis L. — Karte 63.

P (105). — (VR 1937; UOTILA 1960).

Gewöhnlich an den Ufern gleich oberhalb der Wasserlinie, wo als Begleiter z.B. *Phalaris arundinacea, Carex cespitosa, C. nigra* ssp. *juncella, Caltha palustris, Viola epipsila, Lysimachia thyrsiflora* und *Galium palustre*. Charakteristisch besonders für die Sandufer, oft auch in den Überschwemmungsweissmooren mit z.B. *Carex rostrata, C. canescens, Potentilla palustris* und *Menyanthes trifoliata*. In Heidewäldern in Senken, die im Laufe des Sommers austrocknen, und auf von Rentieren in frischen Heiden und anmoorigen Wäldern getretenen Pfaden. Anspruchslos (vgl. PESOLA 1928: 159).

Als Kulturankömmling auf Quadrat *287* und *386* an der Landstrasse. Auf den Pfaden offenbar von Rentieren verbreitet. Über die Vermehrungsökologie vgl. SÖYRINKI (1939: 104—106).

Juncus stygius L. — Karte 64.

P (111). — (VR 1937; PESOLA 1955 b.) — Herb.: OULU (VT 1955; VS 1971).

Eine Moorpflanze der Rimpiflächen und deren Ränder zuvörderst in mesotrophen moosarmen Rimpiweissmooren und *Scorpidium*-Rimpibraunmooren (vgl. SÖYRINKI *et al.* 1977). Charakteristische Begleiter *Equisetum fluviatile, Eriophorum angustifolium, Carex limosa, C. livida, C. rostrata, Drosera anglica, Menyanthes trifoliata* und *Utricularia intermedia*. Am reichlichsten in den meso-eutrophen Mooren jenseits der Grenze der Gemeinde Salla. Nicht in den fruchtbarsten Braunmooren; fehlt ganz im Gebiete der Polvilammit. Nach PESOLA (1928: 158) schwach kalkliebend, nach KOTILAINEN (1951: 116; vgl. RUUHIJÄRVI 1960: 36) meso-eutroph.

Juncus triglumis L. — Karte 65.

R (28). — (HÄLLSTRÖM 1949; HÄMET 1956; SAARI 1973.) — Herb.: H (BM 1934; HL 1936; GR 1937; RLH 1954); OULU (TM 1949; EPi 1951; VS 1968—69); TUR (TM 1949).

Ufer der Quellbäche und quellige Sickerflächen an den Rändern der Braunmoore. Typische Begleiter z.B. *Equisetum variegatum, Carex capitata, C. capillaris, Polygonum viviparum, Bartsia alpina* und *Pinguicula alpina.*

Die Fundorte in den kalkreichsten Moorgebieten von Soidinsuo-Puukkorinne und Polvilammit, wo am reichlichsten auch kühle Sickerflächen. Ein isoliertes Vorkommen auf Quadrat *423* zwischen Merioja und Ansavuoma. Das begrenzte Arealbild mag auch auf das Alter der Vorkommen hindeuten, denn die Art wächst in den ältesten Gebieten des Nationalparks, die am frühesten vom Landeis befreit wurden. pH 7.0 und 7.3 (vgl. RINTANEN 1968: 242). Nach PESOLA (1928: 158) schwach kalkliebend.

Auf *308* apophytisch im Landstrassengraben. Über die Vermehrungsökologie vgl. SÖYRINKI (1939: 106—107).

Luzula pilosa (L.) Willd. — Karte 66.

Fqq (412). — (PESOLA 1934 a, 1955 b; VR 1937; KOTILAINEN 1951; UOTILA 1960; SUOMINEN 1963; ULVINEN *et al.* 1966.) — Herb.: OULU (VS 1970).

Eine von den gewöhnlichsten Waldpflanzen, der Schwerpunkt in hainartigen frischen Heidewäldern vom *Geranium-Myrtillus*-Typ (vgl. SÖYRINKI *et al.* 1977). Mit Zunahme der Hainwaldzüge seltener; fehlt in den Hainen vom *Filices*-Typ. In Heidewäldern vom *Hylocomium-Myrtillus*-Typ deutlich weniger reichlich als im *Geranium-Myrtillus*-Typ, in trockenen Heidewäldern nur spärlich im *Empetrum-Myrtillus*-Typ. In bewaldeten Mooren in verschiedenen Bruchmoortypen, am reichlichsten in Gras- und Krautbrüchern, und in Braunmoor-Reisermooren. Fehlt in offenen Mooren. Vorwiegend mesotroph und indifferent (vgl. PESOLA 1928: 159; KUJALA 1964: 35). Über die Häufigkeit des Blühens vgl. SÖYRINKI *et al.* (1977: 52—53).

Luzula multiflora (Ehrh. ex Retz.) Lej. ssp. *multiflora* — Karte 67.

Rr (3): *288*.' *366*.' und *405*.' Im Graben der Landstrasse.

Kulturankömmling (vgl. AHTI & HÄMET-AHTI 1971: 35). — Im Oulankajoki-Pjaozero-Gebiet eine Wiesenpflanze (SÖYRINKI 1956: 8).

Luzula multiflora (Ehrh. ex Retz.) Lej. ssp. *frigida* (Buch.) Krecz. — Karte 68.

R (36). — Herb.: H (AB 1908); OULU (VS 1968—71).

An den Flüssen und an der Landstrasse. In Uferwiesen und -Böschungen mit gewöhnlichen Wiesenpflanzen wie *Deschampsia cespitosa, Anthoxanthum odoratum, Trollius europaeus, Ranunculus acris, Geranium sylvaticum, Veronica longifolia, Galium boreale* und *Cirsium helenioides.*

An der Landstrasse ein Ankömmling, anderswo offenbar ursprünglich, auch apophytisch (vgl. AHTI & HÄMET-AHTI 1971: 34).

Luzula sudetica (Willd.) DC. — Karte 69.

St r (66). — (VR 1937; HÄLLSTRÖM 1949; PESOLA 1955 b; UOTILA 1960.) — Herb.: OULU (EPi 1949; VT 1955; VS 1968—71); TUR (ETn 1949).

Typische Standorte Uferböschungen und -Wiesen der Flüsse. Oft zusammen mit *L. multiflora* ssp. *frigida,* bevorzugt aber etwas feuchtere Stellen und wächst oft in kleinen Vertiefungen der Wiesen mit z.B. *Trollius europaeus, Ranunculus auricomus* und *Cirsium helenioides.* Manchmal in Braunmooren und in den fruchtbarsten Weissmooren (vgl. SÖYRINKI 1956: 8). Recht gewöhnlich in Landstrassengräben. Immer spärlich.

Ursprüngliche Standorte offenbar die Ufer, von denen sie sich in den gemähten Wiesen verbreitet. In den Mooren an stark kulturbeeinflussten Stellen, wie an Scheunen und auf den Unterlagen alter Heuschober (Quadrat *46* und *246*). Auf *193* vor einer alten Holzfällerhütte. An der Landstrasse ein Ankömmling. Im ganzen die kulturbeeinflussten Standorte häufiger als die völlig unberührten. Vermehrung aus Samen (vgl. SÖYRINKI 1939: 123—124).

Luzula pallescens Sw. — Karte 70.

R (31). — (HÄLLSTRÖM 1949; SUOMINEN 1963; AHTI & HÄMET-AHTI 1971.) — Herb.: H (AB 1908); HSI (AB 1908); OULU (VS 1968, 1970).

Sandige und kiesige Uferböschungen der Flüsse, trockene Uferwiesen und Strassenränder, immer spärlich. Charakteristische Begleiter an Uferstandorten z.B. *Festuca ovina, Dianthus superbus, Astragalus alpinus* ssp. *arcticus, Oxytropis campestris* ssp. *sordida. Thymus serpyllum* ssp. *tanaënsis, Veronica longifolia, Erigeron decoloratus* und *Achillea millefolium.*

Augenscheinlich ursprünglich an den Ufern, von welchen sie sich in den Uferwiesen verbreitet (vgl. AHTI & HÄMET-AHTI 1971: 34). An der Landstrasse ein Ankömmling.

Luzula pallescens × *sudetica* — Karte 67.

Rr (2): *130*.' Kuusamo, Uferwiese des Oulankajoki ca. 1 km aufwärts vom Taivalköngäs, pcc; *131*.' Salla, Uferwiese des Oulankajoki ca. 1 km aufwärts vom Taivalköngäs, pcc. — (SAARI 1977).

Vorher nicht vom Nationalpark bekannt, wohl aber von Kuusamo (vgl. MONTELL 1939; AHTI & HÄMET-AHTI 1971: 35). Erinnert eher an *L. pallescens* als an *L. sudetica.* Unterstes Schutzblatt des Blütenstands hellgefärbt und länger als der Blütenstand. Perigonblätter heller und Ährchen kleiner als bei *L. sudetica.* Zahl der Ährchen in den Proben vier, und Stiele der Ährchen kürzer als bei *L. pallescens,* aber länger als bei *L. sudetica.* Entwickelt keine Samen; auch die Kapseln verkümmert und die Perigonblätter bedeutend länger als die Kapsel. — Auf Quadrat *131* beide Stammarten, auf *130* keine.

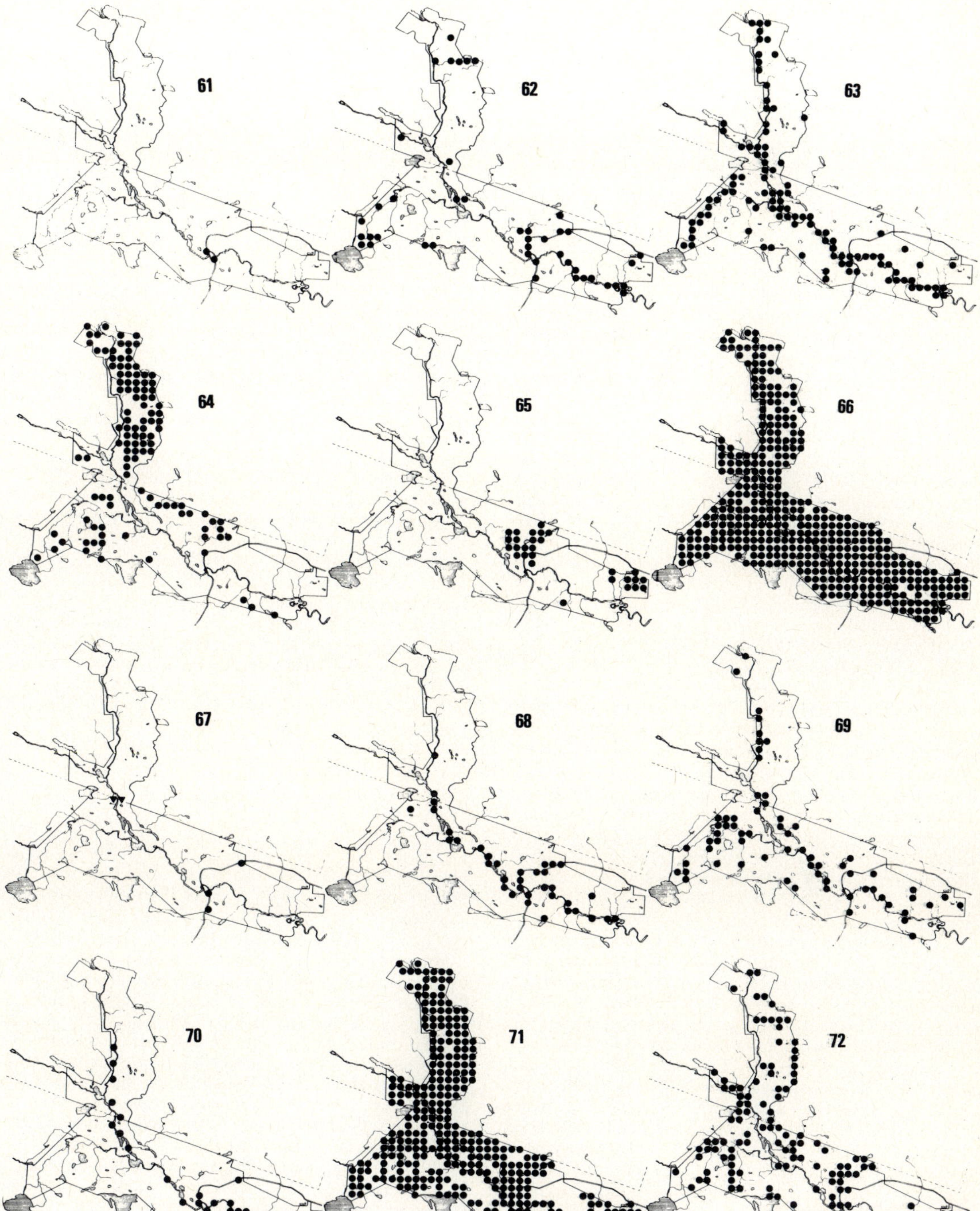

Karten 61—72. — 61: *Juncus bufonius* L., *Festuca pratensis* Hudson, *Lolium perenne* L., *Bromus hordeaceus* L., *Chenopodium suecicum* J. Murr, *Stellaria media* (L.) Vill., *Capsella bursa-pastoris* (L.) Medicus, *Trifolium hybridum* L., *Chamomilla suaveolens* (Pursh) Rydb., *Tanacetum vulgare* L. — 62: *Juncus alpinus* Vill. ssp. *nodulosus* (Wg) Lindm. — 63: *J. filiformis* L. — 64: *J. stygius* L. — 65: *J. triglumis* L. — 66: *Luzula pilosa* (L.) Willd. — 67: • *L. multiflora* (Ehrh. ex Retz.) Lej. ssp. *multiflora*, *L. pallescens* × *sudetica* — 68: *L. multiflora* (Ehrh. ex Retz.) Lej. ssp. *frigida* (Buch.) Krec. — 69: *L. sudetica* (Willd.) DC. — 70: *L. pallescens* Sw. — 71: *Molinia caerulea* (L.) Moench — 72: *Phragmites australis* (Cav.) Trin. ex Staud.

Gramineae (Poaceae)

Molinia caerulea (L.) Moench — Karte 71.

Fqq (334). — (BACKMAN 1908; VR 1937; BR 1955; PESOLA 1955 b; UOTILA 1960; SUOMINEN 1963; ULVINEN *et al.* 1966.) — Herb.: H (KH 1893); OULU (VS 1970).

Umfasst mehrere Formen, deren taxonomische Stellung nicht geklärt. Auf Quadrat *48* eine helle Form, der die charakteristische bläuliche Farbe fehlte.

Eines der häufigsten Gräser der Ufer und Moore. An den Ufern am reichlichsten an feuchten Wiesenrändern der Bäche, aber häufig noch an halboffenen Kies- und Sandufern am Unterlauf des Oulankajoki (vgl. SÖYRINKI 1956: 15). In den Mooren dominierend in den *Molinia*-Braunmoor-Weissmooren und ziemlich reichlich in den Braunmoor-Reisermooren, mehr oder minder häufig in den *Sphagnum warnstorfii*- und *Campylium stellatum*-Braunmooren und *Drepanocladus revolvens*- Rimpibraunmooren, hier und da noch in den Weissmoor-Reisermooren und in den Grossseggen- und *Sphagnum compactum*-Weissmooren (vgl. SÖYRINKI *et al.* 1977). pH des Moorwassers 4.3—7.5 (Mittel 5.7 von 13 Messungen), an den Ufern pH 5.8—6.7 (Mittel 6.3 von 7 Messungen; vgl. KOTILAINEN 1927: 52, 1951: 94—95; BRENNER 1931: 150—151; PANKAKOSKI 1939: 69). Nach PESOLA (1928: 158) schwach kalkliebend (vgl. RUUHIJÄRVI 1960: 36).

Phragmites australis (Cav.) Trin. ex Steud. (*P. communis* Trin.) — Karte 72.

P (119). — (BACKMAN 1902; VR 1937; PESOLA 1952 a; KIISTALA & JAHKOLA 1958; UOTILA 1960; ULVINEN *et al.* 1966; SAARI 1973.)

Häufiger in den Mooren als an den Ufern, wie auch sonst in Nordfinnland. Im Oulankajoki in seeartigen Abschnitten mit ruhig fliessendem Wasser im Savilampi und Aventolampi und an den Flussufern auf Quadrat *305, 346, 347* und *348*. An den Teichen gewöhnlich nur an Moorrändern der Ufer. Die ausgedehntesten Siedlungen in dem seichten See Isojärvi, wo sie den östlichen Teil mit seinen braunmoorartigen Ufern völlig bedecken.

In den Mooren in reisermoorartigen Braunmooren, in den *Campylium stellatum*- und *Paludella*-Braunmooren und *Scorpidium*-Rimpibraunmooren, seltener in oligotrophen moosarmen Rimpiweissmooren (vgl. SÖYRINKI *et al.* 1977; RUUHIJÄRVI 1960). Gewöhnlichste Begleiter Arten der Rimpiflächen: *Equisetum fluviatile, Eriophorum angustifolium, Carex chordorrhiza, C. limosa, C. livida, C. rostrata, Drosera anglica, Menyanthes trifoliata* und *Pedicularis palustris* ssp. *borealis*. Areal recht zerrissen. Leichte Anhäufungen in den eutrophen Gebieten beim Soidinsuo und den Polvilammit, in denen Moortümpel von der früheren Seephase zeugen (vgl. V. AUER 1923 b: 305—320). pH des Moorwassers 4.3—7.0 (Mittel 6.0 von 9 Messungen), am Flussufer pH 4.6 und 5.7 (vgl. KOTILAINEN 1927: 52; BRENNER 1931: 150—151; PANKAKOSKI 1939: 65). Nach KOTILAINEN (1927: 79) liegen die unterirdischen Teile in sauren Mooren tief in dem weniger sauren Torfe.

An Moorstandorten meistens steril, blühende Individuen aber nicht selten. Im Isojärvi im Sommer 1970 zum grössten Teil fertil (vgl. SÖYRINKI 1956: 15). Über die Vermehrungsökologie vgl. LUTHER (1951: 25—26).

Nardus stricta L. — Karte 73.

Rr (2): *280* Uferwiese des Oulankajoki, auf Rentierpfad, 13 Horste; *359* zu einem Rentiergehege führender alter Waldweg, pc. Früher nicht vom Nationalpark gemeldet.

Ankömmling, Seltenheit auffallend im Vergleich zum Vorkommen sonst in Kuusamo und im Oulankajoki-Pjaozero-Gebiet (vgl. SÖYRINKI 1956: 16; AHTI & HÄMET-AHTI 1971: 23).

Melica nutans L. — Karte 74.

Fq (310). — (BACKMAN 1908; PESOLA 1934 a, 1934 b, 1955 b; VR 1937; KIISTALA & JAHKOLA 1958; MUUKKONEN *et al.* 1958; VASARI 1958; SALMINEN 1960; UOTILA 1960; SUOMINEN 1963; ULVINEN *et al.* 1966.)

Am reichlichsten in den Hainen vom *Geranium-Dryopteris*-Typ und *Geranium-Filipendula*-Typ, häufig aber spärlich in hainartigen frischen Heidewäldern vom *Geranium-Myrtillus*-Typ; noch in den trockenen Hainen vom *Geranium-Vaccinium*-Typ und in den Farnhainen (SÖYRINKI *et al.* 1977). In Hain- und Braunmoorbrüchern, bisweilen in Kraut- und Grasbrüchern (vgl. SÖYRINKI 1956: 15; RUUHIJÄRVI 1960; KUJALA 1964: 36). Ausfallsgebiete in den oligotrophsten und versumpften Gebieten: Moore jenseits der Grenze des Kirchspiels Salla, südlich vom Puikkojärvi, Metsosuo, Isojärvi-Syvälampi und Kiutavaara.

Nach PESOLA (1928: 158) schwach kalkliebend. Jedoch nicht direkt vom Kalk abhängig, obwohl die Häufigkeit auf der vom Kalk verursachten allgemeinen Fruchtbarkeit beruht. pH 5.3—6.7 (Mittel 5.8 von 7 Messungen; vgl. PANKAKOSKI 1939: 67; BRENNER 1931: 150). Über die Fertilität vgl. SÖYRINKI *et al.* (1977: 53).

Festuca ovina L. — Karte 75.

Fq (278). — (PESOLA 1918 a, 1928, 1934 a, 1934 b; VR 1937; BR 1955; KIISTALA & JAHKOLA 1958; MUUKKONEN *et al.* 1958; VASARI 1958; SUOMINEN 1963; ULVINEN *et al.* 1966; AHTI & HÄMET-AHTI 1971.) — Herb.: H (AB 1908; IK 1949); TUR (LS 1949).

Standorte sehr verschiedenartig. Am reichlichsten in trockenen Uferwiesen und Sandböschungen der Ufer, als Begleiter z.B. *Carex ericetorum, Dianthus superbus, Astragalus alpinus* ssp. *arcticus, Oxytropis campestris* ssp. *sordida* und *Achillea millefolium*. Mit *Arctostaphylos uva-ursi* und *Campanula rotundifolia* eine der häufigsten Felsenpflanzen sowohl auf Dolomit- als Silikatfelsen. In den trockenen Hainen vom *Geranium-Vaccinium*-Typ (vgl. SÖYRINKI *et al.* 1977) und dann und wann in trockenen Heidewäldern. In Braunmoor- und Weissmoor-Reisermooren sowie Braunmoor- und Hainbrüchern auf den Bülten, bisweilen in den *Sphagnum warnstorfii*- und *Campylium stellatum*-Braunmooren (vgl. RUUHIJÄRVI 1960) und in manchen anderen Mooren. Zusammen mit *Festuca rubra* und *Deschampsia cespitosa* wichtigste Besiedler der kiesigen Landstrassenränder.

pH an den Ufern 4.8, 5.2, 5.3 und 6.1, auf den Felsen 4.3, 6.8 und 7.5, in den Wäldern 5.5 und 6.4 sowie in den Mooren 5.2 und 6.6. Nach PESOLA (1928: 159) indifferent.

Ursprüngliche Standorte Felsen und Uferböschungen

(vgl. Söyrinki 1956: 16; Ahti & Hämet-Ahti 1971: 36), vielleicht auch die Moore und Wälder. Es scheint aber möglich, dass die Art auf die Moore und in die Heidewälder von Rentieren befördert worden ist. Auch die Holzfällungen sind vielleicht von Nutzen gewesen, denn sie kommt unmittelbar ausserhalb des Nationalparks reichlich an trockenen Hängen auf Hiebsflächen vor. Ausgiebige Vermehrung aus Samen (vgl. Söyrinki 1939: 44—47).

Die f. *luteola* Hiit., die I. Kukkonen am Savilampi gesammelt hat, tritt sehr reichlich auf der Hiebsfläche nördlich vom Oulangankanjoni ausserhalb des Nationalparks auf.

Festuca rubra L. — Karte 76.

P (143). — (Pesola 1928, 1934 a, 1955 b; Vr 1937; Br 1955; Hämet 1956; Muukkonen *et al.* 1958; Vasari 1958; Uotila 1960; Suominen 1963; Ahti & Hämet-Ahti 1971.) — Herb.: H (VP 1917); OULU (YV 1949; VS 1970, 1971).

Im Nationalpark mindestens drei Typen. An Quellen und Quellbächen eine Form mit lichter Rispe, mit langen, abwärts gebogenen Ährchenstielen und glatten, nahezu kahlen Hüllspelzen. An der Landstrasse eine mit Rasensamen gekommene hochwüchsige Rasse, und offenbar an diesartigen Standorten und in Uferwiesen auch andere hemerophile Rassen (vgl. Ahti & Hämet-Ahti 1971: 36).

Trockene Uferwiesen und -Böschungen mit z.B. *Deschampsia cespitosa, Agrostis tenuis, Anthoxanthum odoratum, Stellaria graminea, Trollius europaeus, Ranunculus acris, Astragalus alpinus* ssp. *arcticus, Geranium sylvaticum* und *Galium boreale.* Am reichlichsten aber an kiesigen Landstrassenrändern. Seltener in Uferwäldern, an Quellen und Bächen und in *Sphagnum warnstorfii*-Braunmooren (vgl. Söyrinki 1956: 16; Söyrinki *et al.* 1977; Ruuhijärvi 1960). pH an Uferstandorten 5.1, 6.1, 6.2 und 6.9. Nach Pesola (1928: 159) indifferent.

Ursprünglich an Quellen und Bächen, mancherorts an Ufern der Flüsse und Seen, hemerophil in Uferwiesen und an der Landstrasse. In den Mooren oft in der Nähe von Scheunen und an der Stelle früherer Heuschober.

Festuca pratensis Hudson — Karte 61.

Rr (2): *347* im gesäten Hofrasen der Biologischen Forschungsanstalt seit 1969 fortdauernd; *366* etwa 300 m S von der Oulankajoki-Brücke an der im Sommer 1972 mit einer Samenmischung besäten Landstrassenböschung im J. 1976. — (Ahti & Hämet-Ahti 1971: 36.)

Zufälliger Ankömmling (vgl. Söyrinki 1956: 16, 62).

Lolium perenne L. — Karte 61.

Rr (2): *347!* im gesäten Hofrasen der Biologischen Forschungsanstalt fortdauernd; *366!* etwa 300 m S von der Oulankajoki-Brücke in der Landstrassenböschung im J. 1973 (gesät 1972). — (Sonck 1937 a.) — Herb.: H (CS 1936).

Zufällig (vgl. Ahti & Hämet-Ahti 1971: 36).

Lolium multiflorum Lam. — Karte 73.

Rr (1): *365!* etwa 200 m S von der Oulankajoki-Brücke in der im Sommer 1972 gesäten Landstrassenböschung im J. 1973.

Nicht vorher vom Nationalpark angegeben. Zufällig (vgl. Söyrinki 1956: 16, 62; Ahti & Hämet-Ahti 1971: 36).

Poa annua L. — Karte 77.

R (13): *143* Puikkojärvi, Hütte der Rentierhirten, pc; *146* Taivalköngäs, Hütte, pc; *168* "Bärenrunde" bei Ristikallio, pc; *169* Ristikallio, Hütte, pc; *211* "Bärenrunde" zwischen Kapustalampi und Aventojoki, pc; *309* Ampumavaara, Landstrassenrand, pc; *329* Pfad nach Haaralampi, pc; *331* Försterei, Müllabladestelle, pc; *347* Kiutaköngäs, Hof der Biologischen Forschungsanstalt und Campingplatz, st cp; *348* "Bärenrunde" nahe am Campingplatz, pc; *349* Kiutaköngäs, "Bärenrunde", pc; *366* Strassenrand bei Jäkälävaara, pc; *417* Nurmisaari, Pfad am Hang zum Ufer, pc. — (Niskasaari 1956; Ahti & Hämet-Ahti 1971.)

Ankömmling. Alle Standorte stark kulturbeeinflusste feuchte getretene Stellen (vgl. Söyrinki 1956: 16; Ahti & Hämet-Ahti 1971: 36).

Poa trivialis L. — Karte 78.

R (12): *124* Mündung des Puikko-oja am Oulankajoki; *131* am Oulankajoki an der Grenze der Kirchspiele Kuusamo und Salla; *331* Ampumavaara, Landstrassengraben; *332* Ampumavaara, Quellbach; *341* der zum Kiutalampi fliessende Quellbach; *347* Hof der Biologischen Forschungsanstalt; *349* Kiutaköngäs, bei der früheren Schutzhütte und am Ufer des untersten ruhigen Wassers; *359* am von den Anpflanzungen zum Teich Tulilampi führenden Graben; *366* Jäkälävaara, an der Landstrasse; *378* Tulilammenkankaat, quelliger Hainbruch; *440* aus dem Alimmainen Ansalampi fliessender Bach, bei der früheren Holzfällerhütte. — An allen Fundorten spärlich. — (Pesola 1934 a; Muukkonen *et al.* 1958; Ahti & Hämet-Ahti 1971.) — Herb.: OULU (VS 1969—71).

Die meisten Standorte nasse Ufer. In der Überschwemmungswiese auf Quadrat *131 Filipendula ulmaria, Geum rivale, Angelica sylvestris, Cirsium helenioides* und *Crepis paludosa,* am Flussufer auf *349 Calamagrostis phragmitoides, Ranunculus repens* und *Potentilla palustris,* am Quellbach auf *332 Deschampsia cespitosa, Geum rivale, Saussurea alpina* und *Crepis paludosa.* Begleiter also verhältnismässig anspruchsvoll. Nach Pesola (1928: 158) schwach kalkliebend.

Wahrscheinlich ursprünglich an den Ufern des Flusses und der Quellbäche und auf *378*, sonst apophytisch oder Kulturankömmling (vgl. Söyrinki 1956: 15, 58; Ahti & Hämet-Ahti 1971: 36—37).

Poa alpina L. — Karte 79.

St r (38). — (Wainio 1878; Hjelt 1895; Vr 1937; Laine *et al.* 1949; Br 1955; Muukkonen *et al.* 1958; Ahti & Hämet-Ahti 1971.) — Herb.: H (M&JS 1873; JM 1898,

CC 1934; TA 1955; YV 1957); HSI (AB 1908); OULU (YV 1949); TUR (GÅ 1934).

Sandige Uferböschungen des Oulankajoki, Strandwiesen und Waldpfade in der Nähe des Flusses. Am meisten an Böschungen mit lückenhafter Vegetation und in Wiesen auf von Rentieren getretenen Pfaden. Begleiter Wiesenpflanzen, z.B. *Agrostis tenuis, Agropyron boreale, Carex vaginata, Trollius europaeus, Ranunculus acris, Astragalus alpinus* ssp. *arcticus, Oxytropis campestris* ssp. *sordida, Geranium sylvaticum* und *Solidago virgaurea.* — Indifferent (vgl. PESOLA 1928: 159; RINTANEN 1968: 247).

An Uferstandorten teilweise ursprünglich (vgl. SÖYRINKI 1956: 16), in früher gemähten Wiesen und auf Rentierpfaden apophytisch. Deutlich durch Menschen eingeschleppt an der Landstrasse auf Quadrat *308* und *309*, ebenso im Hof der Biologischen Forschungsanstalt (vgl. AHTI & HÄMET-AHTI 1971: 37). — Vermehrung ausschliesslich durch Samen (vgl. SÖYRINKI 1939: 40—43; 1954: 94—95). Die Keimbulbillen erzeugende f. *vivipara* L. nicht angetroffen.

Poa pratensis L. (*P. pratensis* L. ssp. *eupratensis* Hiit.) — Karte 80.

Rr (1): *347'.* Hof der Biologischen Forschungsanstalt, pc. — Herb.: OULU (RLH 1953: Kiutaköngäs, Strassenrand).

Ankömmling (vgl. AHTI & HÄMET-AHTI 1971: 37).

Poa subcaerulea Sm. (*P. pratensis* L. ssp. *irrigata* (Lindm.) Lindb. fil. — Karte 81.

Rr (3): *308'.* und *331'.* (cf. *P. subcaerulea*) nordwärts von der Oulankajoki-Brücke am Landstrassenrand, pc; *347'.* Hof der Biologischen Forschungsanstalt, pc. — (AHTI & HÄMET-AHTI 1971: 37.)

Ankömmling.

Poa rigens Hartman (*P. pratensis* L. ssp. *alpigena* (Fr.) Hiit.) — Karte 82.

St fq (211). — (*P. pratensis* coll. inbegriffen: PESOLA 1928, 1934 a, 1955 b, VR 1937; KIISTALA & JAHKOLA 1958; MUUKKONEN *et al.* 1958; SUOMINEN 1963; AHTI & HÄMET-AHTI 1971.) — Herb.: H (AB 1908; LLe, OVL & APi 1937; YV 1958); HSI (VP 1917); OULU (RLH 1953; VS 1968, 1971); TUR (AV 1949); TURA (JM 1937).

Am reichlichsten in Uferböschungen und -Wiesen mit gewöhnlichen Wiesenpflanzen (s. *P. alpina*). Charakteristische Standorte auch die Ufer der Quellen und Quellbäche, wo *Equisetum arvense, E. pratense, Deschampsia cespitosa, Stellaria calycantha, Geum rivale, Epilobium hornemannii, Saussurea alpina* und *Crepis paludosa* gewöhnliche Begleiter. Auch in quellenbeeinflussten Braunmooren und häufig, obgleich nicht reichlich, an der Landstrasse und auf Uferfelsen (vgl. SÖYRINKI 1956: 15). Offenbar anspruchsvoll: sammelt sich in den eutrophen Moorgebieten von Soidinsuo-Puukkorinne und Polvilammit, an den Ufern durch den ganzen Nationalpark. pH an Quellenstandorten 6.2 und 6.6, am Flussufer 6.4, am Ufer eines Waldteiches 5.5. Nach PESOLA (1928: 158) schwach kalkliebend.

Offenbar ursprünglich an Quellen und Quellbächen, desgleichen oft an Ufern (vgl. AHTI & HÄMET-AHTI 1971: 37). In Uferwiesen und Braunmooren oft um Scheunen und auf dem Boden früherer Heuschober. Standorte an der Landstrasse und im Bereich der Biologischen Forschungsanstalt hemerob.

Poa nemoralis L. — Karte 83.

St fq (115). — (PESOLA 1928, 1934 a und b; VR 1937; BR 1955; KIISTALA & JAHKOLA 1958; MUUKKONEN *et al.* 1958; SALMINEN 1960; UOTILA 1960; SUOMINEN 1963; AHTI & HÄMET-AHTI 1971.) — Herb.: H (VP 1917; YV 1958); HSI (AB 1902); OULU (VS 1968—70); TUR (AV 1949).

Taxonomisch veränderlich. Eine Varietät mit einem längeren Blatthäutchen, wie var. *montana* Gaud. (vgl. AHTI & HÄMET-AHTI 1971: 37—38), auf einigen Quadraten gesammelt.

Haine vom *Geranium-Dryopteris*-Typ und *Geranium-Filipendula*-Typ (vgl. SÖYRINKI *et al.* 1977), am reichlichsten in Wald- und Gebüschsiedlungen an den Ufern von Flüssen und Bächen. Oft auch in Felsenspalten und in sandigen Uferböschungen. Verbreitung eng auf die Ufer begrenzt; fehlt oft am oberen Laufe der Bäche, wo das Gelände gewöhnlich versumpft und ohne geeignete Böschung ist. Fordert verhältnismässig nahrungsreichen Mineralboden, aber nicht direkt von Kalk abhängig. pH an Ufern 4.9—6.6 (Mittel 5.7 von 5 Messungen). Nach PESOLA (1928: 158) schwach kalkliebend.

Apophytisch in kulturbeeinflussten Uferwiesen. Möglicherweise schon vor der Mahd an den gleichen Stellen gewachsen.

Poa glauca Vahl — Karte 84.

Rr (9): *45'.* Savinajokital N von Niemikangas, pcc; *56'.* Savinajokital N von Kouerhauta, pcc; *96, 97, 107'.* Oulangankanjoni, st pc; *130* am Puikko-oja an der Grenze der Kirchspiele Kuusamo und Salla, pc; *169* Ristikallio, pc; *263'.* und *290* Aventojokital bei Syvälamminpalo, pcc. — (PESOLA 1918 a, 1934 b; VR 1937; SAARI 1973.) — Herb.: H (TA 1955); OULU (YV 1954; VT 1955).

Arktisch-alpine Fjeldpflanze, Vorkommen auch in Süd-Finnland (vgl. HIITONEN 1944; SÖYRINKI 1955, 1956).

Spalten und Terrassen der Felsen, Geröllhänge, bisweilen (Quadrat *45* und *56*) auf Ufersteinen mit dünner Humusschicht am Fusse der Felsen. Manchmal die einzige Gefässpflanze am Standort. Im Oulangankanjoni, wo die Art am häufigsten vorkommt, an schattigen und nassen Nord- und Ostwänden der Felsen reichlicher als an Südwänden. Unter den Begleitern dort mehrere anspruchsvolle Arten: *Woodsia alpina, W. glabella, Tofieldia pusilla, Saxifraga nivalis, S. aizoides, Potentilla nivea* ssp. *chamissonis, Dryas octopetala* und *Pinguicula alpina.* Im Felsgrund an allen Standorten Dolomit. Nach PESOLA (1928: 157) kalkliebend.

Fehlt, ebenso wie einige andere Fjeldpflanzen (*Carex glacialis, Arenaria ciliata* ssp. *pseudofrigida, Saxifraga aizoides*

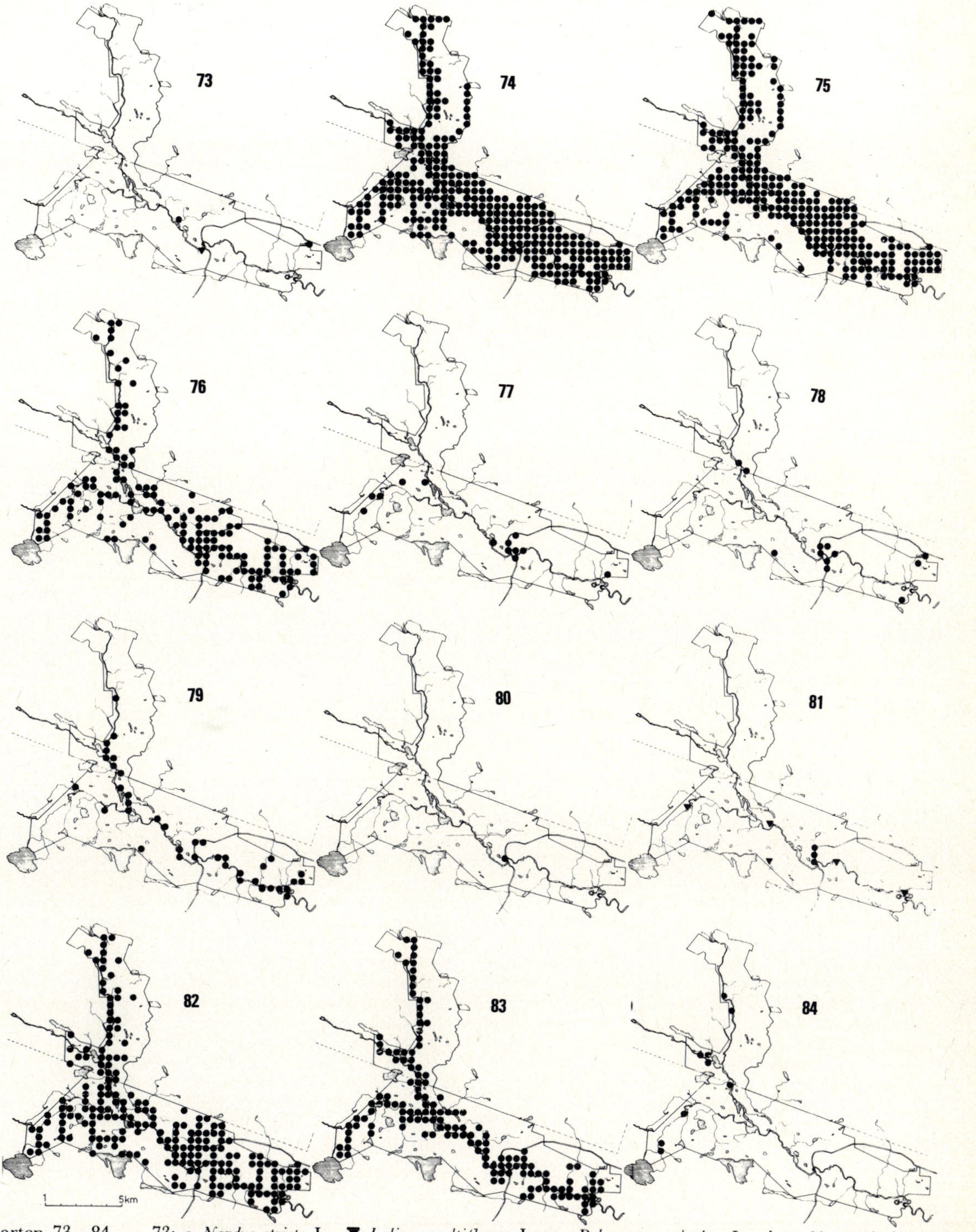

Karten 73—84. — 73: • *Nardus stricta* L., ▼ *Lolium multiflorum* Lam., *Polygonum aviculare* L. s.lat., *Navarretia intertexta* (Benth.) Hook. — 74: *Melica nutans* L. — 75: *Festuca ovina* L., — 76: *F. rubra* L., — 77: *Poa annua* L. — 78: *P. trivialis* L. — 79: *P. alpina* L. — 80: *P. pratensis* L., (*Dactylis glomerata* L.), *Alopecurus geniculatus* L., (*A. arundinaceus* Poir.), *Elytrigia repens* (L.) *Nevski*, *Hordeum jubatum* L., *Polygonum lapathifolium* L., *Fallopia convolvulus* (L.) A. Löve, *Spergula arvensis* L., *Silene alba* (Miller) E. H. L. Krause, *S. dioica* (L.) Clairv., *Sisymbrium altissimum* L., *Erysimum cheiranthoides* L. ssp. *cheiranthoides*, *E. cheiranthoides* L. ssp. *altum* Ahti, *Thlaspi arvense* L., *Geranium* cf. *pusillum* L., *Heracleum sphondylium* L. ssp. *sibiricum* (L.) Simonkai, *Myosotis arvensis* (L.) Hill, *Galeopsis speciosa* Miller, *Artemisia vulgaris* L., *Senecio vulgaris* L., *Sonchus* cf. *asper* (L.) Hill, *Lapsana communis* L. — 81: • *Poa subcaerulea* Sm., ▼ *P. palustris* L.em. Roth — 82: *P. rigens* Hartm. — 83: *P. nemoralis* L. — 84: *P. glauca* Vahl.

und *Arnica alpina*; vgl. unter *Woodsia glabella*), in den zentralen und östlichen Teilen des Nationalparks. Möglicherweise war die Einwanderung dieser Arten im Spätglazial schon abgeschlossen, bevor die geeigneten Standorte im Osten des Nationalparks entblösst waren.

Über die Vermehrungsökologie vgl. SÖYRINKI (1939: 39—40).

Poa palustris L. em. Roth — Karte 81

Rr (5): *169*: nahe Ristikallio am trockenen Ufer eines Waldteiches, pc; *224* Ufer des Runsulampi, pcc; *341* Kiutalampi, Braunmoorufer, pcc; *350*: Ufer des Oulankajoki 500 m abwärts vom Kiutaköngäs, pc; *430*: Meandersee im Oulankajoki an der Ostgrenze des Nationalparks, pcc. — (PESOLA 1928, 1934 b; BR 1955; SALMINEN 1960; UOTILA 1960.)

Frühere Angaben unsicher, da Herbarienproben fehlen oder offenbar nicht *P. palustris* sondern *P. nemoralis* repräsentieren.

Auf Quadrat *341* auf Torf, sonst auf Mineralboden; an allen Standorten nahe an der Wasserlinie. Auf *169 Agrostis tenuis*, *Phalaris arundinacea* und *Ranunculus repens*. Offenbar ziemlich anspruchsvoll. Nach PESOLA (1928: 158) schwach kalkliebend.

Dactylis glomerata L. — Karte 80.

Rr (1). — (VR 1937: Kiutaköngäs, an der Landstrasse = Quadrat *347*). Später nicht beobachtet. In Kuusamo zuvörderst zufällig (AHTI & HÄMET-AHTI 1971: 38), früher manchmal angebaut (PARVELA 1923: 28).

Deschampsia cespitosa (L.) PB. — Karte 85.

Fq (268). — (VR 1937; KIISTALA & JAHKOLA 1958; MUUKKONEN *et al.* 1958; VASARI 1958; SALMINEN 1960; UOTILA 1960; SUOMINEN 1963; AHTI & HÄMET-AHTI 1971.) — Herb.: H (AB 1908); OULU (VS 1970).

Eine der häufigsten Pflanzen der Ufer und Uferwiesen. Am reichlichsten in den nassen Partien der Ufer, jedoch deutlich oberhalb der Wasserlinie, mit z.B. *Calamagrostis phragmitoides, Trollius europaeus, Filipendula ulmaria, Geum rivale, Geranium sylvaticum, Veronica longifolia, Galium boreale, Cirsium helenioides* und *Crepis paludosa*. Auch an Quellen und Quellbächen (s. *Poa rigens*), in quelligen Braunmooren, in Kraut- und Grasbrüchern und Hainbrüchern, feuchten Hainen vom *Geranium-Filipendula*-Typ und spärlich in frischen Hainen vom *Geranium-Dryopteris*-Typ (vgl. SÖYRINKI *et al.* 1977), an Pfaden und Strassen. Die Ausfallsgebiete spiegeln in grossen Zügen die Verbreitung der Heidewälder und weniger fruchtbaren Moore ab.

Nach PESOLA (1928: 159) indifferent. Besonders in den Mooren jedoch anspruchsvoll: pH 5.3—7.4 (Mittel 6.5 von 6 Messungen). An Uferstandorten pH 5.0, 6.2, 6.3 und 6.7 (vgl. PANKAKOSKI 1939: 64; BRENNER 1931: 150).

Ursprünglich an Quellen und manchen Uferstandorten, jedoch deutlich reichlicher in kulturbeeinflussten Uferwiesen und an Strassenrändern (vgl. AHTI & HÄMET-AHTI 1971: 38).

Deschampsia flexuosa (L.) Trin. — Karte 86.

Fqq (437). — Fehlt nur auf Moorquadraten *38* und *60* und auf *392* im *Calluna-Cladina*-Typ. — (VR 1937; BR 1955; PESOLA 1955 b; MUUKKONEN *et al.* 1960; SUOMINEN 1963.)

Häufigste Grasart der Wälder. Recht weite Standortsamplitude: besonders frische Heidewälder, (SÖYRINKI *et al.* 1977) am reichlichsten im *Geranium-Myrtillus*-Typ und *Hylocomium-Myrtillus*-Typ, ziemlich reichlich im *Ledum-Uliginosum*-Typ.

Mit Zunahme der Hainzüge geht sie zurück und fehlt zuletzt in den Farnhainen. In trockenen Heidewäldern nur noch ziemlich spärlich im *Empetrum-Myrtillus*-Typ, fehlt im *Calluna-Cladina*-Typ. Mehr oder minder allgemein in gemeinen Bruchwäldern und normalen Bruchmooren, Kraut- und Grasbrüchern und sogar Hainbrüchern. Häufig auf Uferwiesen und Felsen. (vgl. SÖYRINKI 1956: 15; KUJALA 1964: 36). Nach PESOLA (1928: 160) schwach kalkmeidend (vgl. AALTONEN 1925: 18; BRENNER 1931: 150; PANKAKOSKI 1939: 64).

In Uferwiesen und an Strassenrändern apophytisch. Als Lichtpflanze hat sie vielleicht von den Holzfällungen profitiert. Blüht in den Wäldern spärlich (SÖYRINKI *et al.* 1977: 52—53); auf Hiebsflächen ausserhalb des Nationalparks dichte fertile Rasen (vgl. KUJALA 1926 a: 63; SÖYRINKI 1939: 23—26).

Calamagrostis epigejos (L.) Roth — Karte 87.

St fq (210). — (HÄLLSTRÖM 1915; VR 1937; PESOLA 1955 b; KIISTALA & JAHKOLA 1958; MUUKKONEN *et al.* 1960; SUOMINEN 1963; ULVINEN *et al.* 1966; HEIKURA 1970.) — Herb.: H (JM 1898: AB 1908); TURA (JM 1937).

In Skandinavien hauptsächlich tetraploide und octoploide Rassen festgestellt (vgl. NYGREN 1946: 187). Im Nationalpark sowohl hinsichtlich der Länge der Staubbeutel (höchstens 2 mm) als der sonstigen Dimensionen mehr der tetraploiden (2 n = 28) als der octoploiden Rasse ähnlich (vgl. AHTI & HÄMET-AHTI 1971: 38—39).

In den Wäldern oft an hainartigen Stellen, auch an recht trockenen. Insbesondere im östlichen Teil an trockenen Sandufern und in buschbestandenen Uferwiesen. Ferner in dünntorfigen und eutrophen, oft quelligen Braunmooren (vgl. KOTILAINEN 1949 b, 1951: 94; SÖYRINKI 1956: 14; RUUHIJÄRVI 1960). Auch an Strassenrändern. An den meisten Standorten steril.

Deutliche Konzentration an den kalkreichen Hängen des Berges Ampumavaara. Fehlt am Kiutavaara und in einheitlichen Moorgebieten. pH in Heidewäldern 4.3 und 4.7, an Ufern 6.2 und 6.7 und in Mooren 4.3—7.5 (Mittel 5.9 von 5 Proben) (vgl. PANKAKOSKI 1939: 62). Nach PESOLA (1928: 159) indifferent.

Apophytisch in Uferwiesen und an der Landstrasse.

Calamagrostis canescens (Web.) Roth (*C. lanceolata* Roth) — Karte 88.

Rr (5): *55*: Braunmoor NW vom Kiekeröjärvi; *86*: und *149*: Kiekeröoja, Moorufer des Baches; *433*: und *438*: Ansalampi, Ufermoor. — (SALMINEN 1960 und UOTILA 1960: Kuusamo, Ristikallio, Bachufer.) — Herb.: H (RLH 1954: 0.5 km N vom Kiutaköngäs).

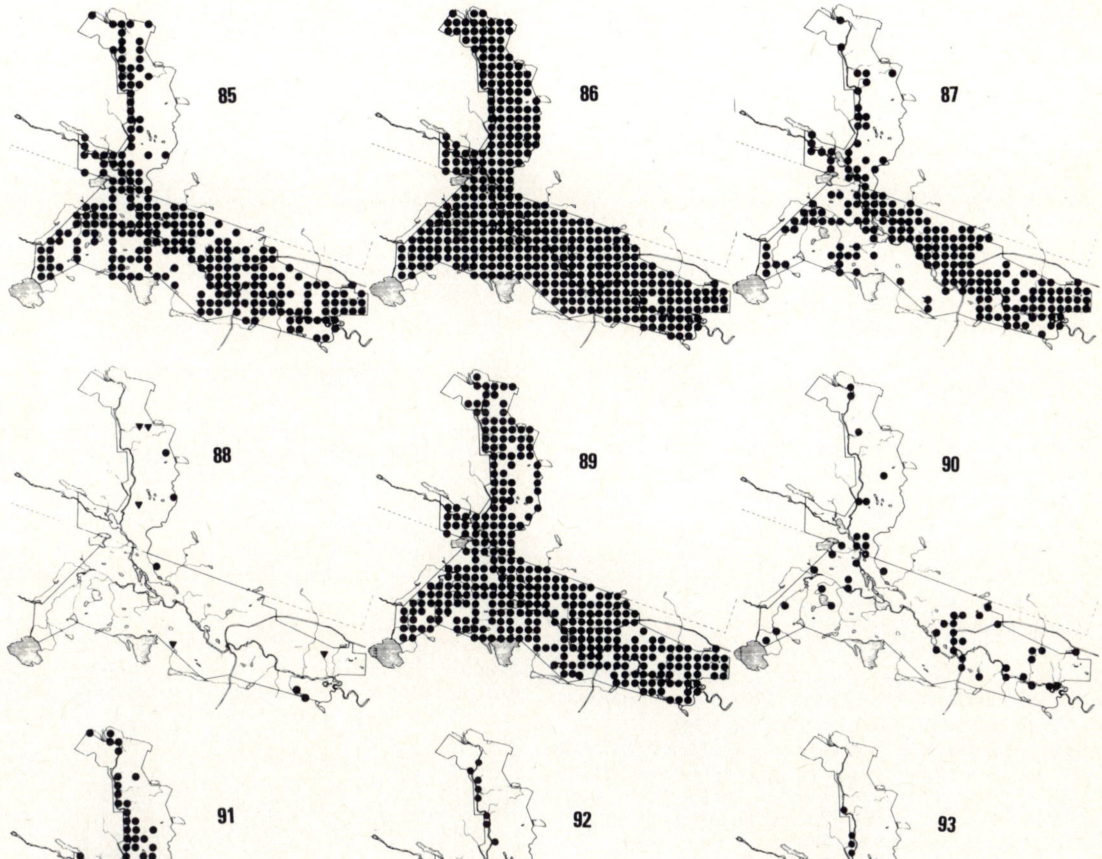

Karten 85—96. — 85: *Deschampsia cespitosa* (L.) PB — 86: *D. flexuosa* (L.) Trin. — 87: *Calamagrostis epigejos* (L.) Roth — 88: • *C. canescens* (Web.) Roth, ▼ *C. canescens* × *stricta.* — 89: *C. phragmitoides* Hartman — 90: *C. stricta* (Timm) Koeler — 91: *C. lapponica* (Wg) Hartman — 92: *Agrostis stolonifera* L. — 93: *A. stolonifera* × *tenuis* — 94: • *A. gigantea* Roth var. *repens* (Laest.) Widén, ▼ *A. canina* L. — 95: *A. gigantea* var. *repens* × *stolonifera* — 96: *A. gigantea* var. *repens* × *tenuis.*

Die Angaben von SALMINEN (1960) und UOTILA (1960) nicht durch Proben gesichert. Die Probe von Hämet vom Kiutaköngäs scheint *C. phragmitoides* näherzustehen als *C. canescens.*

C. canescens wurde von *C. phragmitoides* aufgrund ihrer völlig entwickelten X-förmigen, violett gefärbten Staubbeutel und ordentlichen Pollen unterschieden (s. unter *C. phragmitoides*).

Etwas anspruchsvoller als *C. phragmitoides,* wie auch nach PESOLA (1928: 158—159) und PANKAKOSKI (1939).

Calamagrostis canescens × *stricta (C.* × *gracilescens* Blytt p.p.) — Karte 88.

Rr (5): *35* und *36*.′ am aus dem Saviaavanlampi fliessenden Bach; *90*.′ Moor zwischen Onkilammit und Isopalo; *341*.′ Ufer des Kiutalampi; *376*.′ am oberen Lauf des Bachs Lippihetteenpuro. — (SAARI 1977.)

Alle Standorte an Ufern oder quelligen Stellen. Tritt auf wie eine selbständige Art. Stammarten auf keinem Standort.

Calamagrostis phragmitoides Hartman (*C. purpurea* (Trin.) Trin.) — Karte 89.

Fqq (364). — (PESOLA 1934 a, 1955 b; VR 1937; BR 1955; SALMINEN 1960; UOTILA 1960; SUOMINEN 1963.) — Herb.: H (AB 1908); OULU (VS 1968—70).

Sehr veränderliche apomiktische Art (NYGREN 1946, 1948, 1951). Grenze *C. canescens* gegenüber allmählich. Blattoberfläche mehr oder minder behaart. Variation auch in der Länge des Blatthäutchens und in der Befestigung der Granne am Rücken der Deckspelze. An *C. canescens* annähernde Proben von Quadraten *61, 63, 67, 86, 173, 176* und *180*. Sie hatten ein kurzes Blatthäutchen, die Granne nahe an der Spitze der Deckspelze wie bei *C. canescens* und ungeöffnete Staubbeutel wie bei *C. phragmitoides.*

Charakteristische Art der Kraut- und Grasbrücher; oft gemeine Bruchwälder, normale Bruchmoore, Weissmoorbrücher, Braunmoorbrücher und Hainbrücher, manchmal Braunmoor-Reisermoore und dünntorfige Braunmoore. In den Wäldern häufig in feuchten Hainen vom *Geranium-Filipendula*-Typ, spärlich im *Geranium-Dryopteris*-Typ und *Filices*-Typ (vgl. SÖYRINKI *et al.* 1977). Häufig in Ufergebüschen und Überschwemmungswiesen, wo oft geringflächige Siedlungen (vgl. SÖYRINKI 1956: 14). Nach PESOLA (1928: 159) indifferent (vgl. PANKAKOSKI 1939).

Apophytisch an Strassenrändern und in gemähten Uferwiesen, in denen die Art schon vor der Mahd hat wachsen können (vgl. AHTI & HÄMET-AHTI 1971: 39).

Calamagrostis stricta (Timm) Koeler (*C. neglecta* auct.) — Karte 90.

St r (49). — Herb.: H (KH 1893; AB 1908; VP 1917); HFR (VK 1919); OULU (VS 1969—70).

Charakteristische Standorte niedrige Uferwiesen (vgl. SÖYRINKI 1956: 14) in der Nähe der Wasserlinie mit z.B. *Juncus filiformis, Deschampsia cespitosa, Carex nigra* ssp. *juncella, C. acuta, Caltha palustris, Ranunculus repens, Potentilla palustris, Lysimachia thyrsiflora* und *Galium palustre.* Ziemlich selten an den Dyufern im westlichen Teil, deutlich reichlicher an den Sandufern im Osten. Auch an braunmoorigen Ufern der Bäche und in dünntorfigen quelligen Mooren, zuvörderst in den *Paludella*-Braunmooren und Weissmoor- und Braunmoorbrüchern (vgl. RUUHIJÄRVI 1960; SÖYRINKI *et al.* 1977). pH an Moorstandorten 4.6—7.3 (Mittel 5.9 von 9 Proben); die tiefsten Werte von Ufervermoorungen, die höchsten von quelligen Mooren. Nach PESOLA (1928: 159) indifferent.

An Strassenrändern apophytisch (vgl. AHTI & HÄMET-AHTI 1971: 39).

Calamagrostis lapponica (Wg) Hartman — Karte 91.

Fq (309). — (PESOLA 1928, 1934 b; VR 1937; MUUKKONEN *et al.* 1958; SUOMINEN 1963; AHTI & HÄMET-AHTI 1971.) — Herb.: H (KL 1930; MK 1936; YV 1958); HEL (MK 1936); OULU (TU 1951; VT 1955; VS 1968).

Eine variierende apomiktische Art (z.B. NYGREN 1946; AHTI & HÄMET-AHTI 1971: 39). Im Nationalpark herrscht eine stattliche, feuchtere Standorte bevorzugende Rasse, offenbar identisch mit var. *optima* Hartm. bei MÄKINEN (1967).

Gewöhnlich aber spärlich in den Heidewäldern vom *Empetrum-Myrtillus*-Typ, *Ledum-Uliginosum*-Typ, *Hylocomium-Myrtillus*-Typ und *Geranium-Myrtillus*-Typ, selten in den frischen Hainen vom *Geranium-Dryopteris*-Typ, wie in den Heidewäldern vom *Calluna-Cladina*-Typ (SÖYRINKI *et al.* 1977). Besonders an steilen Hängen, in frischen Heidewäldern oft im Umkreis von Ameisenhaufen. In den Wäldern oft steril (vgl. SÖYRINKI 1939: 17). Fertil und gewöhnlich reichlicher an Uferböschungen und an der Landstrasse.

Anspruchslos; nach PESOLA (1928: 159) indifferent.

Auf dem Fjelde Päänuorunen jenseits der Reichsgrenze noch oberhalb der Waldgrenze (SÖYRINKI 1956: 14).

Agrostis stolonifera L. — Karte 92.

R (29). — (VR 1937; NISKASAARI 1956; MUUKKONEN *et al.* 1958; SUOMINEN 1963.) — Herb.: H (AB 1908; US 1928); OULU (VS 1969—71); TURA (JM 1937).

Hauptsächlich an nassen Flussufern in der Nähe der Wasserlinie. Am Oulankajoki häufig an Sand- und Kiesufern und auf Ufersteinen abwärts vom Kiutaköngäs; höher hinauf auf Quadrat *224* am Ufer des Runsulampi und auf *147* in der Spalte eines Uferfelsens. Am Savinajoki in nassen, steinigen Uferböschungen. An Bachufern (*357, 398* und *421*). Auf *244* am Teichufer, auf *332* am Boden eines zeitweise austrocknenden Weihers. An keinem Standort reichlich. In den Quellen nicht, obwohl an diesartigen Standorten in Kuusamo nicht selten (vgl. WIDÉN 1971: 91) und auch in der Nähe im Moor Purkuputaansuo und auf dem Liikasenvaara in den Quellen.

Erträgt schlecht die Konkurrenz anderer Pflanzen; Standorte halboffene Ufer. Fordert nach WIDÉN (1971: 90) einen basischen oder nahezu neutralen Standboden; dies trifft auch im Nationalpark zu. Nach PESOLA (1928: 159) indifferent.

Agrostis stolonifera × *tenuis* (*A.* × *murbeckii* Fouillade) — Karte 93.

R (28). — Bestimmungen der Proben von 11 Quadraten unsicher. — (SAARI 1977.) — Herb.: OULU (VS 1970).

In der Nähe der Wasserlinie an Flussufern, höher oben als *A. stolonifera,* aber auf einer feuchteren Unterlage als *A. tenuis.* Auf Quadrat *137* am Ufer eines Quellbachs.

Beinahe gleich häufig wie *A. stolonifera,* aber seltener als *A. tenuis.* Reichlich auch zwischen Savilampi und Kiutaköngäs am Oulankajoki, wo *A. stolonifera* nur an einer einzigen Stelle festgestellt wurde. Offenbar ist *A. stolonifera* infolge der Hybridisation mit *A. tenuis* seltener geworden.

Agrostis gigantea Roth var. *repens* (Laest.) Widén — Karte 94.

Rr (8): *8':* Savinanniskakangas, Ufer des Savinajoki; *39'. 45'. 51'. 62'.* und *69'.* Ufer des Savinajoki zwischen Savinanköngäs und Rupakivi; *131'.* Ufer des Oulankajoki ca. 1 km aufwärts vom Taivalköngäs; *147'.* Taivalköngäs, Ufer des Oulankajoki. — (SAARI 1977.)

Die meisten Standorte am Savinajoki; vom Oulankajokital nur zwei Beobachtungen. Die Hybriden von *A. gigantea* mit *A. stolonifera* und *A. tenuis* dagegen wachsen an vielen Stellen am Oulankajoki; offenbar war *A. gigantea* früher häufiger, ist aber hybridisiert worden (vgl. WIDÉN 1971: 103). *A. tenuis* ist im Savinajokital spärlicher als am Oulankajoki, und wahrscheinlich *A. gigantea* dort besser vor der Hybridisation bewahrt.

An nassen wiesenartigen Uferböschungen wie *A. stolonifera,* aber auch auf etwas trockenerem Boden in höher gelegenen Uferwiesen. An allen Standorten spärlich.

Nach WIDÉN (1971: 102) schwach apophytisch (vgl. AHTI & HÄMET-AHTI 1971: 39).

Agrostis gigantea var. *repens* × *stolonifera* — Karte 95.

R (28). — Bestimmungen der Proben von 9 Quadraten unsicher. — (SAARI 1977). — Herb.: OULU (VS 1969—70).

Uferböschungen und Uferwiesen nahe an der Wasserlinie. Nahezu gleich häufig wie *A. stolonifera* und häufiger als *A. gigantea.* Auch an vielen Stellen, wo keine von den Stammarten (vgl. WIDÉN 1971: 124—125).

Agrostis gigantea var. *repens* × *tenuis* (*A.* × *bjoerkmanii* Widén) — Karte 96.

R (24). — Bestimmungen der Proben von 6 Quadraten unsicher. — (SAARI 1977). — Herb.: OULU (VS 1970).

Bedeutend häufiger als *A. gigantea* (vgl. WIDÉN 1971: 117; SAARI 1977). An für beide Stammarten gemeinsamen Standorten an Flussufern, am häufigsten in frischen gemähten Uferwiesen am Oulankajoki zwischen Savilampi und Kiutaköngäs, wo diese meistens zusammentreffen. Nach WIDÉN (1971) besonders in Weidengebüschen, seltener in Wiesensiedlungen. Auf Quadrat *80* und *421* am Seeufer, auf *419* im Braunmoorbruch am Ufer eines Teichs.

Agrostis tenuis Sibth. (*A. vulgaris* With.) — Karte 97.

P (134). — (VR 1937; BR 1955; KIISTALA & JAHKOLA 1958; MUUKKONEN *et al.* 1958; UOTILA 1960; SUOMINEN 1963; AHTI & HÄMET-AHTI 1971.) — Herb.: H (YV 1958); OULU (VS 1968—70).

Häufig in Flussuferwiesen, -Gebüschen und -Böschungen. Oft in dünntorfigen Braunmooren und fruchtbaren Bruchwäldern. In frischen Heidewäldern und Hainen auf Rentierpfaden. An der Landstrasse eines der häufigsten Gräser.

Anspruchslos. Nach PESOLA (1928: 159) indifferent.

Ursprüngliche Standorte möglicherweise die Ufer der Flüsse (vgl. LINKOLA 1921: 194; SÖYRINKI 1956: 54; AHTI & HÄMET-AHTI 1971: 40). Hat sich vielleicht in den Uferwiesen im Zusammenhang mit der Heuernte verbreitet, wie auch in den früher gemähten Braunmooren. Hat die Letztgenannten ebenso wie die Bruchmoor- und Hainstandorte auch durch Rentiere erreichen können.

Agrostis canina L. — Karte 94.

Rr (3): *54'.* S vom Moor Saviaapa, vor der Heuscheune, pcc; *228* Ampumavaara, Landstrassengraben (T. Ulvinen mündl.) *366'.* Jäkälävaara, Strassengraben, pc. — (MUUKKONEN *et al.* 1958: Felsen am Kiutaköngäs; jedoch ohne Herbarienprobe unsicher.)

Ankömmling (vgl. SÖYRINKI 1956: 14, 52; AHTI & HÄMET-AHTI 1971: 40).

Agrostis borealis Hartman — Karte 98.

St fq (193). — (PESOLA 1928; VR 1937; HÄLLSTRÖM 1949; SUOMINEN 1963; AHTI & HÄMET-AHTI 1971.) — Herb.: H (VP 1917); OULU (VS 1968—70).

Häufig an Ufern der Flüsse, Teiche und Bäche, in Uferwiesen und auf Uferfelsen, an der Landstrasse und auf von Rentieren getretenen Pfaden. Gleich an der Wasserlinie an Geröll- und Felsenufer oder charakteristisch höher oben in der Uferwiese mit gewöhnlichen Uferpflanzen (s. z.B. *Deschampsia cespitosa, Trollius europaeus, Veronica longifolia* und *Galium palustre*).

Die meisten Standorte wohl ursprünglich (vgl. SÖYRINKI 1956: 14). Durch die Kultur modifiziert sind die Uferwiesen, Strassenränder und Pfade. Oft ausserdem in den Mooren als Überbleibsel aus der Zeit der Mähwirtschaft. In Kuusamo meist hemerochor (AHTI & HÄMET-AHTI 1971: 40). Vermehrung durch Samenkeimlinge (vgl. SÖYRINKI 1939: 14—16).

Alopecurus pratensis L. — Karte 99.

Rr (4): *125'.* vor einer ehemaligen Holzfällerhütte, pcc; *331* Ampumavaara, Landstrassenrand, pcc; *366* Jäkälävaara,

Landstrassenrand, pcc mit Saatsamen gekommen; *374*: am Putaanoja vor einer Scheune, pcc.

Vorher nicht vom Nationalpark gemeldet. Kulturankömmling. (vgl. AHTI & HÄMET-AHTI 1971: 40; SÖYRINKI 1956: 12, 62).

Alopecurus arundinaceus Poir. (*A. ventricosus* Pers.) — Karte 80.

Rr (1). — Herb.: H (KL 1930: Holzfällerhütte am Kiutaköngäs = Quadrat *347*). — Später nicht mehr beobachtet.

Für die Dörfer in Kuusamo und jenseits der Reichsgrenze charakteristisch (vgl. SÖYRINKI 1956: 13, 58—59; AHTI & HÄMET-AHTI 1971: 40—41.

Alopecurus geniculatus L. — Karte 80.

Rr (1): *347* Hof der Biologischen Forschungsanstalt, eine kleine Siedlung (noch im J. 1976). — (AHTI & HÄMET-AHTI 1971.)

Ankömmling (vgl. SÖYRINKI 1956: 13, 62).

Alopecurus aequalis Sobol. (*A. fulvus* Sm.) — Karte 100.

R (20). — Herb.: OULU (VS 1968, 1970).

Nicht früher vom Nationalpark gemeldet.

In während des Sommers teilweise oder völlig austrocknenden Waldteichen, wo z.B. *Sparganium hyperboreum*, *Carex nigra* ssp. *juncella*, *Caltha palustris*, *Ranunculus reptans* und *Veronica scutellata* gewöhnlichste Begleiter. Nur auf Quadrat *69* und *350* im Fluss. Offenbar verhältnismässig anspruchsvoll. Nach LINKOLA (1933 a: 6) meso-oligotroph.

Im Oulankajoki-Pjaozero-Gebiet noch über der Waldgrenze bei 460 m (SÖYRINKI 1956: 14).

Phleum pratense L. — Karte 101.

Rr (8): *39* beim Savinanköngäs am Rande eines Grabens; *287, 288, 309, 331, 347, 359* und *405* an der Landstrasse. — (MUUKKONEN *et al.* 1958; AHTI & HÄMET-AHTI 1971.)

Ankömmling. Wichtigste Kulturpflanze in Kuusamo. Anbau seit 1870 bekannt (vgl. WAINIO 1878; AHTI & HÄMET-AHTI 1971: 42), aber noch in den 1920er Jahren unbekannt in entlegenen Dörfern (vgl. PARVELA 1923: 28).

Phleum alpinum L. (*P. commutatum* Gaud.) — Karte 102.

P (136). — (VR 1937; PESOLA 1955 b; KIISTALA & JAHKOLA 1958; UOTILA 1960; SUOMINEN 1963.) — Herb.: OULU (RLH 1953; VS 1970).

Häufig an nassen Ufern der Flüsse, Teiche und Bäche, in Uferhainen und besonders in frischen Uferwiesen, wo als Begleiter *Equisetum pratense, Deschampsia cespitosa, Agrostis tenuis, Anthoxanthum odoratum, Cerastium fontanum* ssp. *scandicum, Trollius europaeus, Filipendula ulmaria, Veronica longifolia, Galium uliginosum* und *Cirsium helenioides*. Gewöhnlich an der Landstrasse und auf von Rentieren getretenen Pfaden. In den Mooren meistens um Scheunen und auf dem Boden früherer Heuschober. Auch an den Stellen alter Holzfällerhütten (z.B. Quadrat *125*).

Es scheint schwer zu entscheiden, ob ursprünglich oder nicht. KOTILAINEN (1949 a: 103—104, 1951: 93) hat sie südlich von den Fjelden Lapplands nie sicher ursprünglich angetroffen. Auch im Nationalpark häufig an hemeroben Standorten; andererseits an manchen von Menschen unberührten Stellen. Es dünkt deshalb wahrscheinlicher, dass die Art von diesen ursprünglichen Stätten her die kulturbeeinflussten Standorte erreicht hat, als dass sie als Kulturankömmling ihre heutigen Posten in der ursprünglichen Natur erobert hätte (vgl. SÖYRINKI 1956: 54; AHTI & HÄMET-AHTI 1971: 42). Die Bedeutung des Gebietes als Refugium der Fjeldpflanzen macht dies umso wahrscheinlicher. — Über die Vermehrungsökologie vgl. SÖYRINKI (1939: 10—12).

Phalaris arundinacea L. — Karte 103.

St fq (187). — (PESOLA 1934 a, 1955 b; VR 1937; HÄLLSTRÖM 1949; MUUKKONEN *et al.* 1958; SALMINEN 1960; UOTILA 1960; SUOMINEN 1963.) — Herb.: H (AB 1908); HSI (JM 1898); TURA (JM 1898).

Häufig an Ufern der Flüsse, Bäche und Teiche, an der Wasserlinie und oft im Wasser. Die Siedlungen erstrecken sich oft bis auf Ufergebüsche und sogar Uferhaine (vgl. SÖYRINKI 1956: 13). Gewöhnlichste Begleiter *Calamagrostis phragmitoides, Carex nigra* ssp. *juncella, Caltha palustris, Thalictrum flavum, Ranunculus repens, Filipendula ulmaria, Lysimachia thyrsiflora, Veronica longifolia* und *Galium palustre*. Auch in Braunmoor- und Hainbrüchern (vgl. RUUHIJÄRVI 1960), gewöhnlich im Bereich des bewegten Bodenwassers an Rändern der Braunmoore oder in nassen Senken der Bruchwälder in den eutrophen Gebieten von Taivalköngäs-Kiekeröoja, Puukkorinne und Polvilammit. An den Ufern fortlaufend durch den ganzen Nationalpark. Nach PESOLA (1928: 158) schwach kalkliebend.

Hierochloë hirta (Schrank) Borbás ssp. *arctica* (Presl) G. Weim. (*H. odorata* (L.) Wg p.p.) — Karte 104.

St r (68). — (PESOLA 1928; VR 1937; HÄLLSTRÖM 1949; KIISTALA & JAHKOLA 1958; SUOMINEN 1963.) — Herb. H (IK 1949); OULU (VS 1976).

Ausgeprägte Uferpflanze. In Uferwiesen und -Böschungen, Ufergebüschen und -Hainen. Oft an vermoorten Uferrändern und gelegentlich in dünntorfigen Braunmooren nicht weit von den Wasserläufen. Der Hauptteil der Fundorte am Oulankajoki. Fehlt am oberen Lauf des Savinajoki und Aventojoki, aber Vorkommen am See Hipajärvi (Quadrate *319–323*). In der Regel spärlich.

Verhältnismässig anspruchsvoll. Nach PESOLA (1928: 158) schwach kalkliebend (vgl. WEIMARCK 1971: 152).

In den Uferwiesen auch apophytisch.

Anthoxanthum odoratum L. — Karte 105.

P (136). — (BACKMAN 1908; PESOLA 1928: VR 1937; BI 1955; KIISTALA & JAHKOLA 1958; MUUKKONEN *et al.* 1958

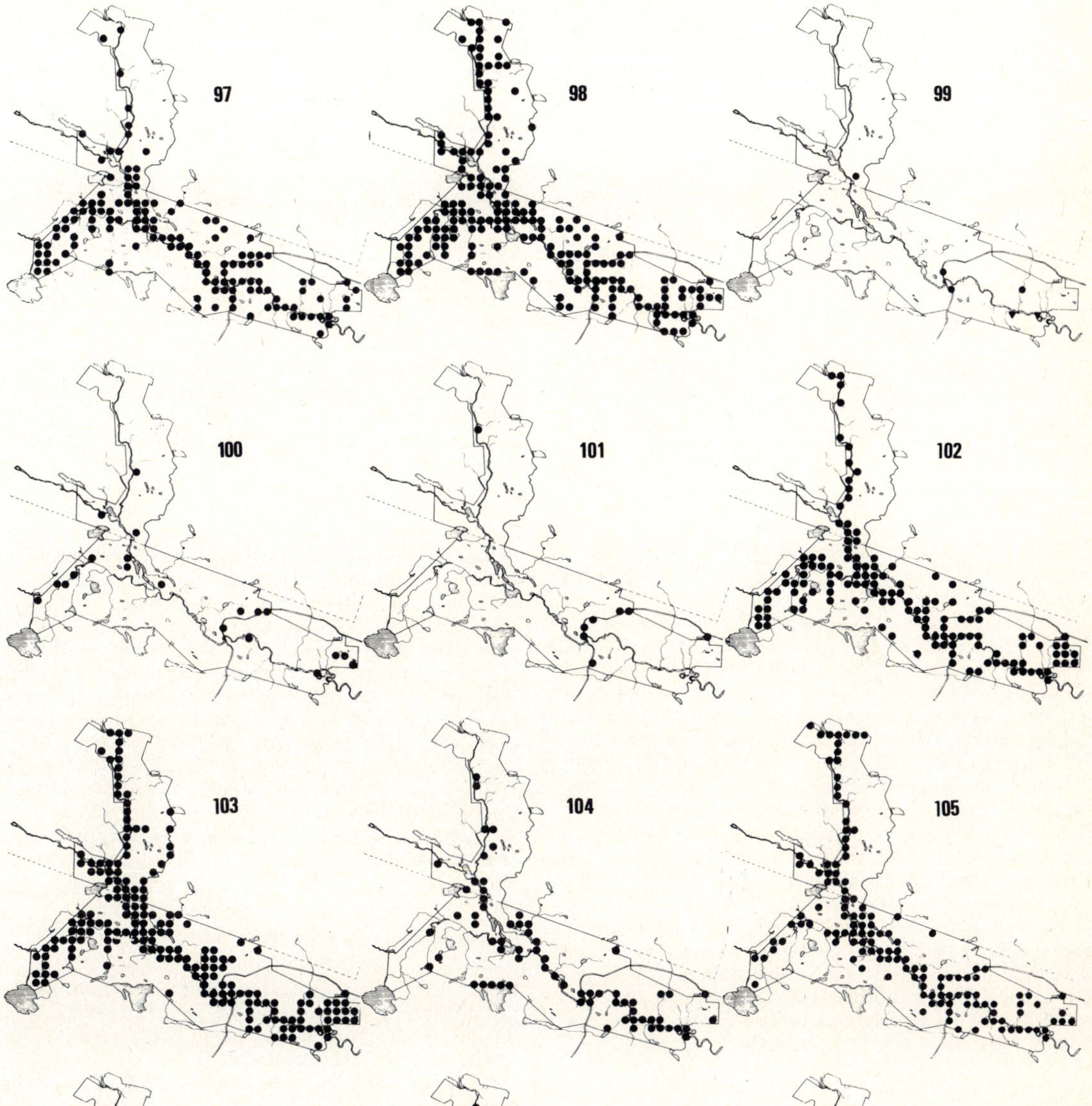

Karten 97—108. — 97: *Agrostis tenuis* Sibth. — 98: *A. borealis* Hartman — 99: • *Alopecurus pratensis* L., ▼ *Agropyron caninum* × *fibrosum* — 100: *Alopecurus aequalis* Sobol. — 101: *Phleum pratense* (L.) — 102: *P. alpinum* L. — 103: *Phalaris arundinacea* L. — 104: *Hierochloë hirta* (Schrank) Borbás ssp. *arctica* (Presl) G. Weim. — 105: *Anthoxanthum odoratum* L. — 106: *Milium effusum* L. — 107: *Agropyron caninum* (L.) PB. — 108: • *A. fibrosum* (Schrenk) Nevski, ▼ *A. boreale* × *caninum*.

UOTILA 1960; SUOMINEN 1963; ULVINEN *et al.* 1966; AHTI & HÄMET-AHTI 1971.) — Herb.: OULU (VS 1971).

Ein kurzwüchsiger Typus, offenbar ssp. *alpinum* (Á. & D. Löve) Jones & Meld. (vgl. AHTI & HÄMET-AHTI 1971: 42).

Ufer der Flüsse, Bäche und Seen, besonders von *Trollius europaeus* dominierte Strandwiesen, wo u.a. *Deschampsia cespitosa, Agrostis tenuis, Agropyron caninum, Ranunculus acris, Rubus saxatilis* und *Astragalus alpinus* ssp. *arcticus* als typische Arten. Seltener in Uferhainen und Waldlichtungen oder an Pfaden und Strassenrändern. Folgt in der Hauptsache dem Lauf des Oulankajoki und seiner Nebenflüsse sowie der Landstrasse. Ausgedehnte Wald- und Moorgebiete bleiben ausserhalb des Areals.

Standorte in der Regel ziemlich nahrungsreich. Nach PESOLA (1928: 158) schwach kalkliebend.

Wahrscheinlich ursprünglich an Ufern, obwohl durch die Tätigkeit des Menschen bedeutend verbreitet (vgl. AHTI & HÄMET-AHTI 1971: 42; SÖYRINKI 1956: 13, 58). — Vermehrung aus Samen (vgl. SÖYRINKI 1939: 5—8).

Milium effusum L. — Karte 106.

P (104). — (HÄLLSTRÖM 1915; VR 1937; LAINE *et al.* 1949; VASARI 1958; SUOMINEN 1963; KANGAS 1969; SAARI 1973.) — Herb.: TUR (LS 1949).

Vor allem feuchte Hainwälder. Am häufigsten im *Geranium-Filipendula*-Typ, wo konstant (vgl. SÖYRINKI *et al.* 1977) und unter den Gramineen nur von *Agropyron caninum, Melica nutans* und *Calamagrostis phragmitoides* in der Deckung übertroffen. Weniger häufig in Farnhainen und frischen Hainen vom *Geranium-Dryopteris*-Typ. In Hain- und Braunmoorbrüchern, oft an Quellen und Quellbächen und in quellenbeeinflussten Braunmoorsiedlungen. An den Ufern oft in hainwaldartigen Rändern der Überschwemmungswiesen (vgl. SÖYRINKI 1956: 13).

Anspruchsvoll. Ausserhalb des Ufergeländes des Oulankajoki und Savinajoki konzentriert sich die Art in den kalkreichsten Gegenden bei Polvilammit und Soidinsuo-Puukkorinne. Die Moorgebiete ausgenommen zerstreut auch anderswo im Nationalpark, sogar im Bereich der sauren Gesteinsarten am Kiutavaara. In der Tat mehr abhängig vom frischen, nahrungsreichen Waldhumus als vom Kalkgehalt des Untergrunds (vgl. KUJALA 1964: 38); nach PESOLA (1928: 157) kalkliebend.

Bromus hordeaceus L. — Karte 61.

Rr (2): *347.* und *366.* etwa 200 bzw. 300 m S von der Oulankajoki-Brücke in der im Sommer 1972 mit einer Samenmischung besäten Landstrassenböschung im J. 1973.

Ankömmling. Vorher nicht vom Nationalpark gemeldet.

Elytrigia repens (L.) Nevski (*Agropyron r.* (L.) PB., *Elymus r.* (L.) Gould) — Karte 80.

Rr (1): *347.* Hof der Biologischen Forschungsanstalt im J. 1971.

Ankömmling. — Recht häufiges Unkraut in den Dörfern am unteren Lauf des Oulankajoki und in Kuusamo (vgl. SÖYRINKI 1941; 1956: 16; HERLIN 1944; AHTI & HÄMET-AHTI 1971: 43).

Agropyron caninum (L.) PB. (*Roegneria canina* (L.) Nevski, *Elymus caninus* (L.) L.) — Karte 107.

St fq (195) — (HÄLLSTRÖM 1915; FORTELIUS 1925; VR 1937; BR 1955; MUUKKONEN et al. 1958; VASARI 1958; SALMINEN 1960; UOTILA 1960; SUOMINEN 1963; KANGAS 1969; SAARI 1973.) — Herb.: H (EH 1914; OF 1922; GI 1937; JT 1957; MS 1960); HFR (VK 1919); OULU (EH 1914; RLH 1952; VS 1969—71); TUR (OK 1949).

Eine von den charakteristischen Arten der feuchten und frischen Hainwälder. Wichtigste Grasart im *Geranium-Filipendula*-Typ, wo nur die Nennarten *Filipendula ulmaria* und *Geranium sylvaticum* sowie *Rubus saxatilis* eine grössere Deckung besitzen (vgl. SÖYRINKI *et al.* 1977). In den Farnhainen häufig, obwohl weniger reichlich, da *Matteuccia struthiopteris* oder *Diplazium sibiricum* nur sehr wenig Raum übrig lassen. In den frischen Hainen vom *Geranium-Dryopteris*-Typ konstant, unter den Gräsern nur bei *Melica nutans* ein höheres Deckungsprozent. Gewöhnlich in unmittelbarer Nähe der Flüsse oder Bäche oder an südlichen Abhängen der Berge; auch in Hainsiedlungen am Fusse der Berge und an Felshängen mit dünner Humusschicht. Häufig auch in ziemlich trockenen Strandwiesen und -Gebüschen (vgl. SÖYRINKI 1956: 14).

Anspruchsvoll. Verdichtungen in den eutrophen Gebieten von Puukkorinne-Ampumavaara und Polvilammit und folgt den Flusstälern durch den Nationalpark. pH an Hainstandorten 6.3 und 6.6, an Ufern 5.3 und 6.1 (vgl. PANKAKOSKI 1939: 70). Nach PESOLA (1928: 158) schwach kalkliebend; fordert nach KUJALA (1964: 58) fruchtbaren Nährboden.

Auch in gemähten Uferwiesen offenbar schon vor der Mahd gewachsen.

Agropyron caninum × *fibrosum* — Karte 99.

Rr (2): *426.* Überschwemmungswiese am Oulankajoki an der Mündung des Ansavuoma, pc: *429.* Wiese an der Mündung des Lippihetteenpuro, pcc. — (SAARI 1973, 1977.) — Herb.: H (EH 1914).

An beiden Fundorten in einer sandigen Uferwiese mit den Stammarten.

Agropyron fibrosum (Schrenk) Nevski (*Roegneria fibrosa* (Schrenk) Nevski, *Elymus fibrosus* (Schrenk) Tzvelev) — Karte 108.

Rr (8): *331, 347, 411* und *426-430.* — (SONCK 1937 a; LAINE *et al.* 1949.) — Herb.: H (GÅ 1934; KT 1949); OULU (VS 1969, 1971); TUR (HS 1949); TURA (JM 1947).

Eine östliche Art mit westlichsten Vorposten im östlichen Fennoskandien. In Finnland die meisten Vorkommen im Einzugsgebiet des Kemijoki. In Kuusamo nur am Oulankajoki abwärts vom Kiutakongäs.

An sandigen Uferböschungen mit lückenhafter Vegetation, oft zusammen mit östlichen Arten *Silene tatarica* und

Dianthus superbus. Gewöhnlichste Begleiter ferner *Festuca ovina, Astragalus alpinus* ssp. *arcticus, Oxytropis campestris* ssp. *sordida, Arctostaphylos uva-ursi, Thymus serpyllum* ssp. *tanaënsis, Erigeron decoloratus* und *Achillea millefolium.* Auch in trockenen, sandigen Uferwiesen, wo u.a. *Agropyron caninum, Carex ericetorum, Trollius europaeus, Ranunculus acris, Stellaria graminea, Rubus saxatilis, Veronica longifolia* und *Galium boreale* häufig. Auf Quadrat *331* am Rand der Landstrasse, auf *347* im Hof der Biologischen Forschungsanstalt. Bevorzugt deutlich trockenere und lichtere Standorte als *A. caninum,* obwohl sie oft miteinander vorkommen.

Benötigt offenen, konkurrenzfreien Wuchsraum, aber offenbar anspruchslos hinsichtlich des Nahrungsgehalts.

Ursprünglich in den Uferböschungen des Flusses, apophytisch in den gemähten Uferwiesen und auf *331* und *347.*

Agropyron boreale (Turcz.) Drobov (*A. latiglume* (Scribn. & Sm.) Rydb., *Roegneria borealis* (Turcz.) Nevski, *Elymus kronokensis* (Komarov) Tzvelev ssp. *subalpinus* (Neuman) Tzvelev) — Karte 109.

St r (45). — (Pesola 1934 b; Sonck 1937 a; Vr 1937; Suominen 1963; Saari 1973.) — Herb.: etwa 20 Proben in H, HEL, OULU, TUR und TURA, die erste VP 1917 (H).

Reliktpflanze des Spätglazials. Hauptsächliche Verbreitung in Fennoskandien auf den Fjelden über der Waldgrenze.

Trockene Uferfelsen besonders im westlichen Teil zwischen Niemikangas am Savinajoki und der Mündung des Aventojoki, und sandige Uferböschungen im östlichen Teil vom Aventolampi abwärts. An Felsenstandorten anspruchsvolle Begleiter: *Cerastium alpinum, Draba cinerea, Potentilla nivea* ssp. *chamissonis, Saxifraga nivalis, Viola rupestris* ssp. *rupestris* und *Thymus serpyllum* ssp. *tanaënsis,* anspruchslose *Festuca ovina, Campanula rotundifolia* und *Antennaria dioica.* In halboffenen Uferböschungen u.a. *Dianthus superbus, Astragalus alpinus* ssp. *arcticus, Oxytropis campestris* ssp. *sordida, Arctostaphylos uva-ursi* und *Erigeron decoloratus.*

Allgemein als kalkliebend angesehen (vgl. Pesola 1928: 157; Hylander 1953: 380; Jalas 1958: 545). Aus der Häufigkeit an den Ufern im östlichen Teil zu schliessen mehr von einem konkurrenzfreien, lichten Standort abhängig als vom hohen Kalkgehalt. In der Regel auf feinkörnigerer Unterlage als *A. fibrosum.*

Keine Neigung zu apophytischem Vorkommen.

Agropyron boreale × *caninum* — Karte 108.

Rr (4): *89*: Ufer des Savinajoki ca. 1 km aufwärts vom Savilampi, pcc; *175*: Aventojoki, Ruvanniemi, pcc; *348*: Kiutaköngäs; *351*: Ufer des Oulankajoki ca. 1 km abwärts vom Kiutaköngäs, pcc. — (Saari 1973, 1977.) — Herb.: OULU (EKn 1976); TUR (KP 1949, Uferböschung des Aventojoki am Hirvivaara).

Auf Quadrat *175* an einem trockenen, südexponierten Felshang, auf *89* auf Moräne und *351* auf Sand in der Flussuferböschung. Die Stammarten an allen Fundorten.

Hordeum jubatum L. — Karte 80.

Rr (1): *347*: etwa 200 m S von der Oulankajoki-Brücke in der 1972 mit einer Samenmischung besäten Landstrassenböschung im Sommer 1974, pc.

Ankömmling. — Vorher nicht im Nationalpark angetroffen.

Cyperaceae

Eriophorum vaginatum L. — Karte 110.

Fq (320). — (Vr 1937; Pesola 1955 b.) — Herb.: H (VP 1917); HSI (VP 1917).

Arme Moore. Alle Reisermoortypen, dominiert in der Feldschicht der *Eriophorum vaginatum*-Reisermoore. In offenen Moortypen reichlich nur in den *Sphagnum papillosum*-Weissmooren. In Bruchmooren häufig in den *Vaccinium myrtillus*-, *Rubus chamaemorus*- und Weissmoorbrüchern, weniger häufig in fruchtbareren Typen, allerdings spärlich noch in Braunmoorbrüchern; überhaupt in den allermeisten Moortypen (vgl. Söyrinki *et al.* 1977). Fehlt nur in den unvermoorten Gebieten im Bereiche der Flusstäler und der zu diesen abfallenden Waldhänge. Am reichlichsten im nördlichen Teil jenseits der Grenze des Kirchspiels Salla.

Pflanze des sauren Bodens. Nach Pesola (1928: 160) kalkmeidend (vgl. Kotilainen 1927: 52, 1933: 19; Brenner 1931: 159; Pankakoski 1939: 47).

Keine Verbreitung auf vom Menschen berührten Standorte (vgl. *E. scheuchzeri*), trotz reichlicher Vermehrung durch Samen (vgl. Söyrinki 1939: 51—52).

Eriophorum brachyantherum Trautv. & Mey. (*E. opacum* (Björnstr.) Fernald) — Karte 111.

R (25). — (Vr 1937; Hällström 1949; Kangas 1969; Saari 1973.) — Herb.: H (HL 1936); OULU (VS 1968, 1970).

Charakteristische Standorte die Streifen von Braunmoorbrüchern an Berghängen, wo u.a. *Carex norvegica* ssp. *inferalpina, C. vaginata, Parnassia palustris, Filipendula ulmaria, Geum rivale, Bartsia alpina, Saussurea alpina* und *Crepis paludosa* gewöhnlichste Begleiter. Manchmal in dünntorfigen und quelligen *Campylium stellatum*-Braunmooren im Bereich der Hangmoore, oder an quellenbeeinflussten Randpartien der Braunmoore und Braunmoor-Reisermoore mit z.B. *Deschampsia cespitosa, Carex capillaris, Polygonum viviparum* und *Epilobium davuricum* (vgl. Kotilainen 1951: 96).

Nur im Bereich der Karbonatgesteine (vgl. Söyrinki 1956: 8), die meisten Vorkommen am Ampumavaara.

Auf Quadrat *308* als Apophyt im Landstrassengraben.

Eriophorum russeolum Fries — Karte 111.

Rr (3): *24*: Saviaavanlampi 1,5 km NW im *Scorpidium*-Rimpibraunmoor, pc; *55*: und *60*: Kiekeröjärvi etwa 500 m W im Rimpiweissmoor, st pc.

Vorher nicht vom Nationalpark gemeldet.

Eine Art der Rimpiflächen (vgl. Ruuhijärvi 1960). Bezüglich der Reaktion des Standbodens anspruchslos. Nach Pesola (1928: 159) indifferent.

Scirpus cespitosus L. (*Trichophorum cespitosum* (L.) Hartman ssp. *austriacum* (Palla) Hegi) — Karte 117.

Fq (259). — (PESOLA 1918 c, 1955 b; VR 1937.) — Herb.: OULU (EPi 1937).

An ähnlichen Standorten wie *S. hudsonianus* und zwar meistens zusammen mit dieser, bevorzugt aber etwas trockenere Moorflächen und erreicht gewöhnlich eine beträchtlich grössere Deckung als diese. Besonders reichlich auf Strängen der Rimpibraunmoore. Auch in ärmeren Mooren als *S. hudsonianus* und noch in *Sphagnum papillosum*-Weissmooren, oligotrophen Rimpiweissmooren und sogar in *Sphagnum fuscum*-Reisermooren (vgl. SÖYRINKI et al. 1977).

Also eine recht weite Standortsamplitude (vgl. KOTILAINEN 1927: 52; BRENNER 1931: 166; PANKAKOSKI 1939: 46). Nach PESOLA (1928: 158) schwach kalkliebend. Das Areal zeigt grosse Ähnlichkeit mit *S. hudsonianus*.

Eleocharis palustris (L.) Roem. & Schult. ssp. *palustris* — Karte 118.

Rr (1): *306*. Westufer des Talvilampi.

Nicht früher vom Nationalpark bekannt.

Eine undichte Siedlung in seichtem Uferwasser auf steinigem Sandboden. An derselben Stelle lichte Siedlungen von *Carex acuta* und *C. lasiocarpa*. — Östlich der Reichsgrenze am Pjaozero, aber nicht am Oulankajoki (SÖYRINKI 1956: 8).

Eleocharis acicularis (L.) Roem. & Schult. — Karte 118.

R (10): *131*. *177, 197*. *198, 221-223, 305, 364*. *365*.

Nicht früher vom Nationalpark bekannt.

In seichtem Wasser ruhig fliessender Flussabschnitte und -Buchten auf steinigem Sand- oder Schlammboden (vgl. LUTHER 1951: 175—176). Gewöhnlichste Begleiter *Ranunculus reptans, Caltha palustris, Subularia aquatica* und *Callitriche palustris*. Alle Fundorte am Oulankajoki zwischen Savilampi und Kiutaköngäs, wo auch die Areale der anspruchsvollsten Wasserpflanzen des Flusses sind. Die reichsten Siedlungen im Aventolampi. Offenbar wird aber das Vorkommen anderswo im Nationalpark mehr durch den Mangel an geeigneten Uferpartien als durch den schwachen Nahrungsgehalt des Wassers oder des Bodens verhindert.

Nach PESOLA (1928: 158) schwach kalkliebend, nach LINKOLA (1933: 6) meso-oligotroph. — Am unteren Lauf des Oulankajoki beim Vartiolampi sowie am Pjaozero (SÖYRINKI 1956: 8).

Eleocharis quinqueflora (F.X. Hartm.) O. Schwarz (*E. pauciflora* (Ligtf.) Link) — Karte 119.

R (23). — (VR 1937: SAARI 1973.) — Herb.: OULU (VS 1970).

In oft sonst nahezu vegetationslosen *Scorpidium*-Rimpiflächen an Teichufern oder in sehr dünntorfigen Moorsiedlungen. Auf Quadrat *399* im *Drepanocladus revolvens*-Rimpibraunmoor, auf *255* im *Campylium stellatum*-Braunmoor. Die häufigsten von den wenigen Begleitern *Triglochin palustre, Juncus alpinus* ssp. *nodulosus, J. stygius, Scirpus hudsonianus* und *Drosera anglica*. Bei Stromschnellen an Flussufern, wo die Art in Nord-Finnland am meisten wächst, vergebens gesucht.

Ein Elektrophyt; die meisten Vorkommen in den am stärksten kalkbeeinflussten Mooren im Rytisuo und in der Umgegend der Polvilammit. pH des Moorwassers im Wurzelbereich 6.2—7.1 (Mittel 6.7 von 6 Messungen). Nach PESOLA (1928: 157) schwach kalkliebend, allerdings mit Fragezeichen.

Schoenus ferrugineus L. — Karte 120.

Rr (9): *230, 231, 255-259* und *282* Soidinsuo und die daran anschliessenden Braunmoore in der Umgegend des Rytilampi; *309*, Ampumavaara, Braunmoor ca. 1 km NNE von der Biologischen Forschungsanstalt. — (HÄLLSTRÖM 1949; SAARI 1973.) — Herb.: H (VLa & US 1934; CS 1934; MK 1937); HEL (BM 1934).

Verbreitungszentrum der Art in Finnland in Kuusamo.

Bildet ausgedehnte Rasen in *Campylium stellatum*-Braunmooren. An den nassesten Standorten zwischen den einzelnen *Schoenus ferrugineus*-Horsten *Scorpidium*-Rimpis. Horste so dicht, dass andere Arten oft nur in Rimpiflächen Platz finden. Begleitflora spärlich, meistens *Selaginella selaginoides, Molinia caerulea, Phragmites australis, Scirpus hudsonianus, S. cespitosus* und *Carex flava*.

Anspruchsvoll. Die Gegend vom Soidinsuo hat die eutrophsten Moore des Nationalparks. Das Arealbild in den Hauptzügen wie bei *Carex jemtlandica*. pH 6.8, 6.9, 7.0 und 7.1. Nach KOTILAINEN (1927: 52) sehr schwach azidophil (beinahe neutrophil).

Rhynchospora alba (L.) Vahl — Karte 120.

Rr (1): *91* mesotrophes moosloses Rimpiweissmoor südlich von den Onkilammit (J. Suvanto). — Herb.: OULU (JSo 1971).

Wächst hier in unmittelbarer Nähe der Nordgrenze ihres Areals (vgl. HULTÉN 1971. Karte 312).

Carex capitata Sol. — Karte 121.

P (92). — (BACKMAN 1902; HÄLLSTRÖM 1915, 1949; PESOLA 1918 c, 1955 b; VR 1937; KOTILAINEN 1951; SAARI 1973.) — Herb.: H (AB 1902; TA 1955); HEL (BM 1934); OULU (VT 1952).

Sphagnum warnstorfii- und *Campylium stellatum*-Braunmoore, dünntorfige Braunmoor-Reisermoore und Sickerflächen an Moorrändern und Bachufern. Begleiter hauptsächlich anspruchsvoll: *Carex flava, C. capillaris, Salix myrsinites, Polygonum viviparum, Parnassia palustris, Geum rivale, Pinguicula alpina, Bartsia alpina, Saussurea alpina* und *Crepis paludosa*. Konzentriert sich auf die eutrophsten Moorgebiete östlich vom Kiekeröoja, Soidinsuo-Puukkorinne und Polvilammit. Wächst nach KOTILAINEN (1951: 101) nur unter Kalkeinfluss, nach PESOLA (1928: 158) kalkliebend.

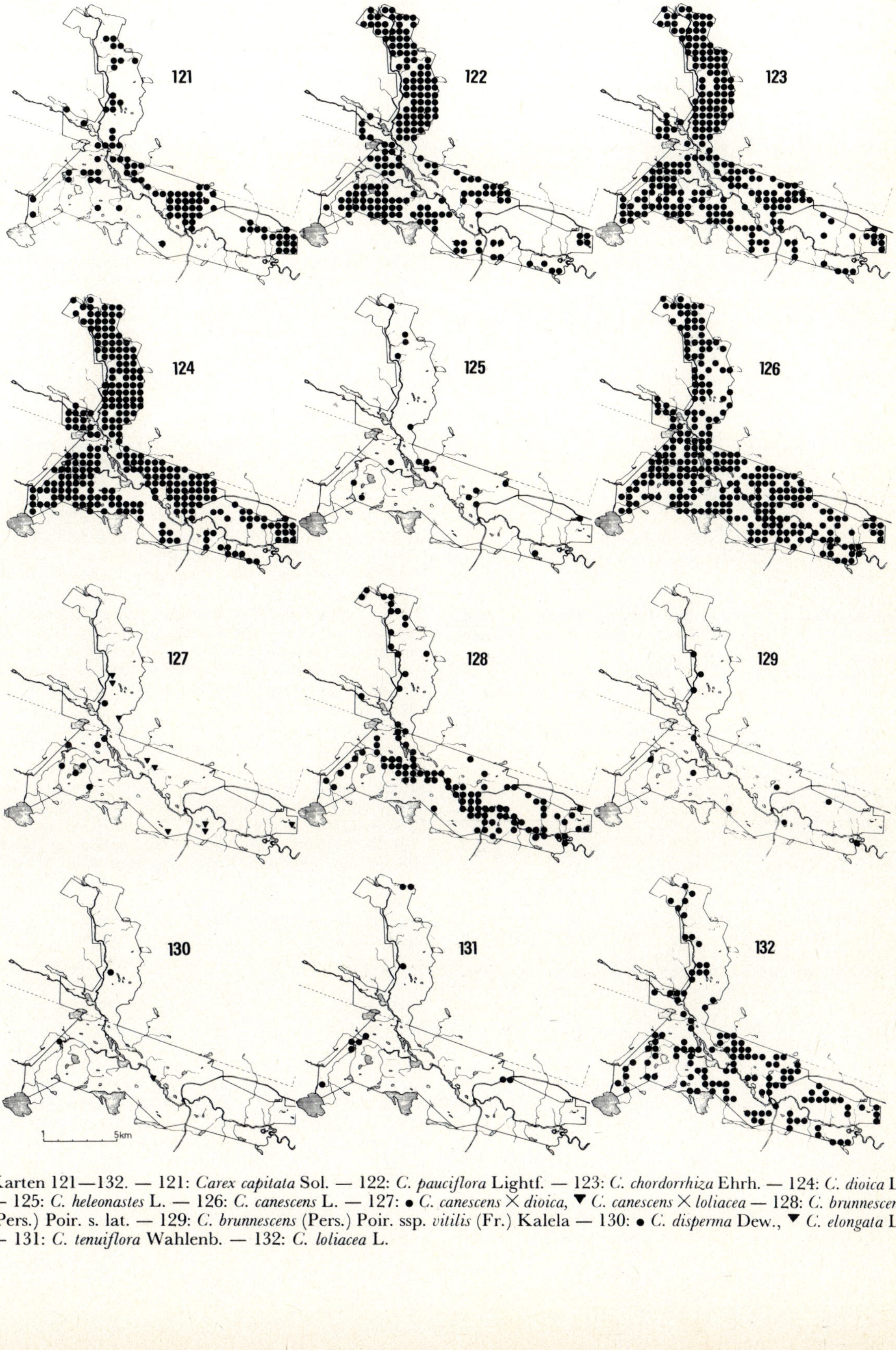

Karten 121—132. — 121: *Carex capitata* Sol. — 122: *C. pauciflora* Lightf. — 123: *C. chordorrhiza* Ehrh. — 124: *C. dioica* L. — 125: *C. heleonastes* L. — 126: *C. canescens* L. — 127: ● *C. canescens* × *dioica*, ▼ *C. canescens* × *loliacea* — 128: *C. brunnescens* (Pers.) Poir. s. lat. — 129: *C. brunnescens* (Pers.) Poir. ssp. *vitilis* (Fr.) Kalela — 130: ● *C. disperma* Dew., ▼ *C. elongata* L. — 131: *C. tenuiflora* Wahlenb. — 132: *C. loliacea* L.

Carex pauciflora Lightf. — Karte 122.

St fq (195). — (VR 1937; PESOLA 1955 b.)

Die typischen Standorte der Art, *Sphagnum papillosum*-Weissmoore und kurzhalmige Weissmoore (vgl. RUUHIJÄRVI 1960), sind im Nationalpark selten, und sie wächst am häufigsten in Wollgrasreisermooren und *Sphagnum fuscum*-Reisermooren, ferner in Weissmoor-Reisermooren (vgl. SÖYRINKI *et al.* 1977). Gewöhnlichste Begleiter anspruchslose Moorpflanzen: *Eriophorum vaginatum, Betula nana, Rubus chamaemorus, Andromeda polifolia, Vaccinium uliginosum, V. oxycoccos* und *Drosera rotundifolia.* Oft auch in *Sphagnum*-Rimpiweissmooren, seltener in Braunmoor-Weissmooren und sogar in *Sphagnum warnstorfii*-Braunmooren. Kann also auch in braunmoosreichen Moorflächen vorkommen (vgl. KOTILAINEN 1933: 25; LINKOLA 1921: 214; BRENNER 1931: 166; PANKAKOSKI 1939: 50—51), fehlt jedoch in den eutrophsten Moortypen. Nach PESOLA (1928: 160) kalkmeidend. pH 3.7, 4.4 und 4.6.

Nur in baumlosen oder licht bewaldeten Mooren, besonders in Salla, Gegend vom Vaalulampi und Isojärvi-Syvälampi.

Carex chordorrhiza Ehrh. — Karte 123.

Fq (248). — (VR 1937; PESOLA 1955 b.)

Zwischen- und Rimpiflächen der Moore. Typisch für Rimpiweissmoore und Rimpibraunmoore, besiedelt auch andere Weissmoore und Braunmoore, vor allem Grossseggenweissmoore, auch Braunmoor-Weissmoore (vgl. SÖYRINKI *et al.* 1977). Desgleichen in Weissmoor-Reisermooren, Braunmoor-Reisermooren und in Weissmoorbrüchern. Das Areal spiegelt die Verbreitung der Moorvegetation ab, mit dem Schwerpunkt im Norden im Gebiet von Salla.

Weite Standortsamplitude. Nach PESOLA (1928: 159) indifferent (vgl. KOTILAINEN 1927: 52; BRENNER 1931: 166; PANKAKOSKI 1939: 52).

Carex dioica L. — Karte 124.

Fq (282). — (BACKMAN 1902; PESOLA 1918 c, 1955 b; VR 1937; BR 1955; SAARI 1973.) — Herb.: OULU (VS 1968—70).

Auf Quadrat *309* im Landstrassengraben die monözische f. *isogyna* Fr.

Molinia-Braunmoor-Weissmoore, *Paludella*- und *Sphagnum warnstorfii*-Braunmoore und Braunmoor-Reisermoore. Spärlich in den übrigen Braunmooren, in Weissmoor-Reisermooren, Gras- und Krautbrüchern, Weissmoorbrüchern und Braunmoorbrüchern (vgl. SÖYRINKI *et al.* 1977). In Rimpibraunmooren selten.

Die Standortsamplitude also ziemlich weit, der Schwerpunkt aber deutlich auf Seite der Eutrophie (vgl. SÖYRINKI 1956: 9). Dieser Umstand und die Häufigkeit der meso-eutrophen Moore haben zur Folge, dass die Art zu den gewöhnlichsten Seggenarten des Gebiets gehört, die nur an den von Heidewald bedeckten Berghängen zwischen Taivalköngäs und Liikasenvaara Ausfallsgebiete hat. An keinem Standort aber besonders reichlich.

Nach PESOLA (1928: 157) kalkliebend, nach RUUHIJÄRVI (1960: 36) die untere Grenze der Mesotrophie zeigend. Nach KOTILAINEN (1927: 79) in Nord-Finnland oft sogar auf *Sphagnum fuscum*-Bülten, wurzelt aber tiefer im weniger sauren Torf (vgl. auch BRENNER 1931: 150—151; PANKAKOSKI 1939: 50).

Carex heleonastes L. — Karte 125.

R (18): *8, 31, 35.' 46, 121, 158.' 162, 163, 179.' 180.' 213, 234.' 256, 267, 282, 308, 359, 433.* — (VR 1937; PESOLA 1955 b.)

Nasse Braunmoore, Braunmoor-Weissmoore und manchmal Grossseggenweissmoore. Standorte oft Braunmoorsiedlungen der Teichufer (Quadrate *180, 234, 256* und *433*) bzw. der Bachränder (*35, 46, 213* und *282*). In der Begleitflora neben den Weissmoorarten eutrophe Moorpflanzen wie *Carex panicea, C. flava* und *Potentilla erecta.* An allen Fundstellen nur einzelne Individuen.

Standorte ziemlich nahrungsreich. Nach PESOLA (1928: 158) schwach kalkliebend (vgl. KOTILAINEN 1927: 52; PANKAKOSKI 1939: 131).

Carex canescens L. — Karte 126.

Fq (283). — (PESOLA 1934 a, 1934 b, 1955 b; VR 1937; BR 1955; UOTILA 1960.) — Herb.: H (EPi 1949); OULU (HS 1949; EPi 1951; VS 1968, 1970—71).

Am häufigsten an Ufern: in nassen und feuchten Uferwiesen, besonders *Carex acuta-C. canescens-Juncus filiformis*-Wiesen, *Equisetum fluviatile-Carex rostrata*-Wiesen und *Deschampsia cespitosa*-Wiesen, auch Überschwemmungsweissmoore. Gewöhnlich auch in manchen Bruchmoortypen, insbesondere in Gras- und Krautbrüchern und Weissmoorbrüchern (vgl. RUUHIJÄRVI 1960; SÖYRINKI 1956). In der übrigen Moorvegetation hauptsächlich in Grossseggenweissmooren und Weissmoor-Reisermooren. Recht häufig auf Rentierpfaden in feuchten Heidewäldern, Hainen und Mooren. Das Areal umfasst alle Moorgebiete des Nationalparks, im Gebiet von Salla ist es lückenhafter als z.B. bei *Scirpus hudsonianus, S. cespitosus* und *Carex pauciflora.*

Fordert keinen nahrungsreichen Standort im eigentlichen Sinn, aber einen mit bewegtem Wasser. Nach PESOLA (1928: 159) indifferent (vgl. PANKAKOSKI 1939: 53).

Auf Rentierpfaden und in gemähten Ufern apophytisch (vgl. AHTI & HÄMET-AHTI 1971: 44). Über die Vermehrungsökologie vgl. SÖYRINKI (1939: 72—73).

Carex canescens × *dioica* (*C.* × *microstachya* Ehrh.) — Karte 127.

Rr (8): *100.'* Isopalo; *137.'* 650 m NW vom Taivalköngäs, am zum Fluss führenden Pfad; *141.'* an dem zum Aventojoki laufenden Bach 400 m abwärts vom Maaninkajoki; *145.'* ca. 600 m W vom Taivalköngäs; *189.'* an dem aus dem Syvälampi fliessenden Bach; *192* NE vom Isojärvi; *215.'* Bachufer zwischen Isojärvi und Kokkolampi; *270* N vom Räkkälampi. — (SAARI 1973, 1977.) — Herb.: OULU (TU 1966: Soidinsuo SE vom Rytilampi; nicht auf der Karte angegeben = Quadrat *283?*).

Die Standorte sind mehr bruchmoorartig als die von

C. dioica (besonders *100* und *145*), welcher Umstand auf *C. canescens* hindeutet. Die Fundstellen im westlichen Teil, wo beide Stammarten häufig.

Carex canescens × *loliacea* (*C.* × *albidula* Holmberg) — Karte 127.

Rr (9): *69.' 75.' 121.' 181.' 202.' 388* (E. Kaakinen mündl.), *400.' 402.'* und *407.'* — (VR 1937: Salla, Ufer des Savinajoki-Savilampi; SAARI 1977.) — Herb.: H (LLe, OVL & APi 1937: Ostufer des Savinajoki nahe an der Mündung).

Kann mit Sicherheit von *C. loliacea* erst unterschieden werden, nachdem diese ihre Schläuche zur Reife gebracht hat.

Immer zusammen mit den Stammarten.

Carex brunnescens (Pers.) Poir. — Karte 128 und 129.

P (109). — (VR 1937; BR 1955; AHTI & HÄMET-AHTI 1971.) — Herb.: H (CS 1936 ssp. *brunnescens*; YV 1958 ssp. *vitilis*; MS 1960 ssp. *vitilis*); HEL (AB 1908 ssp. *brunnescens*); OULU (VS 1968—71).

Offenbar ist ssp. *brunnescens* im Nationalpark häufiger als ssp. *vitilis* (Fr.) Kalela. Von feuchten Standorten, wo die beiden Unterarten wachsen können, ist die Bestimmung nicht immer durch Proben gesichert. Eine Probe von ssp. *vitilis* wurde auf Quadraten *51, 69, 81, 137, 169, 219, 284, 339, 341, 387* und *437* gesammelt.

Die ssp. *brunnescens* wächst meistens in feuchten bzw. trockenen sandigen Uferwiesen, insbesondere in *Deschampsia cespitosa-* und *Festuca ovina*-Wiesen. Ferner oft an dünntorfigen Rändern der Moore, an der Landstrasse und auf Waldpfaden.

Die ssp. *vitilis* besiedelt eigentliche Bruchmoore, Gras- und Krautbrücher und Hainbrücher in Mulden der Berghänge und in Bachtälern.

Die Art begrenzt sich hauptsächlich auf die Flusstäler; ausserhalb dieser weite Ausfallsgebiete. Die ssp. *brunnescens* bevorzugt glazifluviale Sandböden. Die ssp. *vitilis* erweist sich als deutlich anspruchsvoller (vgl. KALELA 1965). Nach PESOLA (1928: 159, *C. alpicola*) ist die Art indifferent.

Die Standorte von ssp. *vitilis* sind ursprünglich, die von ssp. *brunnescens* grösstenteils apophytisch, offenbar jedoch ursprünglich an Ufern, vor allem in trockenen sandigen Uferböschungen, und auf Torfböden (vgl. AHTI & HÄMET-AHTI 1971: 44). Im Oulankajoki-Pjaozero-Gebiet noch in der alpinen Stufe der Fjelde (SÖYRINKI 1956: 10). Vermehrung durch Samen (vgl. SÖYRINKI 1939: 68—71).

Carex disperma Dew. (*C. tenella* Schkuhr) — Karte 130.

Rr (2): *75.'* zwischen Rupakivi und Onkilammit; *153* am Aventojoki ca. 500 m N von Ristikallio.

Früher nicht vom Nationalpark gemeldet.

Auf Quadrat *75* im Gras- und Krautbruch auf Bülten auf etwa 2 m² mit *Equisetum arvense, E. sylvaticum, E. palustre, Calamagrostis epigejos, Carex canescens* und *Potentilla palustris*. Auf *153* ein Rasen von 0.5 m² im Gras- und Krautbruch auf *Sphagnum squarrosum*-Matte zwischen *Carex nigra* ssp. *juncella*-Horsten und auf ein paar niedrigen Bülten mit *Calamagrostis phragmitoides, Filipendula ulmaria, Rubus arcticus* und *Viola epipsila*.

Deutlich mesotroph und fehlt in den fruchtbarsten Teilen des Nationalparks. Nach PESOLA (1928: 158) schwach kalkliebend (vgl. PANKAKOSKI 1939: 53).

Carex tenuiflora Wahlenb. — Karte 131.

R (10): *10.'* und *11* Ufer des Niitselysjoki; *69.'* am Savinajoki bei Rupakivi; *142, 153, 154* und *169.'* am Aventojoki bei Ristikallio; *287.'* und *288.'* Ampumavaara, nördlich der Landstrasse nahe an der Grenze des Nationalparks; *289* am Aventojoki ca. 1 km vom Ollilanjärvi.

Früher nicht vom Nationalpark gemeldet.

Am Niitselysjoki in überschwemmten Ufergebüschen, am Aventojoki in Überschwemmungsweissmooren, auf Quadrat *287* und *288* im Gras- und Krautbruch, auf *289* im Gebüsch am Rande eines Braunmoor-Weissmoores. Alle Vorkommen spärlich.

An allen Fundorten mesotrophe Verhältnisse ohne Kalkeinfluss. Nach PESOLA (1928: 158) schwach kalkliebend.

Carex loliacea L. — Karte 132.

P (131). — (PESOLA 1934 a; VR 1937; BR 1955; SALMINEN 1960.) — Herb.: H (VP 1917; JSi 1935); HPP (ML 1939); OULU (VT 1955; VS 1969, 1971); TUR (ML 1939).

Quellige, dünntorfige Gras- und Krautbrücher, Hainbrücher, Braunmoorbrücher und an Quellbächen (vgl. SÖYRINKI *et al.* 1977). Die Vorkommen zerstreut. Weitere Ausfallsgebiete im Bereich der Heidewälder und offenen Moore. Nach PESOLA (1928: 158) schwach kalkliebend (vgl. PANKAKOSKI 1939: 53).

Carex elongata L. — Karte 130.

Rr (1): *279.'* am Oulankajoki ca. 500 m abwärts von der Stromschnelle Patoniva.

Früher nicht vom Nationalpark gemeldet. Der Fundort ist an der Nordgrenze der Art in Finnland (vgl. SÖYRINKI 1956: 10).

Dicht horstbildend auf einigen Aren in nassem Hainbruch am Ufer eines meanderartigen Tümpels, der zeitweise im Sommer austrocknet. Begleitflora hauptsächlich *Calamagrostis phragmitoides, Caltha palustris, Potentilla palustris* und *Filipendula ulmaria*.

Eine Pflanze nahrungsreichen Bodens (vgl. z.B. ULVINEN in JALAS Suuri Kasvikirja I: 633—635; PANKAKOSKI 1939: 54).

Carex echinata Murray (*C. stellulata* Good.) — Karte 133.

R (15): *72.' 77.' 84, 167, 186, 209, 265, 268, 269, 289, 294, 421, 423.' 424, 433.'*

Nicht vorher vom Nationalpark bekannt.

Die meisten Standorte Stränge der Braunmoore mit *Molinia caerulea* als Dominant. Auf Quadrat *72, 77* und *84* in den Strängen eines mesotrophen Rimpiweissmoores, auf *265* und *423* an sumpfigen Braunmoorufern und auf *421* auf der Wiese vor der früheren Holzfällerhütte am Merilampi. In den Strängen der Braunmoore und des mesotrophen Rimpiweissmoores ziemlich reichlich, sonst nur spärlich.

Zerstreut in den Randteilen des Nationalparks in mesotrophen und eutrophen Mooren, fehlt jedoch in den fruchtbarsten Moorgebieten. pH im Weissmoor 4.3, 4.9 und 4.9 und im Braunmoor 5.4, 5.6 und 5.7. Nach PESOLA (1928: 159) indifferent (vgl. BRENNER 1931: 166; PANKAKOSKI 1939: 54).

Auf Quadrat *421* apophytisch. Im Oulankajoki-Pjaozero-Gebiet und auch in Kuusamo an apophytischen Wiesenstandorten reichlich (vgl. SÖYRINKI 1956: 10; AHTI & HÄMET-AHTI 1971: 44).

Carex diandra Schrank — Karte 134.

St r (46). — (V. AUER 1923 a; VR 1937; HÄLLSTRÖM 1949; ULVINEN *et al.* 1966; SAARI 1973.) — Herb.: H (VP 1917); OULU (VS 1968, 1970); TUR (ML 1939).

Gewöhnlichste Standorte Weissmoore am Ufersaum der Wald- und Moorteiche, mit *Equisetum fluviatile, Carex lasiocarpa, Potentilla palustris, Menyanthes trifoliata* und *Galium trifidum* als charakteristischste Arten. Die reichlichsten Vorkommen an Teichufern nordwestlich vom Savilampi, in der Umgegend des Isojärvi sowie an den Ufern des Kiutalampi und Ansalampi.

Als Moorpflanze Kennart der Birkenbraunmoore (vgl. KOTILAINEN 1951: 102; RUUHIJÄRVI 1960: 109). Wächst reichlich südwestlich von den Onkilammit, wo es Birkenbraunmoore gibt und *Saxifraga hirculus* ihre bedeutendsten Vorkommen hat. (Die dritte Kennart dieses Moortyps, *Stellaria crassifolia,* fehlt in diesem Gebiet.) Wegen der Seltenheit der Birkenbraunmoore häufiger in quelligen *Paludella*-Braunmooren, *Campylium stellatum*-Braunmooren und nahrungsreichsten Weissmooren (vgl. T. ULVINEN in JALAS Suuri Kasvikirja I: 367—368).

Meso-eutroph. Zerstreut, ohne Anhäufung auf den eutrophsten Moorgebieten, meidet jedoch deutlich sauerste Torfböden und bevorzugt offenbar Standorte mit bewegtem Moorwasser. Nach PESOLA (1928: 158) schwach kalkliebend, nach KUJALA (1964: 43) eine von den anspruchsvollsten Seggenarten (vgl. V. AUER 1923a: 84; KOTILAINEN 1927: 52, 84; PANKAKOSKI 1939: 51; SÖYRINKI 1956: 9).

Carex appropinquata Schum. (*C. paradoxa* Willd.) — Karte 135.

R (15): *107.' 163, 181, 201.' 217.' 332, 356, 357, 379, 380.' 382.' 388.' 398.' 400.' 418.* — (HÄLLSTRÖM 1915; VR 1937; ULVINEN *et al.* 1966; SAARI 1973.) — Herb.: HFR (LLa 1962); OULU (YV 1966).

Standorte ziemlich ähnlich wie bei *C. diandra,* die Arten wachsen aber zusammen nur im Braunmoorsaum des Alempi Hiidenlampi. *C. appropinquata* scheint sich auf dünntorfigere Standorte zu begrenzen, und öfter unter Quelleneinfluss. Am häufigsten in dünntorfigen Braunmoor-Reisermooren, im Gebiet der Polvilammit oft an der Peripherie der Uferversumpfungen auf hohen Moosbülten. Auf Quadrat *181* im Braunmoorbruchrand eines Braunmoor-Reisermoores. In Quelladern am Räkkälamminpuro (*217*) und in quelligen Versumpfungen (*107, 356* und *357*). Viele Begleiter anspruchsvoll: *Equisetum palustre, Tofieldia pusilla, Carex cespitosa, Filipendula ulmaria, Saussurea alpina* und *Crepis paludosa*; von Moorpflanzen mit weiter Amplitude gewöhnlich *Equisetum fluviatile, Potentilla palustris* und *Menyanthes trifoliata.* Alle Vorkommen spärlich und augenscheinlich im Rückgang.

Nur an kalkbeeinflussten Stellen. Das Verbreitungszentrum bei Polvilammit gehört zu den kalkreichsten Gebieten des Nationalparks. Nach PESOLA (1928: 157) kalkliebend (vgl. PANKAKOSKI 1939: 51).

Carex aquatilis Wahlenb. — Karte 136.

R (28). — (VR 1937.) — Herb.: H (LLe & APi 1937).

Diese nördliche Moorpflanze ist im Nationalpark ziemlich selten. Nach KOTILAINEN (1951: 106) in ganz Kuusamo recht selten und nie dort in den Mooren angetroffen, nach AHTI & HÄMET-AHTI (1971: 45) dagegen ganz häufig. Auf Quadrat *24* und *36* in dünntorfigem *Scorpidium*-Rimpibraunmoor und auf *237* im Grosssseggenmoor, wo das Wasser in Bewegung. Charakteristischste Standorte jedoch Schlammufer der Überschwemmungswiesen am Oulankajoki zwischen Savilampi und Haaralampi. Bildet oft spärliche Siedlungen zwischen *C. acuta,* gewöhnlich aber näher am Wasser als diese. Auf *126* in einem zugewachsenen Waldtümpel. An leicht vermoorten Bachufern auf *81, 246* und *374.* An Sandufern des unteren Laufes des Oulankajoki nicht angetroffen.

Kein deutlicher Zusammenhang mit dem Nahrungsgehalt des Untergrundes, die meisten Vorkommen jedoch in dem Flussabschnitt, wo die anspruchsvollen Wasser- und Uferpflanzen sich konzentrieren. pH an Uferstandorten 4.2—6.3 (6 Messungen). Nach PESOLA (1928: 159) indifferent.

Hat kaum von der Tätigkeit des Menschen profitiert, obgleich sonst oft an hemeroben Standorten (vgl. SÖYRINKI 1956: 10; AHTI & HÄMET-AHTI 1971.).

Carex aquatilis × *nigra* ssp. *juncella* — Karte 135.

Rr (1): *62.'* am Savinajoki etwa 700 m N vom Rupakivi. — (SAARI 1977.) — Vgl. HYLANDER (1953: 108).

Carex acuta L. (*C. gracilis* Curt.) — Karte 137.

P (109) — (VR 1937; UOTILA 1960; ULVINEN *et al.* 1966.) — Herb: H (VP 1917); HFR (VP 1917); HSI (AB 1908); OULU (VS 1969—71); TURA (GR 1937; JM 1937).

Eine der gewöhnlichsten die Flussufer säumenden Seggen. Die reichsten Siedlungen an Schlammufern der Flussabschnitte mit ruhig fliessendem Wasser. Zum Wasser hin folgen *Equisetum fluviatile-Carex rostrata*-Wiesen, landeinwärts *Salix-Calamagrostis phragmitoides-Phalaris arundinacea*-Wiesen. An Kies- und Geröllufern kleine Horste oder lichte Siedlungen. Fehlt gewöhnlich an versumpften Ufern der Teiche und Seen. Am Ufer der Weiher

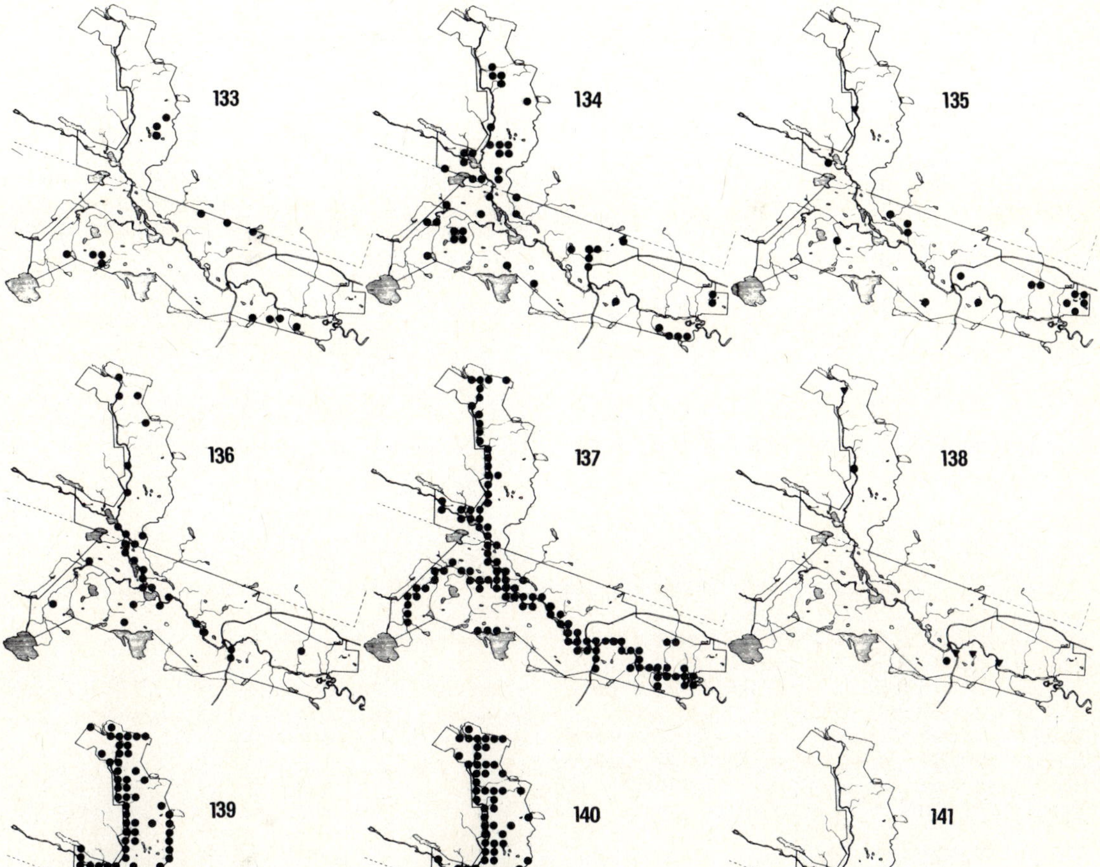

Karten 133—144. — 133: *Carex echinata* Murray — 134: *C. diandra* Schrank — 135: • *C. appropinquata* Schum., ▼ *C. aquatilis* × *nigra* ssp. *juncella* — 136: *C. aquatilis* Wahlenb. — 137: *C. acuta* L. — 138: • *C. acuta* × *nigra* ssp. *juncella*, ▼ *C. nigra* (L.) Reich. ssp. *nigra* — 139: *C. nigra* (L.) Reich. ssp. *juncella* (Fries) Lemke — 140: *C. cespitosa* L. — 141: • *C.* cf. *cespitosa* × *nigra* ssp. *juncella*, ▼ *C. elata* All. ssp. *omskiana* (Meinsh.) Jalas — 142: *C. buxbaumii* Wahlenb. ssp. *buxbaumii* — 143: • *C. buxbaumii* Wahlenb. ssp. *alpina* (Hartman) Liro, ▼ *C. rariflora* (Wahlenb.) Sm. — 144: *C. norvegica* Retz. ssp. *inferalpina* (Wahlenb.) Hult.

Hipajärvi und Kourulampi auf Mineralboden. An Bachufern nur auf Quadrat *356, 357* und *433* (vgl. SÖYRINKI 1956: 10).

Das Areal läuft an den Flussufern durch das ganze Gebiet. Nach PESOLA (1928: 160) schwach kalkmeidend. Vielleicht etwas durch die Mahd begünstigt. Auf *366, 386* und *405* apophytisch in Landstrassengräben.

Carex acuta × nigra ssp. *juncella* — Karte 138.

Rr (2): *62:* Senke Kouverhauta am Savinajoki, Überschwemmungswiese; *385:* ca. 1200 m S von der Brücke am Kiutaköngäs am Ufer eines Waldtümpels. — (SAARI 1977.)

Carex nigra (L.) Reich. ssp. *nigra* (*C. goodenowii* Gay) — Karte 138.

Rr (4): *16:* Savinanniskakangas, Uferwiese; *366:* ca. 1 km S von der Brücke am Kiutaköngäs, an der Landstrasse; *268:* Kiutakangas, Wiese ca. 1 km SE vom Kiutaköngäs; *391:* Paatamakangas, Wiese ca. 500 m N von der Mündung des Merioja. — (VR 1937.)

Alle Vorkommen vertreten einen niedrigen Typus mit langen Ausläufern und am Grunde hellgefärbten, gewöhnlich bis über den Blütenstand reichenden Blättern (vgl. AHTI & HÄMET-AHTI 1971: 45).

Ankömmling. Alle Standorte unter Kultureinfluss. Auf Quadrat *391 Luzula multiflora* ssp. *frigida, Deschampsia cespitosa, Agrostis tenuis, Carex brunnescens* ssp. *brunnescens, Anthriscus sylvestris* und *Achillea millefolium.*

Carex nigra (L.) Reich. ssp. *juncella* (Fries) Lemke — Karte 139.

Fq (295). — (VR 1937; PESOLA 1955 b; KIISTALA & JAHKOLA 1958; MUUKKONEN et al. 1958; SUOMINEN 1963.) — Herb.: H (VB & FW 1883); HSI (AB 1908); OULU (VS 1968, 1970—71).

Im Bereich der Ufer horstbildend in nassen und feuchten Wiesen, Gebüschen und überschwemmten sumpfigen Uferwäldern. Gewöhnlich nahe an der Wasserlinie in *Carex acuta-, Carex cespitosa-* und *Salix-Calamagrostis phragmitoides-Phalaris arundinacea-*Wiesen. Ferner häufig in fruchtbaren Bruchwäldern, insbesondere in Gras- und Krautbrüchern und Braunmoorbrüchern, spärlicher in Hainbrüchern und normalen Bruchwäldern (vgl. SÖYRINKI et al. 1977). In Braunmoor-Reisermooren an quelligen Stellen an Rändern der Braunmoore bzw. mesotropher Weissmoore.

Eine leichte Anhäufung in den eutrophen Gebieten von Taivalköngäs-Kiekeröoja, Aventojoki, Puukkorinne und Polvilammit. Nach PESOLA (1928: 158) schwach kalkliebend.

Nur in natürlichen Pflanzengesellschaften, die nicht durch die Mahd Raum gewonnen haben.

Carex cespitosa L. — Karte 140.

Fq (244) — (PESOLA 1918 c, 1934 a, 1955 b; VR 1937; KIISTALA & JAHKOLA 1958; SUOMINEN 1963.) — Herb.: H (VB & FW 1883; AB 1908; JSi 1935); HSI (AB 1908); OULU (VS 1968).

Häufig in eutrophen Mooren und an Ufern. Reichlich in Braunmoor- und Hainbrüchern, allgemein in Gras- und Krautbrüchern und Weissmoorbrüchern (vgl. SÖYRINKI *et al.* 1977). Oft an Bachläufen als langhalsige Horste. In lockeren Bülten oder einzelnen Sprossen in *Sphagnum warnstorfii-* und *Campylium stellatum-*Braunmooren und Braunmoor-Reisermooren (vgl. SÖYRINKI 1956: 20).

An Ufern oft dominierend und horstbildend im Wirkungsreich der Herbstüberschwemmung (*Carex cespitosa-*Wiesen, vgl. EUROLA 1967). Oft auch in trockeneren *Filipendula ulmaria-* und *Deschampsia cespitosa-*Wiesen, wo die Bildung von Horsten schwach.

Sammelt sich auf den fruchtbaren Moorgebieten von Kiekerölammit, Soidinsuo und Polvilammit, jedoch nicht so deutlich wie z.B. *Eriophorum latifolium.* Längs der Flüsse verhältnismässig einheitlich ausser im Osten an Kiesufern lückenhaft. Nach PESOLA (1928: 158) schwach kalkliebend (vgl. PANKAKOSKI 1939: 55).

Die *Carex cespitosa-*Wiesen vertreten die urwüchsige Vegetation der überschwemmten Flussufer (vgl. AHTI & HÄMET-AHTI 1971: 44).

Carex cf. *cespitosa × nigra* ssp. *juncella* — Karte 141.

Rr (1): *285:* Ampumavaara, ca. 1 km SE vom Rytilampi im Gras- und Krautbruch am Ufer eines zeitweise ausgetrockneten Weihers. — (SAARI 1977.)

Carex elata All. ssp. *omskiana* (Meinsh.) Jalas — Karte 141.

Rr (1): *346:* N-Ufer des Kourulampi am Sandufer an der Wasserlinie zusammen mit *C. lasiocarpa*, pcc.

Oligotrophe Standorte bevorzugendes Taxon (vgl. JALAS & HIRVELÄ 1964).

Früher nicht vom Nationalpark bekannt; hier am nördlichsten Fundort in Fennoskandien (vgl. HULTÉN 1971, Karte 358). Überdies in Kuusamo nur am See Juumajärvi etwa 10 km südlicher. Jenseits der Grenze der Sowjetunion noch im Gebiet von Kjestenga (Kiestinki) (HERLIN 1944: 99), wo auch Autor Söyrinki im Sommer 1941 eine ausgedehnte Siedlung am N-Ufer des Sees Topozero (Tuoppajärvi) festgestellt hat.

Carex buxbaumii Wahlenb. ssp. *buxbaumii* (*C. polygama* Schkuhr ssp. *subulata* A. Caj.) — Karte 142.

P (128). — (BACKMAN 1902, 1908; VR 1937; HÄLLSTRÖM 1949; PESOLA 1955 b; UOTILA 1960.) — Herb.: OULU (VT 1955; VS 1968, 1970); TUR (HS 1949).

Nicht taxonomisch einheitlich. Insbesondere viele Populationen am Savinajoki und im Moor Saviaapa (Proben von Quadraten *24, 25, 47, 55, 60* und *81*) nähern sich ssp. *alpina*: die Grösse der Gipfelähre weicht nicht viel ab von der weiblichen Ähre, und die Schutzschuppen sind kurz und nahezu stachellos (vgl. CAJANDER 1935: 31—32; HYLANDER 1966: 122).

Charakteristische Standorte Versumpfungen an Ufern der Weiher und Bäche, oft auch in *Scorpidium*- und *Drepanocladus revolvens*-Rimpibraunmooren und *Campylium stellatum*-Braunmooren. Besonders am Savinajoki manchmal auf nassem dyhaltigem Mineralboden. Bewegtes, Nährstoffe zubringendes Wasser offenbar ein wichtiger Standortsfaktor. Viele Begleiter eutroph: *Carex dioica, C. panicea, C. flava* und *Potentilla erecta.* Recht typisch auch die weit in die Mesotrophie reichenden *Molinia caerulea, Scirpus hudsonianus* und *Pedicularis palustris* ssp. *borealis* ebenso wie gewöhnliche Weissmoorpflanzen *Scirpus cespitosus, Carex chordorrhiza* und *C. rostrata.* — Im Oulankajoki-Pjaozero-Gebiet an Geröll- und Kiesufern (SÖYRINKI 1956: 11).

Anhäufungen sowohl in den eutrophen Gebieten von Kiekerölammit und Soidinsuo-Puukkorinne als in mesotrophen Gebieten im Norden und in der Aventojoki-Gegend. Die reichsten und taxonomisch reinsten Siedlungen an Ufern der Teiche mit Kalkschlammboden (z.B. Quadrat *130*). Andererseits an manchen Uferund Moorstandorten als erste Zeiger der Fruchtbarkeit. Nach PESOLA (1928: 158) schwach kalkliebend, nach KOTILAINEN (1951: 111) eine anspruchsvolle Moorpflanze.

Carex buxbaumii Wahlenb. ssp. *alpina* (Hartman) Liro (*C. adelostoma* V. Krecz.) — Karte 143.

Rr (7): *17*: 500 m E von Savinanniskakangas; *37*: *38, 43*: und *49*: Saviaapa; *421*: N-Ufer des Weihers Merilampi; *423*: Waldtümpel 1 km E vom Merilampi. — (HÄLLSTRÖM 1949; SAARI 1973.)

Pflanze der Fjeldgebiete, zahlreiche Vorkommen in der Kuusamo-Salla-Gegend (vgl. HULTÉN 1971: Karte 391).

Nur an Moorstandorten. Scheint mehr als ssp. *buxbaumii* offene Moore zu begünstigen, und zwar sowohl *Scorpidium*-Rimpibraunmoore (Quadrat *43* und *49*) als mesotrophe Weissmoore (*17* und *37*). Auf *421* und *423* an braunmoorartigen Teichufern.

Nach CAJANDER (1935: 69) schwach kalkliebend an Moorstandorten, indifferent an Flussufern (vgl. RINTANEN 1968: 252).

Carex norvegica Retz. ssp. *inferalpina* (Wahlenb.) Hult. (*C. media* R. Br.) — Karte 144.

P (112). — (BACKMAN 1902, 1908; HÄLLSTRÖM 1915, 1949; LAINE *et al.* 1949; BR 1955; VASARI 1958; UOTILA 1960; ULVINEN *et al.* 1966; KANGAS 1969; SAARI 1973. — Herb.: H (AB 1908; JSi 1935; HL 1936; GM 1949; TA 1955; YV 1958); OULU (VT 1955; VS 1968—71); TUR (AV 1949).

Manche Angaben von *C. norvegica* (HJELT 1895; PESOLA 1934 a und b; VR 1937) betreffen offenbar ssp. *inferalpina.* Die ssp. *norvegica* ist nicht im Nationalpark angetroffen worden.

Haine und hainartige Wälder, Hainbrücher, Braunmoorbrücher, nasse Felsenabsätze und Fuss der Felsen; die meisten Standorte an Ufern der Flüsse, Bäche und Quellbäche (vgl. SÖYRINKI 1956: 11). Manche Begleiter besonders anspruchsvoll: *Cystopteris montana, Eriophorum brachyantherum* und *Cypripedium calceolus,* häufiger aber Hainpflanzen: *Equisetum pratense, Paris quadrifolia, Milium effusum, Trollius europaeus, Geum rivale, Filipendula ulmaria, Geranium sylvaticum* und *Cirsium helenioides.* In Braunmoorbrüchern oft mit *Parnassia palustris, Saussurea alpina* und *Crepis paludosa.*

Schwerpunkt an den karbonathaltigen Hängen des Ampumavaara und Liikasenvaara. Nach PESOLA (1928: 157) kalkliebend (vgl. RINTANEN 1967: 200).

Carex vaginata Tausch — Karte 145.

Fq (259) — (PESOLA 1934 a und b, 1955 b; VR 1937; KOTILAINEN 1951; VASARI 1958; SUOMINEN 1963.) — Herb.: H (VP 1917); OULU (VS 1968).

Häufig sowohl in Wald- und Moor- als Wiesenvegetation. Am reichlichsten in der Grenzzone zwischen den meso-eutrophen Mooren und dem Mineralboden (KOTILAINEN 1951: 108). Bevorzugt dünne, nahrungsreiche Torfunterlage: *Sphagnum warnstorfii*-Braunmoore, Braunmoor-Reisermoore, Braunmoorbrücher und Hainbrücher (vgl. RUUHIJÄRVI 1960). In *Campylium stellatum*-Braunmooren spärlich, fehlt in Rimpibraunmooren. Ziemlich häufig in Gras- und Krautbrüchern, weniger in normalen Bruchmooren. Gewöhnliche Begleiter *Selaginella selaginoides, Equisetum palustre, Tofieldia pusilla, Carex dioica, Salix myrsinites, Potentilla erecta, Bartsia alpina* und *Saussurea alpina.*

In der Waldvegetation am reichlichsten in den Hainen vom *Geranium-Dryopteris*-Typ und *Geranium-Filipendula*-Typ (vgl. SÖYRINKI *et al.* 1977), spärlicher in Farnhainen und hainartigen Heidewäldern vom *Geranium-Myrtillus*-Typ, gelegentlich in frischen Heidewäldern vom *Hylocomium-Myrtillus*-Typ. In Uferböschungen und -Gebüschen sowie frischen und trockenen Uferwiesen. Manchmal auf humusbedeckten Felsenabsätzen und -Hängen.

Die bedeutendsten Ausfallsgebiete in den ausgedehnten dicktorfigen Mooren im Gebiet von Salla und im Heidewaldareal vom *Empetrum-Myrtillus*-Typ am Kiutavaara.

Mesotroph. Nach PESOLA (1928: 158) schwach kalkliebend (vgl. PANKAKOSKI 1939: 57; KOTILAINEN 1951).

In Uferwiesen oft apophytisch, obgleich sie diese schon vor der Mahd hat besiedeln können. Im Oulankajoki-Pjaozero-Gebiet noch oberhalb der Waldgrenze auf den Fjelden (SÖYRINKI 1956: 11).

Carex panicea L. — Karte 146.

P (91). — (VR 1937; PESOLA 1955 b; SAARI 1973.) — Herb.: H (VP 1917); OULU (VS 1968—70).

Moorpflanze. Meidet Flussufer, und an Moorrändern der Teichufer schliesst sie sich näher an den Artenbestand der umgebenden Moorvegetation an als an den des Ufers. In *Campylium stellatum*-Braunmooren und *Drepanocladus revolvens*-Rimpibraunmooren, seltener in *Sphagnum warnstorfii*-Braunmooren und *Scorpidium*-Rimpibraunmooren (vgl. RUUHIJÄRVI 1960). Begleitflora viele Braunmoorarten: *Selaginella selaginoides, Phragmites australis, Scirpus hudsonianus, Carex dioica, C. flava* und *Potentilla erecta,* und Weissmoorpflanzen, wie *Equisetum fluviatile, Scirpus cespitosus, Carex chordorrhiza, C. lasiocarpa* und

Menyanthes trifoliata. — Im Oulankajoki-Pjaozero-Gebiet am Fluss- und Seeufer (SÖYRINKI 1956: 11).

Die Anhäufung auf den eutrophsten Mooren von Kiekerölammit, Soidinsuo und Polvilammit bezeichnet hohe Eutrophie. Überdies Vorkommen dort, wo deutlicher Einfluss des Kalks in der Moorvegetation. pH 7.0 und 7.5 (vgl. KOTILAINEN 1927: 52; BRENNER 1931: 150). Nach PESOLA (1928: 157) kalkliebend.

Carex livida (Wahlenb.) Willd. — Karte 147.

P (82). — (VR 1937; PESOLA 1955 b.) — Herb.: OULU (VS 1969—70).

Rimpiflächen der dicktorfigen Moore. Häufig in mesotrophen moosarmen Rimpiweissmooren und *Scorpidium*-Rimpibraunmooren (vgl. SÖYRINKI *et al.* 1977). In oligotrophen moosarmen Rimpiweissmooren und *Campylium stellatum*-Braunmooren spärlich. Die gewöhnlichen Weissmoorarten *Equisetum fluviatile, Eriophorum angustifolium, Carex chordorrhiza, C. limosa, C. lasiocarpa, Drosera anglica* und *Menyanthes trifoliata* übliche Begleiter, ebenso Zeiger der Mesotrophie *Juncus stygius, Scirpus hudsonianus* und *Utricularia intermedia.*

Die reichsten Vorkommen im Norden im Saviaapa, wo *Scorpidium*-Rimpibraunmoore allgemein. Im Südwesten nördlich vom Halmelampi auch an mehreren Stellen. In den fruchtbarsten Rimpibraunmooren von Soidinsuo und Puukkosuo spärlich und verkümmert. pH 4.6 und 5.7. Nach PESOLA (1928: 158) schwach kalkliebend, nach KOTILAINEN (1951: 107) meso-eutroph mit weiter Amplitude.

Carex magellanica Lam. ssp *irrigua* (Wahlenb.) Hiit. — Karte 148.

Fq (288). — (VR 1937; PESOLA 1955 b; UOTILA 1960.) — Herb.: H (VP 1917).

In den meisten Moortypen, aber immer nur geringer Deckungswert. Am häufigsten in Reisermoor-, Bruchmoor- und Braunmoorsiedlungen an Rändern der offenen Moore. In der Moormitte meistens in Grossseggenmooren, *Molinia*-Braunmoor-Weissmooren und *Campylium stellatum*-Braunmooren (vgl. SÖYRINKI *et al.* 1977). In Rimpiweissmooren und Rimpibraunmooren seltener. Auch in Sumpfmooren und nassen Wiesensenken an Ufern.

Bevorzugt dünne Torfunterlage. Hinsichtlich der Azidität weite Amplitude. In allen Moorgebieten, am reichlichsten im Norden jenseits der Grenze von Salla. Weitere Lücken am Lauf des Oulankajoki und an den das Flusstal säumenden Waldhängen, besonders am Ampumavaara.

pH 3.6—6.7 (Mittel 5.4 von 5 Messungen; vgl. KOTILAINEN 1927: 52; PANKAKOSKI 1939: 57). Nach PESOLA (1928: 159) indifferent.

Im Oulankajoki-Pjaozero-Gebiet noch in der alpinen Stufe des Fjelds Kivakkatunturi (SÖYRINKI 1956: 11).

Carex limosa L. — Karte 149.

St fq (223). — (VR 1937; PESOLA 1955 b.) — Herb.: OULU (VS 1969—71).

Pflanze der Moormitte. In Rimpiweissmooren und Rimpibraunmooren oft dominant. Häufig auch in Grossseggenweissmooren und *Sphagnum papillosum*-Weissmooren, spärlich in *Campylium stellatum*-Braunmooren. In bewaldeten Mooren in Weissmoor-Reisermooren und Weissmoorbrüchern. An Weissmoorrändern der Teichufer. — Vgl. SÖYRINKI *et al.* (1977).

Alle offenen Moore des Nationalparks, am reichlichsten auf weiten Rimpimooren im Norden im Gebiet von Salla. Ein breites Ausfallsgebiet in Richtung des Oulankajoki-Tals.

Weite pH-Amplitude: pH 3.9—7.1 (Mittel 5.3 von 11 Messungen; vgl. KOTILAINEN 1927: 52; BRENNER 1931: 166; PANKAKOSKI 1939: 57—58). Nach PESOLA (1928: 159) indifferent.

Carex rariflora (Wahlenb.) Sm. — Karte 143.

Rr (1): *75*. ca. 500 m S vom Rupakivi, pc.

Früher nicht vom Nationalpark bekannt.

Art des Fjeldgebiets. In Kuusamo und Finnland noch etwas südlicher in Reposuo (H: MK 1939; OVL 1939), vom Hauptareal weit isoliert (vgl. HULTÉN 1971: Karte 387).

Am Rande einer kleinen Siedlung des *Scorpidium*-Rimpibraunmoores mit *Tofieldia pusilla, Phragmites australis, Scirpus cespitosus, Carex chordorrhiza, C. panicea* und *C. flava.*

Carex laxa Wahlenb. — Karte 150.

R (17): *9*. *10, 19, 23*. *26*. *34, 38*. *53, 61, 69, 233*. *237, 241, 243, 246*. *293, 387*.

Früher nicht vom Nationalpark gemeldet.

Meistens an Rändern der *Molinia*-Stränge der Rimpibraunmoore, wo die sonstige Pflanzendecke uneinheitlich ist, auch in Weissmoor- oder Braunmoor-Reisermooren. Auf Quadrat *243* am Braunmoorufer eines Weihers, auf *387* auf sehr dünner Torfunterlage am Ufer des Hiidenlampi. Nach ALM & KOTILAINEN (1933: 24) liegen die Standorte im Bereich fortdauernder schwacher Tagwasserströmungen. Im Nationalpark sind die Moore nahezu immer etwas geneigt, und Wasserströmungen allgemein (vgl. M. RAATIKAINEN 1965).

Als Begleiter Weissmoorarten: *Equisetum fluviatile, Carex chordorrhiza, C. limosa* und *Menyanthes trifoliata,* oft auch Braunmoorpflanzen wie *Selaginella selaginoides, Eriophorum latifolium, Carex dioica* und *Potentilla erecta.* Nirgends reichlich, gewöhnlich nur in wenigen Sprossen.

Weite Amplitude hinsichtlich des Nährbodens (vgl. ALM & KOTILAINEN 1933; KOTILAINEN 1951: 110). Jedoch nicht in den ärmsten Mooren, fehlt auch in den eutrophsten Mooren vom Soidinsuo und Polvilammit. Die meisten Fundstellen in den meso-eutrophen Nord- und Südwest-Teilen des Nationalparks.

Carex globularis L. — Karte 151.

Fqq (389) — (PESOLA 1934 a, 1955 b; VR 1937.)

Reisermoore, arme Bruchmoore und versumpfte Wälder. Dominiert in *Carex globularis*-Reisermooren, reichlich in verschiedenen anmoorigen Heidewäldern,

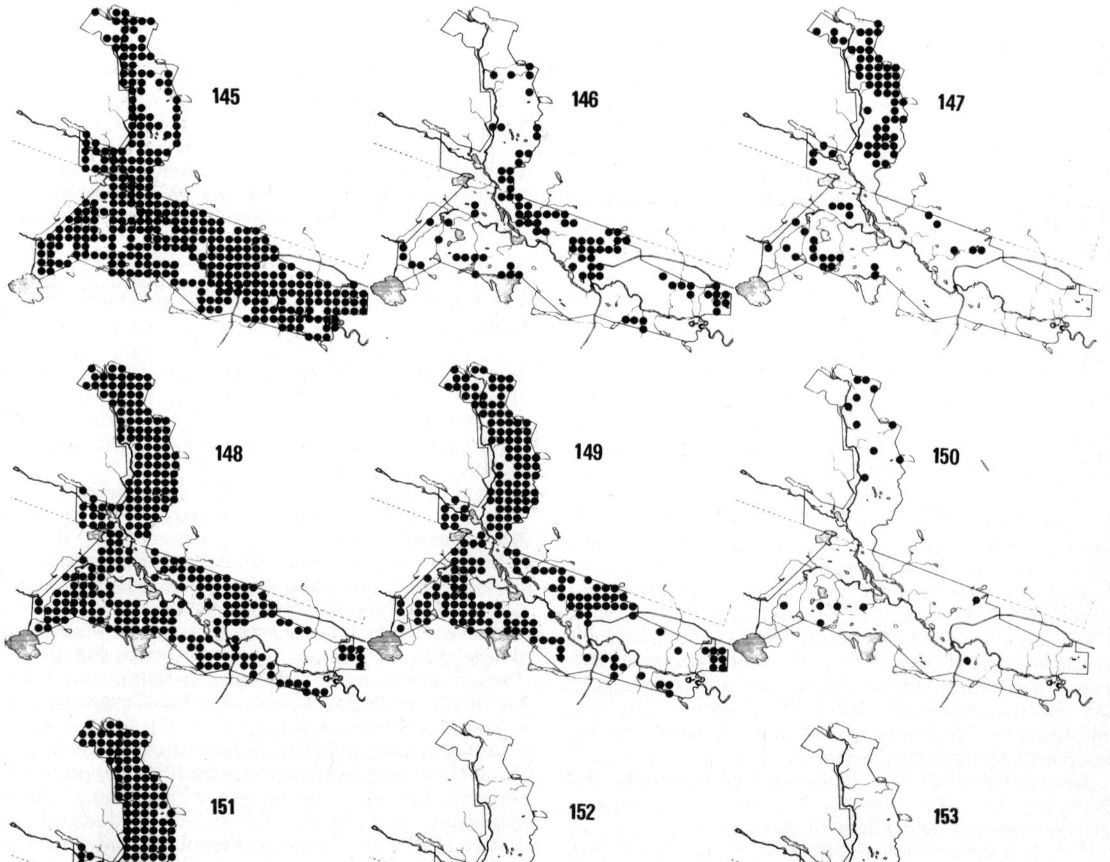

Karten 145—156. — 145: *C. vaginata* Tausch — 146: *C. panicea* L. — 147: *C. livida* (Wahlenb.) Willd. — 148: *C. magellanica* Lam. ssp. *irrigua* (Wahlenb.) Hiit. — 149: *C. limosa* L. — 150: *C. laxa* Wahlenb. — 151: *C. globularis* L. — 152: *C. ericetorum* Poll. — 153: *C. digitata* L. — 154: *C. glacialis* Mack. — 155: *C. capillaris* L. — 156: *C. flava* L.

Nie reichlich; auf vielen Quadraten nur einige wenige Individuen. Dieser Umstand scheint für die Art im allgemeinen typisch zu sein (vgl. SÖYRINKI 1956: 17).

Verstreut durch den Nationalpark; an kalkreichen Hängen des Liikasenvaara und Ampumavaara jedoch Anhäufungen. Ausfallsgebiete im Norden in den Mooren von Salla, im Gebiet Isojärvi-Syvälampi, in oligotrophen Waldgebieten am Kiutavaara und bei Puikkojärvi. Nach PESOLA (1928: 153) schwach kalkliebend.

Apophytisch zuvörderst in Uferwiesen, mag aber dort schon vor dei Mahd gewachsen sein (vgl. KUJALA 1964: 47; AHTI & HÄMET-AHTI 1971: 45).

Gymnadenia conopsea (L.) R. Br. — Karte 175.

St fq (162). — (BACKMAN 1902, 1908; HÄLLSTRÖM 1915; PESOLA 1934 b, 1955 b; VR 1937; BR 1955; ULVINEN *et al.* 1966; SAARI 1973.) — Herb.: H (AB 1908; GI 1938); HSI (AB 1908); OULU (VS 1970).

Gehört im Kuusamo-Salla-Gebiet offenbar zu der kurzspornigen f. *lapponica* Zett. Auf Quadrat *307* die auch von G. Idman am Lippihetteenpuro gesammelte weissblütige f. *ornithis* Jacq.

Vor allem eine Braunmoorpflanze. In *Sphagnum warnstorfii*- und *Campylium stellatum*-Braunmooren und in Braunmoor-Reisermooren. Nicht in Rimpibraunmooren, aber oft auf den *Molinia*-Strängen derselben. Begleiter meistens Braunmoorarten: *Selaginella selaginoides, Tofieldia pusilla, Eriophorum latifolium, Carex dioica, C. flava, Potentilla erecta* und *Saussurea alpina*. Von Weissmoorarten u.a. *Scirpus cespitosus, Carex lasiocarpa* und *Menyanthes trifoliata*. Auch in Hainen, trockenen hainartigen Wäldern und von *Molinia caerulea* dominierten Grasfluren an Bachufern. Recht typische Standorte trockene hainartige Felsböschungen und verwitterte Felshänge mit u.a. *Epipactis atrorubens, Gypsophila fastigiata* und *Thymus serpyllum* ssp. *tanaënsis*.

Deutliche Verdichtungen in den eutrophsten Braunmoorgebieten von Saviaapa, Soidinsuo-Puukkorinne und Polvilammit. Folgt bis zu einem gewissen Grade auch den Ufern der Flüsse und Bäche in den Dolomitgebieten. Nach PESOLA (1928: 157) kalkliebend (vgl. PANKAKOSKI 1939: 72).

Auf *308* und *310* apophytisch im Landstrassengraben (vgl. SÖYRINKI 1956: 17; KUJALA 1964: 47—48).

Dactylorhiza incarnata (L.) Soó (*Orchis i.* L., *Dactylorchis i.* (L.) Verm.) — Karte 176.

St r (41). — (SAARI 1973; SÖYRINKI *et al.* 1977.) — Herb.: OULU (VS 1969, 1971); TUR (ML 1939).

Morphologisch nicht einheitlich. Östlich vom Rytilampi auf Quadraten *257-259* Individuen mit in verschiedenem Grade dunkelroten Blüten und fleckigen Blättern.

Nasse Braunmoore und fruchtbarste Weissmoore. Charakteristisch dünntorfige braunmoorartige Versumpfungen an Teichufern. Ausserdem in *Sphagnum warnstorfii*-, *Campylium stellatum*- und *Paludella*-Braunmooren, *Scorpidium*-Rimpibraunmooren und *Molinia*-Braunmoor-Weissmooren. In der Begleitflora überwiegen oft Weissmoorarten: *Equisetum fluviatile, Eriophorum angustifolium, Scirpus cespitosus, Carex chordorrhiza, C. lasiocarpa, C. rostrata* und *Menyanthes trifoliata*, gewöhnlichste Braunmoorpflanzen u.a. *Molinia caerulea, Carex dioica* und *C. flava*.

Deutliche Konzentrierung im eutrophen Soidinsuo, eine andere im weniger eutrophen Gebiet nördlich vom Saviaapa. Eher an die Nässe des Standorts als an hohen Nahrungsgehalt gebunden. Anspruchsloser als *D. traunsteineri*, aber deutlich anspruchsvoller als *D. maculata*. Nach PESOLA (1928: 157) kalkliebend.

Dactylorhiza incarnata × *maculata* — Karte 177.

Rr (5): *40*: Piessanniitty; *255*: *258*: *259*: und *284*: die Moore um Rytilampi. — (SAARI 1973, 1977.)

Vom Quadrat *284* keine Beobachtung von *D. incarnata*, an den übrigen Standorten die beiden Stammarten. Seltener als *D. maculata* × *traunsteineri*, offenbar weil die Stammarten nicht gleich oft miteinander vorkommen.

Dactylorhiza cf. *incarnata* × *traunsteineri* — Karte 177.

Rr (3): *90*: Moor zw. Onkilammit und Isopalo; *234*: Ufer des Pitkälampi; *257*: am Ufer des von Osten in den Rytilampi fliessenden Moorbaches. — (SAARI 1973, 1977.)

Auf Quadrat *90 D. incarnata* nicht festgestellt; an den übrigen Fundstellen die beiden Stammarten.

Dactylorhiza traunsteineri (Saut.) Soó (*Orchis t.* Saut., *Dactylorchis t.* (Saut.) Verm.) — Karte 178.

R (35). — (PESOLA 1955 b; SAARI 1973.) — Herb.: H (VP 1917); OULU (VS 1969—71).

Wird von der östlichen var. *curvifolia* (Nyl.) M. & C. vertreten mit schmalen, rinnenförmigen, nach aussen gebogenen Blättern.

Sphagnum warnstorfii-Braunmoore, *Campylium stellatum*-Braunmoore, Braunmoor-Weissmoore und Birkenbraunmoore. Standorte gewöhnlich trockener als die von *D. incarnata*, aber nasser als die von *D. maculata*, die in Randpartien der Moore vorkommt; an ein und derselben Stelle *D. maculata* oft auf Bülten und *D. traunsteineri* in Zwischenflächen. In der Begleiterflora zahlreiche Braunmoorpflanzen: *Selaginella selaginoides, Equisetum palustre, Tofieldia pusilla, Scirpus hudsonianus, Carex dioica, C. flava* und *Potentilla erecta*, gewöhnliche anspruchslose Arten *Equisetum fluviatile, Carex lasiocarpa* und *Menyanthes trifoliata*.

Anhäufungen in eutrophen Mooren von Saviaapa, Onkilammit und Soidinsuo, auch die übrigen Vorkommen in fruchtbarsten Braunmooren. Nach PESOLA (1928: 157) kalkliebend.

Dactylorhiza maculata (L.) Soó (*Orchis m.* L, *Dactylorchis m.* (L.) Verm.) — Karte 179.

St fq (193). — (VR 1937; PESOLA 1955 b; KIISTALA & JAHKOLA 1958; ULVINEN *et al.* 1966.) — Herb.: H (VP 1917); HFR (VP 1917); HSI (KL-J 1957); OULU (VS 1968—69).

Sehr variabel. Gehört offenbar zu der nördlichen Formengruppe, die HYLANDER (1966: 237) als *D. maculata*

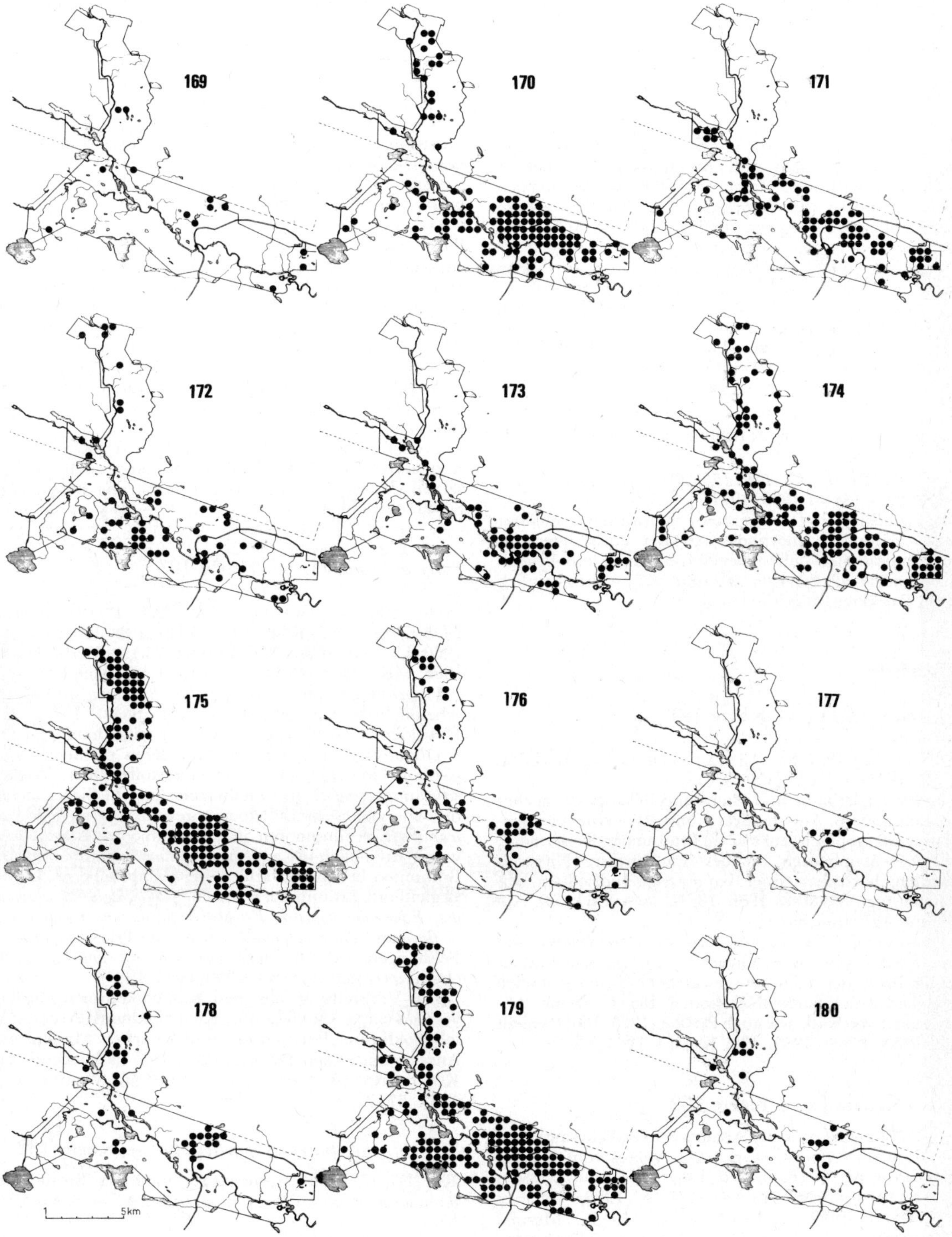

Karten 169—180. — 169: *Listera ovata* (L.) R. Br. — 170: *L. cordata* (L.) R. Br. — 171: *Goodyera repens* (L.) R. Br. — 172: *Corallorhiza trifida* Chât. — 173: *Calypso bulbosa* (L.) Oakes — 174: *Coeloglossum viride* (L.) Hartman — 175: *Gymnadenia conopsea* (L.) R. Br. — 176: *Dactylorhiza incarnata* (L.) Soó — 177: • *D. incarnata* × *maculata*, ▼ *D.* cf. *incarnata* × *traunsteineri* — 178: *D. traunsteineri* (Saut.) Soó — 179: *D. maculata* (L.) Soó — 180: *D. maculata* × *traunsteineri*.

1958.) — Herb.: H (AB 1908); OULU (YV 1958; VS 1968—70).

Die ssp. *stipulifera* (B. Flod. ex Häyrén) Hiitonen (*S. stipulifera* B. Flod. ex Häyrén) auf Quadrat *17* (*S. phylicifolia* × *stipulifera*) und *153*. Ihre taxonomische Stellung ist unsicher, jedenfalls dürfte sie nicht den Rang einer selbständigen Art verdienen (vgl. HYLANDER 1966: 264; KALLIO & MÄKINEN 1975: 79; JALAS & SUOMINEN 1976: 23).

Gewöhnlichste Standorte nasse, bruchartige Ufer und fruchtbare Bruchsenken oder Quellenstreifen an Berghängen. Oft auch an Reisermoor- oder Bruchmoorrändern der offenen Moore, wo sie geringflächige Gebüsche bilden kann. Oft zusammen mit *S. phylicifolia* und *S. lapponum*. Vereinzelte Sträucher in frischen Heidewäldern vom *Hylocomium-Myrtillus*-Typ, desgleichen an vom Triefwasser nassen Felshängen.

Verstreut und nie reichlich. Häufiger in den versumpften Nord- und Westteilen als im waldreichen Osten. Fordert keinen nährstoffreichen, sondern nassen, dünntorfigen Boden. Nach PESOLA (1928: 159) schwach kalkliebend.

Im Oulankajoki-Pjaozero-Gebiet von 340 m Höhe an in alpinen Zwergstrauchheiden und Moorsiedlungen (SÖYRINKI 1956: 18).

Salix glauca × *myrsinifolia* s. lat. — Karte 185.

Rr (3): *22: 68: 263:* — (SAARI 1977.) — Herb.: H (AB 1908: Oulankajoki gleich aufwärts vom Savilampi).

Die von Backman gesammelte Probe vertritt *S. glauca* × *myrsinifolia* × *myrsinites*, die übrigen Proben wahrscheinlich *S. glauca* × *myrsinifolia* × *phylicifolia*.

S. myrsinifolia begünstigt nahrungsreichere Böden als *S. glauca*, und die Arten wachsen verhältnismässig selten an ein und demselben Standort.

Salix glauca × *myrsinites* — Karte 185.

Rr (1): *97:* nahe am NW-Ufer des Savilampi am Ufer des südlicheren Teichs. — (SAARI 1973, 1977.)

Ein 50 cm hoher Strauch an dem zum Teich hin abfallenden Heidewaldhang. *S. myrsinites* gedeiht nicht an so trockenem Standort, *S. glauca* wächst oft an solchen Stellen.

S. glauca × *phylicifolia* — Karte 186.

Rr (7): *17: 141: 165: 203: 255: 352: 420:* — (SAARI 1977.) — Herb.: H, TUR (EH 1914: Ansalammit); TUR (HS 1949: Lippihetteenpuro).

An gemeinsamen Standorten der Stammarten an Ufern und in Bruchmoorsenken.

Auf Quadrat *17* eine mit Stipeln versehene Hybride mit *S. glauca* ssp. *stipulifera* als eine Stammart (s. *S. glauca*).

Salix phylicifolia L. — Karte 187.

Fqq (375). — (BACKMAN 1908; VR 1937; PESOLA 1955 b; NISKASAARI 1956; MUUKKONEN *et al.* 1958; UOTILA 1960; SUOMINEN 1963.) — Herb.: H (KH 1893); OULU (YV 1954, 1958; VS 1969—70).

Auf einigen Quadraten deutlich abweichende Individuen mit kleinen, dicken Blättern.

Hybriden: *S. glauca* × *phylicifolia*, *S. myrsinifolia* × *phylicifolia*, *S. myrsinifolia* × *myrsinites* × *phylicifolia* und wahrscheinlich *S. myrsinites* × *phylicifolia* (vgl. SAARI 1977).

Die häufigste *Salix*-Art im Nationalpark (vgl. SÖYRINKI 1956: 18). Vor allem Ufer der Flüsse und Bäche, mit *S. hastata* und *Alnus incana* ausgedehnte Gebüsche bildend. Gewöhnlich in Hain- und Bruchstreifen an Berghängen. In Wäldern am reichlichsten in feuchten Hainen vom *Geranium-Filipendula*-Typ, oft auch in frischen Hainen vom *Geranium-Dryopteris*-Typ, in Mooren besonders in Gras- und Krautbrüchern, manchmal in dünntorfigen Braunmooren sowie in Reisermoor- und Bruchmoorsäumen der offenen Moore (vgl. SÖYRINKI *et al.* 1977).

Weite Standortsauswahl; fehlt nur in Quadraten, die oligotrophe Moorgebiete oder einheitliche Heidewaldgebiete umfassen. Indifferent (vgl. PESOLA 1928: 160).

In Überschwemmungswiesen hat gemähte Gebiete durch Samenkeimlinge schnell erobert (vgl. SÖYRINKI 1939: 142—144). Als Apophyt auch am Landstrassensaum (vgl. KUJALA 1964: 50; AHTI & HÄMET-AHTI 1971: 46).

Salix myrsinifolia Salisb. (*S. nigricans* Sm.) incl. *S. borealis* (Fries) Nazarov — Karte 188.

St fq (152). — (PESOLA 1934 a, 1955 b, BR 1955; KIISTALA & JAHKOLA 1958; SUOMINEN 1963.) — Herb.: H (AB 1908); OULU (VS 1968—71).

Nicht einheitlich. Besonders die Behaarung des Blattes zeigt Variation. In welchem Masse diese durch z.B. Standortsverhältnisse oder durch Kreuzung mit der nördlichen *S. borealis* verursacht ist, bedarf einer weiteren Klärung. In Inari-Lappland ist die Hybride nach KALLIO & MÄKINEN (1975: 72) sehr selten. Auf jeden Fall kommt *S. borealis* im Nationalpark vor (Proben von Quadraten *96, 118, 174, 180, 252, 279, 370, 409, 428, 429* und *430*), und Zwischenformen von dieser Art und *S. myrsinifolia* sind häufig (vgl. SAARI 1977). *S. borealis* zeichnet sich durch stattlicheren Wuchs aus, und durch grössere, dickere Blätter, die auf beiden Seiten behaart sind.

Hybridisiert auch mit *S. myrsinites*, *S. glauca* und *S. phylicifolia*. Besondes die Hybride *S. myrsinifolia* × *phylicifolia* gewöhnlich.

Ufer und dünntorfige Moore. Bildet Ufergebüsche wie *S. phylicifolia* und *S. hastata*, aber nicht so häufig; fehlt an den magersten Sandufern. Auf Torfboden besiedelt sie dünntorfige Braunmoore, Braunmoor-Reisermoore, Gras- und Krautbrücher, Braunmoorbrücher und Hainbrücher an Ufern, an Rändern der offenen Moore oder in versumpften Waldsenken.

S. borealis wächst meistens an Ufern.

Konzentrierung auf kalkbeeinflusste Stellen nördlich von Kiekerölammit, Soidinsuo, Polvilammit und zwischen Ansavuoma und Merioja. Deutlich anspruchsvoller als z.B. *S. phylicifolia*, obgleich oft an denselben Standorten. Nach PESOLA (1928: 159) schwach kalkliebend. Nach KUJALA (1964: 51) ziemlich nahrungsreiche Böden, ohne eigentlich anspruchsvoll zu sein.

Apophytisch an Ufern, wo sie in Gesellschaft anderer Weidenarten gemähte Areale erobert (vgl. SÖYRINKI 1956: 18; KUJALA 1964; AHTI & HÄMET-AHTI 1971: 46).

Salix myrsinifolia s. lat. × *myrsinites* — Karte 189.

St r (38). — (HÄLLSTRÖM 1949: Kuusamo, Lippihetteenpuro, Tulilammenpuro; SAARI 1973, 1977.) — Herb.: H (AB 1908; VP 1917); OULU (VS 1968—71); TUR (HS 1949).

Oft zusammen mit den beiden Stammarten. *S. myrsinifolia* ist jedoch häufigerer Begleiter als *S. myrsininites*, offenbar weil die Standorte mehr an diejenige von *S. myrsinifolia* erinnern. Wuchs gewöhnlich deutlich grösser als *S. myrsinites* aber kleiner als *S. myrsinifolia*; Höhe in der Regel unter 2 m.

Proben von Quadrat *283* und *431* vertreten wahrscheinlich *S. myrsinifolia* × *myrsinites* × *phylicifolia*.

Salix myrsinifolia s. lat. × *phylicifolia* — Karte 190.

St r (73). — (SAARI 1977.) — Herb.: H (AB 1908); OULU (VS 1968—71).

Behaarung der Blätter variiert. Individuen mit am stärksten behaarten und dicksten Blättern vertreten die *S. borealis* × *phylicifolia* (Proben von Quadrat *87, 96, 170, 171* und *430*). Der überwiegende Teil schwach behaart oder beinahe kahl und repräsentiert *S. myrsinifolia* s.str. × *phylicifolia*.

Häufigste *Salix*-Hybride. In der Tat schwieriger eine völlig reine *S. myrsinifolia* zu finden als eine solche mit wenigstens gewissen *S. phylicifolia*-Zügen. *S. phylicifolia* dagegen bedeutend häufiger rein als hybridisiert. Zu *S. myrsinifolia* wurden solche offenbar genetisch gemischte Formen gezählt, die hinsichtlich ihrer Merkmale sehr nahe an *S. myrsinifolia* herankommen.

Die Stammarten wachsen sehr oft zusammen an Ufern und in eutrophen dünntorfigen Brüchern, wo die Hybride ebenfalls häufig ist.

Salix aurita L. — Karte 191.

Rr (5): *57*: etwa 500 m E von Kouverhauta, am Rande des *Carex globularis*-Reisermoors; *244*: W-Ende des Hirvilampi, am Rande eines Reisermoors; *301*: und *302*: westlich und östlich vom Takkulampi; *303*: N-Hang des Kiutavaara, Hangmoor. — Herb.: H (Kuusamo: Kiutavaara, EH 1912).

An der Nordgrenze ihres Areals (vgl. JALAS & SUOMINEN 1976: Karte 236). Die meisten Vorkommen spärlich, nur auf Quadrat 303 reichlich. Alle Standorte oligotrophe Reisermoore (vgl. PANKAKOSKI 1939: 75).

Salix aurita × *myrtilloides* — Karte 192.

Rr (7): *10*: *26*: *29*: *39*: *231*: *244*: *300*: — (SAARI 1977.)

Steht gewöhnlich *S. myrtilloides* näher als *S. aurita*, offenbar weil die erstere viel häufiger ist, und Rückkreuzungen mit ihr wahrscheinlicher sind.

Salix caprea L. incl. *S. coaetanea* (Hartman) B. Flod. — Karte 193.

Fqq (408). — (KUJALA 1921; PESOLA 1934 a und b; VR 1937; NISKASAARI 1956; KIISTALA & JAHKOLA 1958; MUUKKONEN *et al.* 1958; SUOMINEN 1963.) — Herb.: H (AB 1908); OULU (VS 1968—71).

Hybridisiert wenigstens mit *S. lapponum*, *S. starkeana* und *S. xerophila* (vgl. SAARI 1977).

Hauptsächlich durch die südliche *S. caprea* vertreten, aber auch Merkmale von *S. coaetanea* sind vorhanden. Eine typische *S. coaetanea*-Probe vom Quadrat *343*. Bei ihr Knospen und Blätter deutlich stärker behaart als bei *S. caprea*. Blätter ausserdem kurzgestielt, mit schmaler Basis, umgekehrt eirund und spitzig zugespitzt. Es gibt ja Zwischenformen, aber nicht häufig, und diese stehen *S. caprea* näher als *S. coaetanea*.

Besonders eine Pflanze der frischen Heidewälder vom *Hylocomium-Myrtillus*-Typ, *Ledum-Uliginosum*-Typ und *Geranium-Myrtillus*-Typ, aber nur als vereinzelte Bäume bzw. Sträucher (vgl. SÖYRINKI *et al.* 1977). Charakteristisch namentlich für Heidewaldsäume der Moore. In der Hainvegetation häufig in frischen Hainen vom *Geranium-Dryopteris*-Typ und etwas seltener in feuchten Hainen vom *Geranium-Filipendula*-Typ und *Filices*-Typ. In trockenen Heidewäldern regelmässig aber spärlicher und von niedrigerem Wuchs als in frischen. Fehlt in der Regel in trockensten Heiden vom *Calluna-Cladina*-Typ. In Mooren nur in dünntorfigen Brüchern spärlich. Gelegentlich an Ufern.

Die einzige grössere Lücke im Norden des Moors Saviaapa. Fehlt sonst nur auf vereinzelten oligotrophen Wald- und Moorquadraten. Nicht anspruchsvoll. Nach PESOLA (1928: 160) indifferent.

Im Oulankajoki-Pjaozero-Gebiet noch in der alpinen Stufe am Kivakkatunturi bei 460 m (SÖYRINKI 1956: 18).

Salix caprea × *lapponum* — Karte 194.

Rr (6): *96*: *153*: *157*: (cf. *S. caprea* × *lapponum*) *187*: *374*: *387*: — (SAARI 1977.)

Feuchte oder frische Ufer, wo die Stammarten zusammen auftreten können, obgleich *S. caprea* besonders in frischen Heidewäldern und *S. lapponum* an Ufern und in Mooren wächst.

Salix cf. *caprea* × *starkeana* × *xerophila* — Karte 194.

Rr (4): *126*: *131*: *165*: *179*: — (SAARI 1977.) — Herb.: H (VP 1917: Kiutaköngäs).

Es ist nicht möglich, *S. caprea* × *starkeana* × *xerophila* von *S. caprea* × *starkeana* und *S. caprea* × *xerophila* mit Sicherheit zu unterscheiden (vgl. KALLIO & MÄKINEN 1975: 76). Da jedoch *S. starkeana* × *xerophila* im Nationalpark viel häufiger auftritt als die Stammarten, sind die *S. caprea*-Hybriden offenbar meistens Kreuzungen dieser drei Arten. Möglicherweise die Probe vom Quadrat *126 S. caprea* × *starkeana* und die vom *165 S. caprea* × *xerophila*.

Salix starkeana Willd. — Karte 195.

R (22). — (VR 1937.) — Herb.: H (AB 1908; LLe, OVL & APi 1937); OULU (YV 1949; VS 1968—71); TUR (AJ 1949).

Es ist sehr schwierig, die reinen *S. starkeana* und *S. xerophila* von den Hybriden dieser Arten zu unterscheiden. Diejenigen Sträucher, bei denen auch die älteren Blätter dünn und völlig oder nahezu kahl sind, wurden zu *S. starkeana* gezählt, die mit dickeren und behaarten Blättern zu *S. xerophila.* Im allgemeinen sind *S. xerophila*-Sträucher von höherem Wuchs als die von *S. starkeana,* bisweilen fast baumartig. Die meisten Sträucher bleiben jedoch zwischen diesen zwei Extremen und sind zu Hybriden gezählt worden. Offenbar ist die Hybride wenigstens einigermassen fertil und Rückkreuzungen häufig, da die reinen Arten durch eine allmähliche Serie von Zwischenformen verbunden sind. Nach KALLIO & MÄKINEN (1975: 99) wäre es möglich, die beiden Arten zusammenzustellen und das heutige Arttaxon zum Varietätniveau zu degradieren.

S. starkeana wächst in lichten, mässig trockenen Heidewäldern vom *Empetrum-Myrtillus*-Typ und in frischen Heidewäldern vom *Hylocomium-Myrtillus*-Typ mit dominierender *Pinus sylvestris*; oft an Südhängen der Berge. Ferner an bewaldeten Flussuferböschungen, seltener in bruchmoorartigen Heidewaldsenken. Immer in vereinzelten Sträuchern.

Fordert offenbar ziemlich trockenen, lichten Standort. Hinsichtlich des Nährbodens anspruchslos.

Salix starkeana × *xerophila* — Karte 196.

P (129). — (SAARI 1977.) — Herb.: H (JM 1898; AB 1908; TA 1955); OULU (VS 1968—71).

Bedeutend häufiger als die Stammarten. Am gewöhnlichsten in trockenen Heidewäldern vom *Empertrum-Myrtillus*-Typ, oft in frischen Heidewäldern, besonders im *Hylocomium-Myrtillus*-Typ, in Uferböschungen und trockenen Uferwiesen, vorwiegend am Waldsaum. Seltener an mit dünnem Humus bedeckten Felshängen und dünntorfigen Bruchniederungen, einmal an der Landstrasse. Standorte meistens trocken und licht, an Ufern auf Sandboden.

Salix xerophila B. Flod. — Karte 197.

Rr (8): *250.' 251.' 304.' 327.' 358.' 369.'* 387 und *391.'*

Die taxonomische Stellung unklar (vgl. KALLIO & MÄKINEN 1975: 101). Übergangsformen zu *S. starkeana* sehr häufig. Hybridisiert auch mit *S. caprea.*

Am Kiutavaara als vereinzelte Individuen in mässig trockenen Heidewäldern vom *Empetrum-Myrtillus*-Typ. Die Standorte ähnlich wie bei *S. starkeana,* vielleicht trockener und karger.

Im Oulankajoki-Pjaozero-Gebiet auf Päänuorunen in der alpinen Zwergstrauchheide (SÖYRINKI 1956: 18).

Salix myrtilloides L. — Karte 198.

St fq (204). — (NISKASAARI 1956; UOTILA 1960.)

Hybridisiert mit *S. aurita, S. lapponum, S. starkeana* und *S. xerophila.*

Besonders in Randpartien der offenen Moore, vorwiegend Zwischenflächen der Weissmoor-Reisermoore und Braunmoor-Reisermoore, oft in Weissmoorbrüchern und an sumpfigen Ufern der Flüsse, Bäche und Teiche (vgl. SÖYRINKI 1956: 18).

Mesotroph. Meidet fruchtbarste Moore. Selten im östlichen Teil, wo die Kalkwirkung am stärksten ist. Lücken ferner u.a. im Soidinsuo und beim Saviaavanlampi. Meidet auch dürftigste Moore; in den oligotrophsten Mooren westlich von Savinanniskakangas selten. Nach PESOLA (1928: 160, vgl. 1955 b: Tab. 7 a und b) schwach kalkmeidend (vgl. KALLIO & MÄKINEN 1975: 90).

Salix cf. *myrtilloides* × *starkeana* × *xerophila* — Karte 199.

Rr (4): *31.'* Saviaapa, ca. 600 m W vom Savilampi, Reisermoor; *65.'* ca. 1,5 km N vom Weiher Keskimmäinen Onkilampi, *Betula nana*-Reisermoor; *245.'* E-Ufer des Hirvilampi, Reisermoorrand; *307.'* Puukkorinne, ca. 2 km NW von der Biologischen Forschungsanstalt. — (SAARI 1977.)

Meistens treten die Züge von *S. myrtilloides* am deutlichsten hervor, besonders in der Form des Blatts. Blätter schwach gezähnt, Rand etwas zurückgebogen, Spitze scharf oder abgerundet, oft schief; beiderseits ziemlich schwach behaart.

Salix repens L. — Karte 199.

Rr (1): *291.'* an dem aus dem Luukkosenlampi in den Aventojoki fliessenden Bach, am Rande eines *Scorpidium*-Rimpibraunmoors, pcc.

Früher nicht vom Nationalpark bekannt. Nördlichste Fundstelle in Finnland und offenbar in ganz Fennoskandien (vgl. HULTÉN 1971: Karte 528; JALAS und SUOMINEN 1976: Karte 243).

Nur ein einziger kleiner Strauch, als Begleiter *Equisetum palustre, Juncus stygius, Carex panicea* und *C. lasiocarpa.*

Salix lapponum L. — Karte 200.

Fq (292). — (PESOLA 1934 a, 1955 b; VR 1937; NISKASAARI 1956; UOTILA 1960. — Herb.: OULU (VS 1968).

Hybridisiert mit *S. aurita, S. caprea* und *S. myrtilloides.*

Nach *S. phylicifolia* und *S. caprea* die dritthäufigste *Salix*-Art. Ufer und Moore. Reichlich besonders in nassen Vertiefungen der Gras- und Krautbrücher, Weissmoorbrücher, Braunmoorbrücher und Hainbrücher, spärlicher in normalen Bruchmooren (vgl. RUUHIJÄRVI 1960). Oft mit *S. myrtilloides* in Reisermoor- und Bruchmoorsäumen der offenen Moore, als niedriger Strauch weiter inmitten der Moorvegetation.

An Ufern in überschwemmten Gebüschen, frischen Strandwiesen und Sumpfmooren.

Am reichlichsten in versumpften westlichen und nördlichen Teilen. Das Areal zeigt Ähnlichkeit mit *S. myrtilloides*; jedoch eine weitere Standortsamplitude und häufiger als diese, besonders am Lauf des Oulankajoki. Nach PESOLA (1928: 160) indifferent (vgl. KUJALA 1964: 52; KALLIO & MÄKINEN 1975: 87).

Kann in Uferwiesen ein Apophyt sein; es ist aber möglich, dass sie dort schon vor der Mahd gewachsen ist (vgl. SÖYRINKI 1956: 18; AHTI & HÄMET-AHTI 1971: 46).

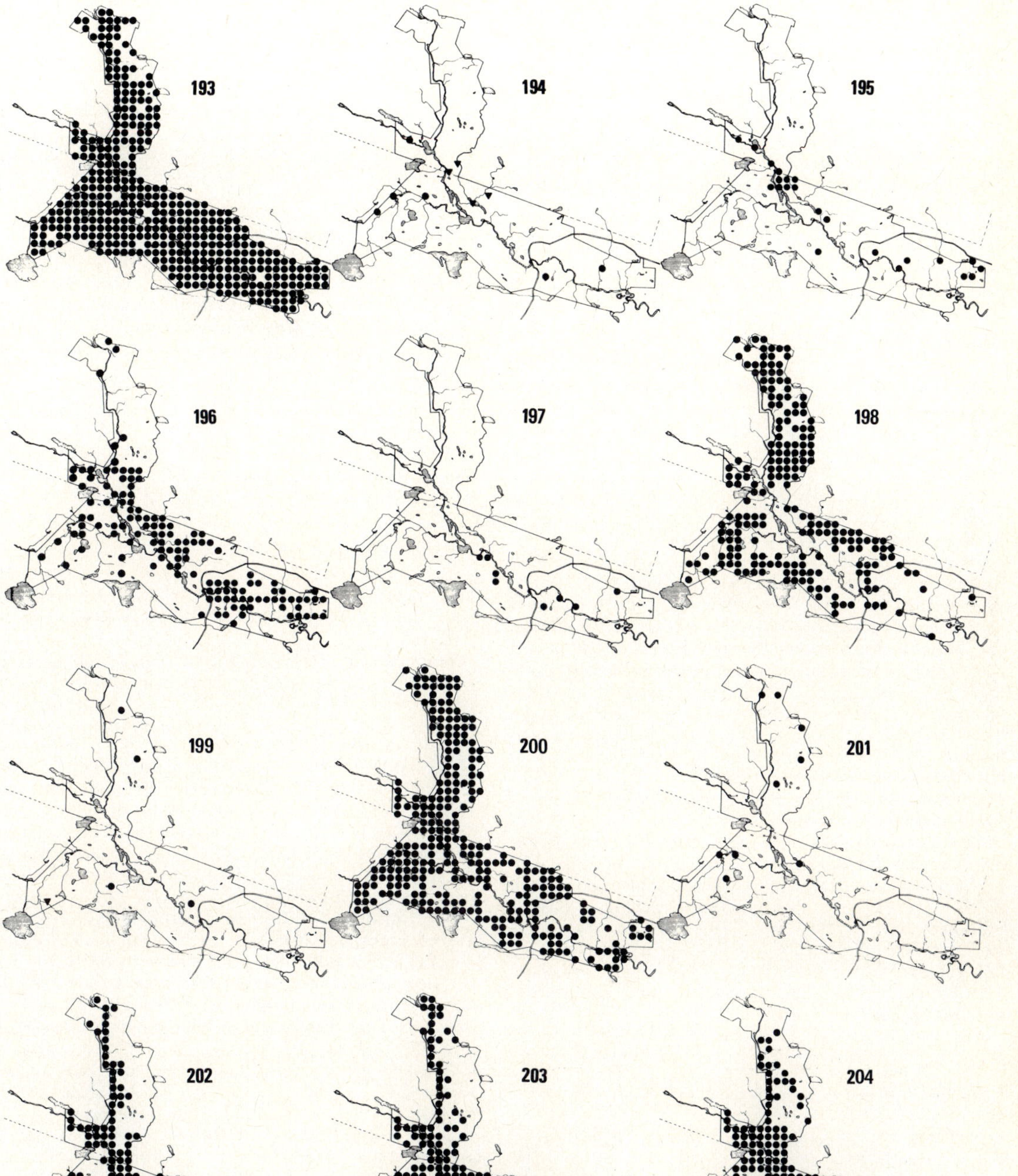

Karten 193—204. — 193: *Salix caprea* L. s. lat. — 194: • *S. caprea* × *lapponum*, ▼ *S.* cf. *caprea* × *starkeana* × *xerophila* — 195: *S. starkeana* Willd. — 196: *S. starkeana* × *xerophila* — 197: *S. xerophila* B. Flod. — 198: *S. myrtilloides* L. — 199: • *S.* cf. *myrtilloides* × *starkeana* × *xerophila*, ▼ *S. repens* L. — 200: *S. lapponum* L. — 201: *S. lapponum* × *myrtilloides* — 202: *S. hastata* L. — 203: *Populus tremula* L. — 204: *Betula pendula* Roth.

Salix lapponum × myrtilloides — Karte 201.

Rr (9): *22:̇ 24:̇ 44:̇ 66:̇ 82:̇ 153:̇ 155:̇ 179:̇ 214:̇* — (SAARI 1977.)

Grösse und Form der Blätter erinnern manchmal mehr an *S. lapponum,* zuweilen an *S. myrtilloides.* Blätter schwach gezähnt mit zurückgebogenem Rand, beiderseits behaart und unten hell bläulich gefärbt.

Reisermoor- und Bruchmoorränder der offenen Moore und versumpfte Teichufer, an denen die beiden Stammarten gewöhnlich. Fundstellen in westlichen und nördlichen Teilen, wo die Stammarten am reichlichsten vorkommen.

Salix hastata L. — Karte 202.

St fq (190). — (BACKMAN 1908; PESOLA 1928, 1934 b, 1955 b; VR 1937; BR 1955; MUUKKONEN *et al.* 1958.) — Herb.: H (AB 1902, 1908; VP 1917); HSI (VP 1917); OULU (AB 1908; APs 1935; RLH 1954; YV 1954; VS 1968—70); TUR (PI 1955).

Sehr veränderlich. HYLANDER (1966: 281) hat ausser der Hauptform drei Varietäten unterschieden; von diesen dürften die Hauptform und var. *vegata* Ands. und var. *subintegrifolia* B. Flod. Kuusamo erreichen. Diese Einheiten haben in Flora Europaea 1 den Rang einer Unterart (vgl. KALLIO & MÄKINEN 1975: 81). Im Nationalpark variieren die Grösse des Strauchs sowie Grösse und Form des Blattes und der Stipeln beträchtlich an verschiedenen Standorten, und sogar in ein und demselben Strauch.

Neben *S. phylicifolia* die häufigste *Salix*-Art an überschwemmten Ufern. Gebüsche sowohl an Kiesufern im östlichen Teil als höher am Fluss an Wiesenufern oder feuchten Wänden der Uferfelsen und an Geröllhängen. Häufig an unvermoorten Bachufern. In der Waldvegetation auf gegen den Fluss geneigten dolomithaltigen Moränenböden auch ziemlich weit vom Fluss entfernt. In Bruchstreifen in Wäldern selten, ebenso an hainartigen Randpartien der Braunmoore (vgl. SÖYRINKI 1956: 18).

Nach PESOLA (1928: 159) schwach kalkliebend, nach KUJALA (1964: 53) biologisch schwächlich, dürftige Standorte vermeidend. An Ufern werden die Nährstoffansprüche offenbar durch Wasserströmungen und Düngungswirkung der Überschwemmungen befriedigt.

In Uferwiesen apophytisch, ebenso an der Landstrasse auf Quadrat *331.*

Salix pyrolifolia Led. — Karte 191.

Rr (1): *376* Lippihetteenpuro. — (PESOLA 1918 c, 1955 a und b; LUTHER 1946; HÄLLSTRÖM 1949; LAINE *et al.* 1949; KOTILAINEN 1949 c, 1950; SAARI 1973.) — Herb.: H (VP 1917) und ausserdem etwa 10 Proben in H, OULU und TUR.

In HULTÉN (1971: Karte 581) ist der Fundort östlich von der Reichgrenze gezeichnet. Diese Stelle liegt allerdings so nahe an der Grenze, dass der betreffende Punkt in JALAS & SUOMINEN (1976: Karte 250) von der Grenzlinie halbiert wird.

Der Lippihetteenpuro-Fund gehört zur rundblättrigen f. *ovata.* Kontinentale Pflanze der Überschwemmungsufer von Sibirien und Nord-Russland, die 1917 von V. PESOLA (1918 c) gefunden wurde. Ausserdem in Finnland nur in Tervola und Salla (KOTILAINEN 1949 c, 1958 und in JALAS Suuri Kasvikirja II: 60).

Nördlich vom Paanajärvi in Kuusamo jenseits der Reichsgrenze (LUTHER 1946).

Nur ein etwa 5 m hoher weiblicher Strauch, mit einem Hauptstamm und abgestorbenem Gipfel. Auch viele Zweige verdorrt, und die Pflanze hat ihre Lebenskraft eingebüsst. Das Verdorren mag zum Teil durch Tätigkeit der Pflanzensammler verursacht sein.

Der Standort ein südwärts geneigtes quelliges Braunmoor, das vom Bach Lippihetteenpuro durchflossen wird. *S. pyrolifolia* wächst unmittelbar am Bach. *S. reticulata* ziemlich reichlich im Braunmoor. Auch die übrige Begleitflora zeugt von kalkreichem Nährboden: *Equisetum palustre, Eriophorum latifolium, Carex cespitosa, C. flava, Salix myrsinites, Parnassia palustris, Filipendula ulmaria* und *Pinguicula alpina.*

Vielleicht ein reliktartiges Überbleibsel einer früheren ausgedehnteren Verbreitung. Zwei weitere Funde in der Nähe des Nationalparks dürften diese Annahme stützen. Der Ursprung aus von Nord-Russland hergeflogenem Samen ist aber nicht ausgeschlossen.

Populus tremula L. — Karte 203.

Fqq (343). — (PESOLA 1934 a und b; VR 1937; NISKASAARI 1956; KIISTALA & JAHKOLA 1958; SÖYRINKI *et al.* 1977.)

Besonders ein Baum der frischen Haine vom *Geranium-Dryopteris*-Typ, fast gleich reichlich in feuchten Hainen vom *Geranium-Filipendula*-Typ und *Filices*-Typ, ebenso wie in hainartigen frischen Heidewäldern vom *Geranium-Myrtillus*-Typ (vgl. SÖYRINKI *et al.* 1977). In frischen Heidewäldern vom *Hylocomium-Myrtillus*-Typ als vereinzelte Bäume. In trockenen Heidewäldern vom *Empetrum-Myrtillus*-Typ spärlich; fehlt in Heiden vom *Calluna-Cladina*-Typ. In Heidewäldern oft als niedriger Strauch. Gewöhnlich als Mischbaum. Reine Espenbestände selten, nur an Ufern der Flüsse und Bäche, besonders im Savinajokital.

Fehlt in den am stärksten versumpften Gebieten. Ein ausgedehntes Ausfallsgebiet im Norden in den Mooren von Salla, im südlichen Teil kleinere in der Umgegend der Seen Puikkojärvi und Isojärvi, sonst das Arealbild dort nahezu lückenlos. Manche vereinzelte Quadrate, in denen sie fehlt, umfassen trockene Heidewälder (*80, 88, 373, 392* und *407*).

Nicht anspruchsvoll; Häufigkeit im Nationalpark findet jedoch Erklärung in der allgemeinen Fruchtbarkeit. Nach PESOLA (1928: 160) indifferent.

Die wenigen Fällungen haben keinen Einfluss gehabt; die auf den Hiebsflächen in finnischen Wäldern gewöhnlichen aus Wurzelknospen entstandenen Espendickichte fehlen im Nationalpark.

Betulaceae

Betula pendula Roth (*B. verrucosa* Ehrh.) — Karte 204.

Fqq (396). — (PESOLA 1934 b; SÖYRINKI *et al.* 1977.)

Besonders trockene Heidewälder (vgl. KUJALA 1964:

54). In mässig trockenen Heidewäldern vom *Empetrum-Myrtillus*-Typ an Berghängen häufiger als *B. pubescens* und oft tonangebend im Landschaftsbild. Am reichlichsten an Stellen, wo der übrige Baumbestand licht ist. In trockensten Heidewäldern des *Calluna-Cladina*-Typs auf Sandboden spärlich. Auch in frischen Heidewäldern und in allen Haintypen, aber nicht so häufig wie im *Empetrum-Myrtillus*-Typ (vgl. SÖYRINKI *et al.* 1977). Empfindlich gegen Versumpfung, fehlt auch in Bruchmooren. Im Moorgebiet von Salla demgemäss nur in kleinen Waldinseln, auch am Savinajoki nicht nördlich von Niemikangas, wo die hohen Uferböschungen aufhören. Im Südteil fehlt sie nur in der Gegend von Isojärvi-Syväjärvi und östlich vom Vaalulampi.

Als Lichtbaum, der effektiv Brandflächen besiedelt, hat sie wohl aus Waldbränden profitiert.

Betula pubescens Ehrh. — Karte 205.

Fqq (438). Fehlt nur auf Quadraten *392* und *414*. — (PESOLA 1934 b; SÖYRINKI *et al.* 1977.) — Herb.: OULU (VS 1969).

Von den Baumarten sind nur *Pinus sylvestris* und *Picea abies* häufiger als *B. pubescens.* Besonders in Hainwäldern und frischen Heidewäldern (vgl. SÖYRINKI *et al.* 1977). In mässig trockenen *Empetrum-Myrtillus*-Heidewäldern spärlicher und fehlt in dürftigsten *Calluna-Cladina*-Heidewäldern. Quadrate *392* und *414* sind gerade von dieser Vegetation eingenommen. Auf Torfboden regelmässig in Bruchmooren und Reisermooren; in Braunmooren nur spärlich in *Sphagnum warnstorfii-* und *Campylium stellatum*-Braunmooren. Birkenbraunmoore, wo sie Charakterart ist, gibt es im Nationalpark nur in ganz unbedeutendem Umfang (SÖYRINKI *et al.* 1977: 71).

Anspruchslos hinsichtlich des Nährbodens. Nach PESOLA (1928: 160) indifferent. Verträgt Beschattung bedeutend besser als *B. pendula.* Im Oulankajoki-Pjaozero-Gebiet (*B. tortuosa* Led.; SÖYRINKI 1956: 17) eine einige Dutzende von Metern breite Birkenstufe oberhalb der Fichtenstufe und strauchartig bis hinauf zu den Gipfeln der Fjelde.

Als Apophyt offenbar an Ufern, wo die Mahd neue Standorte geschaffen hat, ferner an der Landstrasse, jedoch nicht so reichlich wie in Süd-Finnland (vgl. AHTI & HÄMET-AHTI 1971: 46).

Betula nana L. — Karte 206.

Fqq (330). — (PESOLA 1934 a, 1955 b; UOTILA 1960; SÖYRINKI *et al.* 1977.)

Alle Moortypen, ausser moosarme Rimpibraunmoore und fruchtbarste Bruchmoore. Besonders reichlich in verschiedenen Reisermooren; in *Betula nana*-reichen normalen Reisermooren unbestrittener Dominant in der Feldschicht (SÖYRINKI *et al.* 1977). Bemerkenswert reichlich in manchen Typen der offenen Moore, wie Grossseggenweissmoore, *Molinia*-Braunmoor-Weissmoore und sogar *Sphagnum warnstorfii*-Braunmoore. In Bruchmooren am reichlichsten in gemeinen Bruchwäldern und normalen Bruchmooren. Gelegentlich an nordwärts geneigten Heidewaldhängen, ist aber keine richtige Waldpflanze; Ausfallsgebiete hauptsächlich in Waldgegenden im südlichen Teil, wie Purkuputaankangas, Ampumavaara und Kiutavaara.

Gilt als Pflanze der ombrotrophen Moorvegetation (vgl. z.B. RUUHIJÄRVI 1960). Wächst zwar am reichlichsten auf saurem *Sphagnum*-Torf, Standorte jedoch sehr verschieden und umfassen alle Trophieklassen. pH 3.6—6.9 (Mittel 5.3 von 6 Proben; vgl. KOTILAINEN 1927: 52; PANKAKOSKI 1939: 74). Nach PESOLA (1928: 160) indifferent, nach KUJALA (1964: 55) anspruchslos, aber etwas anspruchsvoller als *Ledum palustre* und *Calluna vulgaris.*

Betula nana × *pubescens* (*B.* × *intermedia* Thomas ap. Gaud.) und *B. nana* × *pendula* (*B.* × *bottnica* Mela) — Karte 207.

St r (74). — (PESOLA 1934 b: *B. nana* × *pubescens* Salla, Oulankajoki, westlich vom Savilampi und Kuusamo, Taivalköngäs; SAARI 1977.) — Herb.: OULU (VS *B. nana* × *pubescens* 1968—70; *B. nana* × *pendula* 1969).

B. nana × *pubescens* kommt verstreut vor. Ausser Hybriden mit typischen *B. pubescens*-Merkmalen wurden aber auch Individuen angetroffen, die wie *B. pendula* Doppelzähnung am Blattrande hatten. Die Hybriden zeigen jedoch beträchtliche morphologische Variation, und die Zahlenverhältnisse der beiden Hybriden wurden nicht näher untersucht. Jedenfalls hybridisiert *B. nana* viel häufiger mit *B. pubescens* als mit *B. pendula* (vgl. HYLANDER 1966: 302).

Die Hybriden wachsen meistens in Reisermooren, vor allem in Reisermoorsäumen der offenen Moore, oft auch in frischen Heidewäldern vom *Ledum-Uliginosum*-Typ und *Hylocomium-Myrtillus*-Typ, ja sogar in mässig trockenen Heidewäldern vom *Empetrum-Myrtillus*-Typ.

Alnus incana (L.) Moench — Karte 208.

Fqq (350). — (BACKMAN 1908; KUJALA 1921; PESOLA 1934 a; VR 1937; BR 1955; KIISTALA & JAHKOLA 1958; MUUKKONEN *et al.* 1958; UOTILA 1960; SUOMINEN 1963; ULVINEN *et al.* 1966; SÖYRINKI *et al.* 1977.) — Herb.: H (VP 1917, var. *virescens*); OULU (VP 1917, var. *virescens*; VS 1968—70); TUR (IK 1949; AV 1949).

Ausser der Nominalrasse *A. incana* ssp. *incana* im Nationalpark die nördliche, in Fennoskandien endemische ssp. *kolaënsis* (Orlova) Á. & D. Löve (*A. incana* var. *virescens* Wahlenb.), die in der Kuusamo-Gegend ihre Südgrenze erreicht (vgl. JALAS & SUOMINEN 1976: Karte 276).

Besonders die Ufer der Flüsse, Bäche und Seen (vgl. SÖYRINKI 1956: 18). Reichlich auch feuchte Haine vom *Geranium-Filipendula*-Typ und *Filices*-Typ, frische Haine vom *Geranium-Dryopteris*-Typ und frische hainartige Heidewälder vom *Geranium-Myrtillus*-Typ. Strauchartig in frischen Heidewäldern vom *Hylocomium-Myrtillus*-Typ und mässig trockenen Heidewäldern vom *Empetrum-Myrtillus*-Typ. Häufig in fruchtbaren Bruchmoortypen: in Gras- und Krautbrüchern, Weissmoorbrüchern, Braunmoorbrüchern und vor allem in Hainbrüchern. In Braunmoor-Reisermoorsäumen der offenen Moore oft strauchartig.

Nicht anspruchsvoll hinsichtlich des Nährbodens

vielleicht Dank der Symbiose mit dem Stickstoffbinder *Actinomyces alni*, reichlich und stattlich aber nur in fruchtbaren Gebieten. Auf armem, dickem Torfboden wächst sie nicht, fehlt auch in den dürftigsten Heidewäldern. Weiteste Ausfallsgebiete in den Mooren von Salla. Nach PESOLA (1928: 159) schwach kalkliebend.

Wahrscheinlich haben gelegentliche Waldbrände das Fortkommen dieses kurzlebigen Pionierbaums gefördert.

Urticaceae

Urtica dioica L. ssp. *dioica* — Karte 209.

Rr (2): *331* Abladestelle der Försterei; *347* an der Wand der Biologischen Forschungsanstalt. — (AHTI & HÄMET-AHTI 1971: Kiutaköngäs, Anlegeplatz der Fähre im J. 1953; Biologische Forschungsanstalt.)

Ankömmling; nur an Stellen, wo die menschliche Tätigkeit mehrere Jahre lang gedauert hat, und wo der Stickstoffgehalt hoch ist (vgl. SÖYRINKI 1956: 19, 58; AHTI & HÄMET-AHTI 1971: 47).

Urtica dioica L. ssp. *sondenii* (Simmons) Hyl. — Karte 209.

Rr (3): *224* N-Ufer des Oulankajoki bei der Stromschnelle Hepokoski, pcc; *409'.* oberer Mündungsarm des Merioja, pcc; *437'.* Ansalamminpuro, pcc. — (HÄLLSTRÖM 1949: Alimmainen Ansapuro; SUOMINEN 1963: Kiutaköngäs-Merioja; SAARI 1973.)

Eutrophe Farnhaine. Auf Quadrat *224* und *437* mit vorherrschender *Matteuccia struthiopteris*, auf *409* an einer beschatteten, halb vegetationslosen Uferböschung. Begleiter auf 224 ausserdem *Equisetum pratense, Maianthemum bifolium, Paris quadrifolia, Anthriscus sylvestris* und *Trientalis europaea*, auf *409 Gymnocarpium dryopteris, Ribes spicatum, Filipendula ulmaria* und *Geum rivale*, auf *437 Rubus idaeus, Viola selkirkii* und *Circaea alpina.*

U. dioica zählt nach KUJALA (1964: 56) zu den anspruchsvollsten Waldpflanzen. Fordert sowohl fruchtbaren Boden als viel Feuchtigkeit. Dies stimmt auch im Nationalpark.

Polygonaceae

Polygonum aviculare L. s. lat. — Karte 73.

Rr (1): *365* am Landstrassenrand ca. 200 m S von der Oulankajoki-Brücke im Sommer 1974, pcc. — (NISKASAARI 1956: Kiutaköngäs, Anlegeplatz der Fähre, pc; AHTI & HÄMET-AHTI 1971: bei der Biologischen Forschungsanstalt. An diesen beiden Stellen später nicht mehr beobachtet.)

Im Oulankajoki-Pjaozero-Gebiet und in Kuusamo völlig eingebürgert (SÖYRINKI 1956: 19, 58; AHTI & HÄMET-AHTI 1971: 49).

Polygonum lapathifolium L. — Karte 80.

Rr (1): *347'.* Hof der Biologischen Forschungsanstalt, unter Ziersträuchern im J. 1971, pc.

Angabe von BROTHERUS (1878): Kuusamo, Aventojoki, dürfte *P. amphibium* betreffen.

Ankömmling (vgl. SÖYRINKI 1956: 19, 62; AHTI & HÄMET-AHTI 1971: 49).

Polygonum amphibium L. — Karte 210.

Rr (5): *187* der Tümpel ca. 1 km SW vom Ristikallio; *329, 345, 346* und *365* Oulankajoki zwischen Haaralampi und Landstrassenbrücke. — (HJELT 1902; BACKMAN 1908; FORTELIUS 1925.) — Herb.: H (VB & FW 1883); HSI (AB 1908); TURA (GL 1937); OULU (RLH 1952; VS 1970).

Der Standort auf Quadrat *187* bleibt in regenarmen Sommern trocken, und die Art wächst als mf. *terrestre* (Leyss.). In regenreichen Sommern im Tümpel mf. *aquaticum* (Leyss.) Hiit., die allein im Oulankajoki wächst.

Auf *187* und *365* ziemlich reichlich, sonst spärlich. Auf *365* in ruhig fliessendem Wasser auf Dyboden, anderswo im Fluss in langsam strömendem Wasser auf Geröllboden. Die Vorkommen auf kurzer Strecke in dem Gebiet, wo die anspruchsvollsten Wasserpflanzen wachsen (z.B. *Potamogeton lucens, Sagittaria sagittifolia* und *Callitriche hermaphroditica*). Nach PESOLA (1928: 158) schwach kalkliebend, nach LINKOLA (1933: 6) semi-eutroph (vgl. LUTHER 1951: 190).

Polygonum viviparum L. — Karte 211.

Fq (246). — (BACKMAN 1908; PESOLA 1934 b, 1955 b; VR 1937; BR 1955; MUUKKONEN *et al.* 1958; VASARI 1958; SUOMINEN 1963; AHTI & HÄMET-AHTI 1971.) —

Vor allem frische und trockene Uferwiesen, am reichlichsten in *Geranium sylvaticum-Cirsium helenioides-, Deschampsia cespitosa-* und *Festuca ovina*-Wiesen. Meidet den nassesten Ufersaum ebenso wie am Waldrand gelegene Wiesenpartien. Häufig auch in eutrophen dünntorfigen Mooren, besonders in *Sphagnum warnstorfii*-Braunmooren, oft in *Campylium stellatum*-Braunmooren, Braunmoor-Reisermooren und Braunmoorbrüchern. Charakteristisch für Sickerflächen der Braunmoorränder, wo die Begleiter besonders anspruchsvoll, z.B. *Carex capitata, C. capillaris, Salix myrsinites, Pinguicula alpina, Bartsia alpina* und *Saussurea alpina.* In frischen Hainen vom *Geranium-Dryopteris*-Typ und feuchten Hainen vom *Geranium-Filipendula*-Typ, auch in Landstrassengräben (Quadrat *287, 288, 309–312*).

Einheitlich an den Ufern der Flüsse und Bäche. Sonst konzentrieren sich die Vorkommen auf die Braunmoorgebiete. Fehlt in Gebieten der armen Moore und Heidewälder von Salla, Puikkojärvi, Isojärvi-Syvälampi, Metsosuo, Kiutavaara und Ampumavaara.

Anspruchslos in Uferwiesen (vgl. KUJALA 1964: 57); an Moorstandorten anspruchsvoll. Nach PESOLA (1928: 158) schwach kalkliebend (vgl. BRENNER 1931: 152—153; PANKAKOSKI 1939: 76).

Apophytisch in Strassengräben und oft in Uferwiesen (vgl. SÖYRINKI 1956: 19; AHTI & HÄMET-AHTI 1971: 49). Vermehrung durch Keimbulbillen (vgl. SÖYRINKI 1939: 159—164, 1954: 123—124).

Fallopia convolvulus (L.) Á. Löve (*Polygonum c.* L.) — Karte 80.

Rr (1): *347* Hinterhof der Biologischen Forschungs-

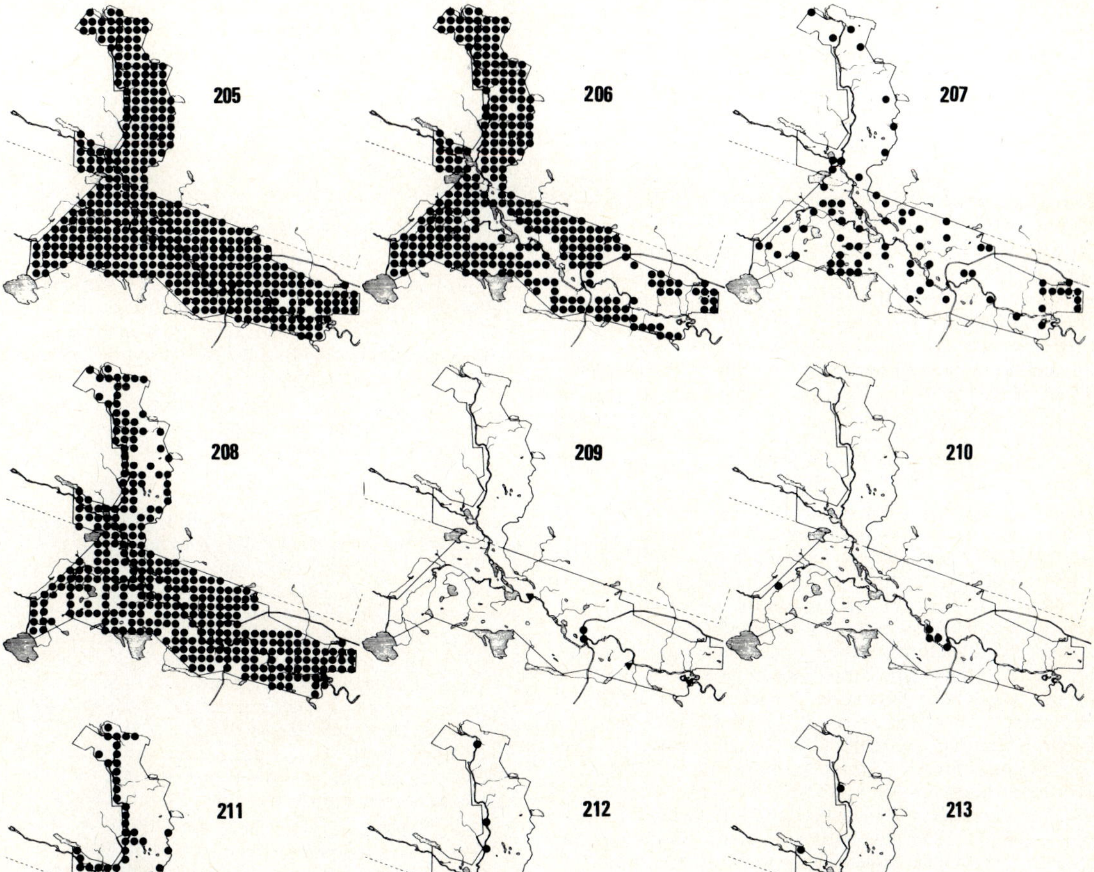

Karten 205—216. — 205: *Betula pubescens* Ehrh. — 206: *B. nana* L. — 207: *B. nana* × *pubescens* und *B. nana* × *pendula* — 208: *Alnus incana* (L.) Moench — 209: • *Urtica dioica* L. ssp. *dioica*, ▼ *U. dioica* L. ssp. *sondenii* (Simmons) Hyl. — 210: *Polygonum amphibium* L. — 211: *P. viviparum* L. — 212: *Rumex acetosella* L. s.lat. — 213: *R. acetosa* s.lat214: *R. aquaticus* L. — 215: *R. longifolius* DC. — 216: *Montia fontana* L.

anstalt. — (AHTI & HÄMET-AHTI 1971: Biologische Forschungsanstalt.)

Im Sommer 1976 nicht mehr angetroffen. Im Oulankajoki-Pjaozero-Gebiet völlig eingebürgert (SÖYRINKI 1956: 19, 58), wahrscheinlich auch in Kuusamo (AHTI & HÄMET-AHTI 1971).

Rumex acetosella L. s. lat. — Karte 212.

R (32). — (VR 1937; NISKASAARI 1956; SUOMINEN 1963; AHTI & HÄMET-AHTI 1971.) Alle bisherigen Angaben beziehen sich auf die unmittelbare Nähe von Kiutaköngäs. — Herb.: OULU (VS 1970).

AHTI & HÄMET-AHTI (1971: 48) sind der Ansicht, dass die meisten Populationen in Kuusamo zu *R. tenuifolius* (Wallr.) Löve gehören. Sie sagen jedoch, dass sie ebenso wie HYLANDER (1966) und viele andere Autoren unfähig gewesen sind, zwischen dieser Art und *R. acetosella* L. em. Löve zu unterscheiden. Dies scheint auch im Nationalpark zu gelten.

Ziemlich reichlich auf sandigen Uferböschungen und Uferwiesen des Oulankajoki abwärts vom Kiutaköngäs, auch an der Landstrasse. An den übrigen Standorten nur spärlich: auf Quadrat *16, 62* und *81* an Lagerfeuerstellen, *143* und *185* in den Höfen der Hütten der Rentierleute und *356* in der Wiese bei einer alten Scheune.

Es ist nicht leicht zu entscheiden, ob die Art ursprünglich ist. Standorte am Strassenrand usw. sind deutlich durch Menschen geschaffen, und es dürfte nicht unmöglich sein, dass die Art sich von der Landstrasse her an den Flussufern verbreitet hätte. Sie gehört aber auch im Oulankajoki-Pjaozero-Gebiet zum typischen Artenbestand der Sandufer, und es ist weniger glaubhaft, dass sie alle diese Standorte dem Menschen zu verdanken hätte (vgl. SÖYRINKI 1956: 20, 55). Wahrscheinlich ist sie eine ursprüngliche Uferpflanze, die schon früh eingewandert ist. Sie zählt wohl zu den häufigen Bewohnern der menschlichen Siedlungen, ist aber z.B. in Dänemark schon früh im Spätglazial gewachsen (IVERSEN 1941: 42), und VASARI (1962: 89) hat sie in Kuusamo von der dem Präboreal entsprechenden unteren Euholozän genannt, wo die Birkenwälder herrschten, aber auch steppenähnliche Vegetation an trockenen Stellen vorkam. Gerade die spätglazialen Verhältnisse mit reichlich nacktem Grusboden dürften für die Verbreitung der Art günstig gewesen sein, ehe sie von der Waldvegetation auf die offenen Sandufer verdrängt wurde.

Rumex acetosa L. s. lat. — Karte 213.

R (11): *39* an dem aus den Äckern von Urriaapa kommenden Graben; *80*: Ufer des Venojärvi; *287, 308, 311* und *347* an der Landstrasse nördlich vom Oulankajoki; *349* Kiutaköngäs, Hof der ehemaligen Schutzhütte; *350* Uferwiese am Oulankajoki ca. 500 m abwärts vom Kiutaköngäs; *359* an dem in den Weiher Tulilampi fliessenden Graben; *386* und *405* an der Landstrasse südlich vom Oulankajoki. — An allen Standorten spärlich, an der Landstrasse etwas zahlreicher. — (VR 1937; NISKASAARI 1956; AHTI & HÄMET-AHTI 1971; alle Angaben vom Gebiet des Kiutaköngäs.)

Wurde nicht eingehend taxonomisch untersucht. Wahrscheinlich ssp. *acetosa*, nicht ssp. *lapponicus* Hiit. oder *R. fontanopaludosus* Kalela.

Ankömmling. Ausser auf Quadrat *80* und *350* die Standorte vom Menschen geschaffen. Auf *80* offenbar durch Fischerei oder Rentierzucht verbreitet (alte Schutzhütte am Ufer des Sees). In Kuusamo ziemlich häufiger Ankömmling (AHTI & HÄMET-AHTI 1971: 48).

Rumex aquaticus L. — Karte 214.

Rr (9): *29* am Savinajoki 500 m aufwärts vom Savinanköngäs; *154* Mündung des Flusses Maaninkajoki; *173* am Aventojoki am Bach Räkkälammenpuro; *177* Ufer des Oulankajoki an der Mündung des Kiekerööja; *194* am Aventojoki bei Hirvivaara; *197* Mündung des Aventojoki; *356* am Bach Putaanoja ca. 500 m S von der Grenze des Nationalparks; *413* Mündung des Putaanoja; *429* Mündung des Lippihetteenpuro. — Herb.: TUR (AV 1949: Oulankajoki, nahe an der Mündung des Lippihetteenpuro).

Zwei Standorte auf Torfboden: auf Quadrat *29* im *Paludella*-Braunmoor nahe am Flussufer mit *Equisetum palustre, Phalaris arundinacea* und *Carex cespitosa*; *356* in einer quelligen Braunmoorwiese mit *Equisetum palustre, Deschampsia cespitosa, Filipendula ulmaria, Geum rivale* und *Parnassia palustris*. Sonst an Dyufern, in nassen Überschwemmungswiesen bzw. auf Mineralboden am Wassersaum. An Ufern die Begleiter gewöhnliche Uferpflanzen, wie *Phalaris arundinacea, Carex nigra* ssp. *juncella, C. acuta, Ranunculus repens, Potentilla palustris, Viola epipsila, Lysimachia thyrsiflora* und *Galium palustre*.

An allen Fundorten nur wenige Individuen. Nach PESOLA (1928: 157) schwach kalkliebend. Fordert an Moorstandorten nahrungsreichen Nährboden; an Ufern scheint sie keine besonderen Ansprüche zu stellen.

Offenbar ursprünglich, wie im Oulankajoki-Pjaozero-Gebiet und Kuusamo (vgl. SÖYRINKI 1956: 19, 54; VASARI & TAARNA 1959; AHTI & HÄMET-AHTI 1971: 47).

Rumex longifolius DC. (*R. domesticus* Hartman) — Karte 215.

Rr (5): *137*: Taivalköngäs, Uferwiese am Oulankajoki; *143* Hof der Rentierhütte am N-Ufer des Vaalulampi; *331* Ampumavaara, im Landstrassengraben; *347* Biologische Forschungsanstalt, im Landstrassengraben; *359* am in den Tulilampi führenden Graben. An allen Fundorten sehr spärlich. — (NISKASAARI 1956 und AHTI & HÄMET-AHTI 1971: Gebiet von Kiutaköngäs.)

Offenbar ziemlich neuer Ankömmling. Alle Standorte durch Tätigkeit des Menschen geschaffen oder verändert. Die geringste Kulturwirkung, die Mahd, auf Quadrat *317*. Im Oulankajoki-Pjaozero-Gebiet völlig eingebürgert (SÖYRINKI 1956: 19—20), ebenso in Kuusamo (AHTI & HÄMET-AHTI 1971: 47).

Chenopodiaceae

Chenopodium suecicum J. Murr (*C. viride* auct.) — Karte 61.

Rr (2): *347*: Hof und früherer Kartoffelacker der

Biologischen Forschungsanstalt; *366*: an der Landstrasse ca. 300 m S von der Oulankajoki-Brücke im Sommer 1974. — Schon früher von der erstgenannten Stelle bekannt (NISKASAARI 1956; AHTI & HÄMET-AHTI 1971: 49).

Ankömmling. In Kuusamo sehr häufig in Dörfern. Die Angaben über *C. album* im Oulankajoki-Pjaozero-Gebiet bei SÖYRINKI (1956: 20, 58) dürften auch *C. suecicum* betreffen (vgl. UOTILA 1972: 30).

Portulacaceae

Montia fontana L. (*M. lamprosperma* Cham.) — Karte 216.

Rr (8): *81*: N von der Mündung des Bachs Vasajängänoja beim erratischen Block; *107* Quellenbraunmoor ca. 500 SW vom Oulangankanjoni; *125* Quellenbraunmoor ca. 500 m SW vom Kuohusuo; *137* Bachmündung ca. 1500 m aufwärts vom Taivalkängäs; *193* am aus dem Räkkälampi fliessenden Bach; *341* Ufer des Kiutaoja; *388*: am oberen Lauf des aus dem Alempi Hiidenlampi kommenden Bachs; *407* Ufer des in den Alempi Hiidenlampi fliessenden Bachs. — Früher nur vom Hiidenlampi-Gebiet bekannt (VR 1937; ULVINEN *et al.* 1966).

Auf Quadrat *107* und *125* in einer quelligen Braunmoorsiedlung, auf 137 auf Dyboden in der Bachmündung am Flussufer. Die übrigen Fundstellen versumpfte, meist quellige Bachufer. Gewöhnlichste Begleiter *Equisetum arvense, E. palustre, Poa rigens, Cardamine pratensis* ssp. *dentata, Stellaria calycantha, S. crassifolia* und *Epilobium alsinifolium*.

Alle Standorte im Bereich beweglichen Wassers und verhältnismässig nahrungsreich, abgesehen vielleicht von den Quellenbraunmooren jedoch nicht direkt kalkbeeinflusst. Nach PESOLA (1928: 158) schwach kalkliebend.

Caryophyllaceae

Arenaria ciliata L. ssp. *pseudofrigida* Ostenf. & O.C. Dahl (*A. pseudofrigida* (Ostenf. & O.C. Dahl) Juz.) — Karte 217.

R (13): *45, 51, 56, 62, 68, 69, 74, 81, 89, 95, 96, 99*: *131*. — (BACKMAN 1902, 1903, 1913—1914; HJELT 1906; PESOLA 1918 a, 1928, 1934 b; VR 1937; HÄLLSTRÖM 1949; KIISTALA & JAHKOLA 1958; SAARI 1973. — Herb.: H (AB 1902, 1908; VP 1917; MK 1926); HSI (AB 1902); TUR (ML 1939).

Diese amphiatlantische arktische Pflanze ist in Finnland nur in Salla und Kuusamo angetroffen, wo sie ihre südlichsten Vorkommen hat (vgl. NORDHAGEN 1936 a: Fig. 5; HULTÉN 1971: Karte 720). Alle Vorkommen im Nationalpark im Gebiet des Kirchspiels Salla (vgl. unter *Poa glauca*).

Auf Dolomitfelsen am Oulankajoki und Savinajoki, manchmal in Spalten und an Verwitterungshängen, meistens in Moospolstern der Felsenterrassen und -Abhänge. Bevorzugt schattige und feuchte Ost- und Nordhänge, wo die mikroklimatischen Verhältnisse sich denen auf den Fjelden nähern. Am Savinajoki reichlicher als im tiefer eingeschnittenen Oulangankanjoni. Es ist möglich, dass die Uferfelsen am Savinajoki reicher an Dolomit sind als im Oulangankanjoni, weil dort auch die kalkgebundenen Arten *Asplenium ruta-muraria* und *Epipactis atrorubens* wachsen, die hier fehlen. Unter den Begleitern anspruchsvolle Fjeldpflanzen: *Woodsia glabella, Cystopteris dickieana, Asplenium viride, Cerastium alpinum, Saxifraga nivalis, S. aizoides* und *Dryas octopetala*, häufig auch ubiquistische Felspflanzen *Festuca ovina, Campanula rotundifolia* und *Antennaria dioica*.

Standorte also deutlich an reiche Dolomitvorkommen gebunden. Nach PESOLA (1928: 157) kalkfordernd (vgl. RINTANEN 1968: 265).

Die meisten Vorkommen, vor allem die auf dicken Moospolstern, alt und degeneriert, aus Individuen, die ihre beste Lebenskraft eingebüsst haben, da sie keine vegetative Erneuerung besitzen. An Erosionshängen, wo der nackte, feuchte Gesteinsschutt bessere Möglichkeit für die Entwicklung der Samenkeimlinge bietet, ist die Art auch in heutigen Verhältnissen imstande, neue Standorte zu erobern.

Stellaria media (L.) Vill. — Karte 61.

R (2): *347* Hof der Biologischen Forschungsanstalt, im Saatrasen und in den Blumenbeeten; *366* am Landstrassenrand ca. 300 m S von der Oulankajoki-Brücke im J. 1974. — (AHTI & HÄMET-AHTI 1971: Biologische Forschungsanstalt; VR 1937: Felsentblössung südlich vom Kiutaköngäs, wo nicht wiedergefunden.)

Ankömmling. Im Oulankajoki-Pjaozero-Gebiet (SÖYRINKI 1956: 20, 58) und in Kuusamo (AHTI & HÄMET-AHTI 1971) völlig eingebürgert in Dörfern.

Stellaria graminea L. — Karte 218.

St r (63). — (BACKMAN 1902; VR 1937; SUOMINEN 1963; AHTI & HÄMET-AHTI 1971.) — Herb.: H (AB 1908; VP 1917); OULU (VS 1968—71).

Ist von dem in Finnland gewöhnlichen Typ mit am Rücken kahlen, an den Rändern kurzbehaarten Kelchblättern repräsentiert.

Uferböschungen und -Gebüsche und besonders trockene gemähte *Geranium sylvaticum-Cirsium helenioides-* und *Festuca ovina*-Wiesen an Flussufern. Häufig am Oulankajoki abwärts vom Savilampi durch den ganzen Nationalpark (vgl. BACKMAN 1902), verstreut auch am Aventojoki und Savinajoki. Auf Quadrat *283, 356* und *357* in der Bachuferwiese, auf *398* am Ufer eines Waldteichs. Gewöhnlich an der Landstrasse. Auf *143* im Hof der vermorschten Rentierhütte. Nach PESOLA (1928: 159) indifferent, nach KUJALA (1964: 58) ziemlich anspruchsvoll. Jedenfalls scheint sie ein hohes Lichtbedürfnis zu haben. Dieser Umstand zusammen mit der allgemeinen Fruchtbarkeit dürfte die Häufigkeit an Flussufern und Landstrassenrändern erklären.

Wahrscheinlich an Uferstandorten ursprünglich, obgleich sie durch die Mahd bedeutend Raum gewonnen hat (vgl. PESOLA 1928: 144; SÖYRINKI 1956: 20, 58; AHTI & HÄMET-AHTI 1971: 50).

Stellaria longifolia Mühl. ex Willd. — Karte 219.

Rr (9): *96* Talschlucht N vom Oulangankanjoni; *98*

Geranium-Filipendula-Typ, seltener im *Filices*-Typ. Spärlich in dünntorfigen, eutrophen Mooren, wie in *Sphagnum warnstorfii*-Braunmooren, Hainbrüchern und Braunmoorbrüchern (vgl. SÖYRINKI 1956: 22).

Einheitliche Verbreitung an den Fluss- und Bachufern, ausserdem in eutrophen Gebieten, besonders an Hängen des Liikasenvaara und Ampumavaara. Ausfallsgebiete in dürftigen Mooren und Wäldern von Salla, Isojärvi-Syvälampi, Kiutavaara und Metsosuo. Eutroph (vgl. PANKAKOSKI 1939: 80; KUJALA 1964: 59). Nach PESOLA (1928: 158) schwach kalkliebend.

Die reichlichsten Vorkommen an gemähten Wiesenufern, wo die Ausstreuung der Samen vor der Mahd im August geschehen ist. Fruktifikative Vermehrung stark (vgl. SÖYRINKI 1939: 188—193, 1954: 131).

Actaea erythrocarpa Fischer — Karte 236.

St fq (155). — (BACKMAN 1902, 1908; HJELT 1906; HÄLLSTRÖM 1915; PESOLA 1928, 1934 a, 1934 b; VR 1937; LAINE *et al.* 1949; BR 1955; KIISTALA & JAHKOLA 1958; MUUKKONEN *et al.* 1958; VASARI 1958; SUOMINEN 1960; ULVINEN *et al.* 1966; KANGAS 1969; SAARI 1973.) — Herb.: H (VP 1917) und dazu etwa 15 Proben in H, HFR und OULU.

Vom Quadrat *418* eine Probe mit blauroten Beeren und stumpferen Blättern als gewöhnlich bei *A. erythrocarpa.* Ob es eine Hybride mit *A. spicata* ist, bleibt noch ungeklärt.

Der Schwerpunkt in feuchten Hainen, und zwar mehr im *Geranium-Filipendula*-Typ als im *Filices*-Typ. Oft noch in hainartigen frischen Heidewäldern vom *Geranium-Dryopteris*-Typ (SÖYRINKI *et al.* 1977). Besonders in Hainsiedlungen am Fusse der Felsen, auch in Ufergebüschen und -Böschungen. Die Vorkommen folgen den Flussläufen und steigen stellenweise an Berghängen und Bachrändern ziemlich weit vom Flusstal hinauf. Gewöhnlichste Begleiter *Equisetum pratense, Paris quadrifolia, Agropyron caninum, Ribes spicatum, Rubus idaeus, Geum rivale* und *Angelica sylvestris.* Meistens fertil.

Am reichlichsten in Dolomitgebieten: Oulangankanjoni — unterer Lauf des Aventojoki, Kiutaköngäs und Polvilammit. Nach PESOLA (1928: 157) kalkliebend (vgl. SÖYRINKI 1956: 21—22; RINTANEN 1967: 202).

Caltha palustris L. — Karte 237

St fq (191). — (PESOLA 1934 a, 1955 b; VR 1937; NISKASAARI 1956; KIISTALA & JAHKOLA 1958; MUUKKONEN *et al.* 1958; VASARI 1958; UOTILA 1960.) — Herb.: OULU (VS 1970).

Kleinblütige, an den Knoten wurzelnde nördliche Rasse, offenbar die *C. minor* Miller (*C. palustris* var. *radicans*).

An Ufern der Flüsse und Bäche sowohl oberhalb als unterhalb der Wasserlinie. Im seichten Wasser der Stromschnellen als sterile Unterwasserform auch in der Flussmitte. Oft an Ufern der Waldteiche, in Quellbächen und Quellen, in Gras- und Krautbrüchern sowie Quellenbraunmooren. Das Areal folgt den Fluss- und Bachläufen durch den ganzen Nationalpark. Die Ausfallsgebiete spiegeln weiteste Wald- und Moorgebiete ab.

Als Moorpflanze eutroph, an Flussufern indifferent hinsichtlich des Nährbodens, auch auf kargem Kies. Nach PESOLA (1928: 158) schwach kalkliebend (vgl. BRENNER 1931: 169; PANKAKOSKI 1939: 81).

An kulturbeeinflussten Stellen gar nicht angesiedelt (vgl. AHTI & HÄMET-AHTI 1971: 53). Über die Vermehrungsökologie vgl. SÖYRINKI (1939: 186—188, 1954: 130—131).

Ranunculus repens L. — Karte 238.

P (125). — (BACKMAN 1902; VR 1937; PESOLA 1955 b; NISKASAARI 1956; AHTI & HÄMET-AHTI 1971.) — Herb.: OULU (VS 1970).

Häufig an Flussufern und Landstrassenrändern. Auf feuchten Strandwiesen in den am tiefsten gelegenen Partien der Wiesenvegetation, häufig auch in frischen und trockenen Uferwiesen. Gewöhnlichste Begleiter *Equisetum arvense, Carex nigra* ssp. *juncella, Caltha palustris, Lysimachia thyrsiflora, Viola epipsila, Galium palustre* und *Ranunculus auricomus.* Von *R. repens* dominierte Wiesenvegetation aber nicht so allgemein wie im Luirojokital (vgl. EUROLA 1967).

Oft auch an Ufern von Bächen und Teichen, gelegentlich in Quellen, Quellbächen und Gras- und Krautbrüchern.

Nahezu lückenlose Verbreitung an den Flussufern, ausserdem mehrere verstreute Vorkommen ausserhalb der Flussläufe. Nach PESOLA (1928: 158) schwach kalkliebend, nach KUJALA (1964: 61) bevorzugt sie ziemlich fruchtbare Böden (vgl. AARNIO 1931: 118; BRENNER 1931: 166; PANKAKOSKI 1939: 79).

Von der Mahd Nutzen gewonnen. Häufigkeit an der Landstrasse zeugt von der Fähigkeit zur Verbreitung auf apophytische Standorte (vgl. SÖYRINKI 1956: 21; AHTI & HÄMET-AHTI 1971: 56).

Ranunculus acris L. ssp. *acris* — Karte 239.

St fq (160). — (VR 1937; BR 1955; PESOLA 1955 b; NISKASAARI 1956; KIISTALA & JAHKOLA 1958; MUUKKONEN *et al.* 1958; VASARI 1958; SUOMINEN 1963; ULVINEN *et al.* 1966; AHTI & HÄMET-AHTI 1971.) — Herb.: OULU (VS 1968—70).

Bekanntlich systematisch recht variierend (vgl. KALELA 1940; AHTI & HÄMET-AHTI 1971: 55—56). Auf Quadrat *398* wurde eine Probe gesammelt, die wegen reichlicher Behaarung an ssp. *borealis* (Regel) Nyman erinnert.

Weite Standortsamplitude. Eine der gewöhnlichsten Pflanzen in frischen und trockenen Uferwiesen mit u.a. *Anthoxanthum odoratum, Deschampsia cespitosa, Agrostis tenuis, Trollius europaeus, Equisetum pratense, Filipendula ulmaria, Solidago virgaurea* und *Cirsium helenioides.* Häufig in Uferböschungen und -Gebüschen, oft in frischen hainartigen Heidewäldern vom *Geranium-Myrtillus*-Typ, in frischen Hainen vom *Geranium-Dryopteris*-Typ und feuchten Hainen vom *Geranium-Filipendula*-Typ. Hin und wieder auf dünnem Torfboden in Gras- und Krautbrüchern, Hainbrüchern und Braunmoorbrüchern. An der Landstrasse reichlich.

Die Verbreitung folgt den Flussläufen und ist nur im Oulangankanjoni und am Savinajoki zwischen Perttumakoski und Niemikangas unterbrochen. Auch am Ufer von Bächen und Teichen und an hainbedeckten Westhängen des Ampumavaara und Liikasenvaara.

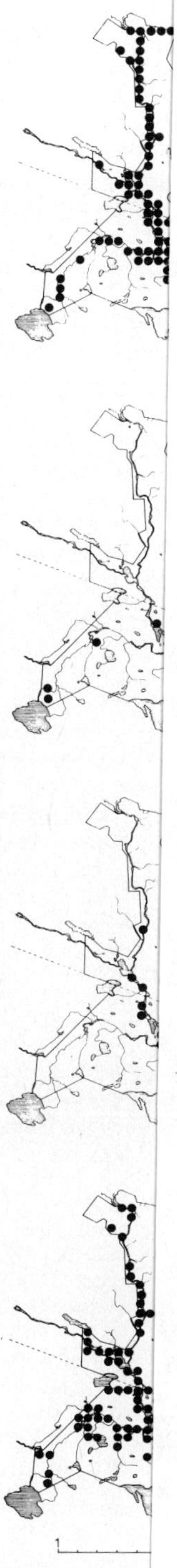

Karten 241—2
— 244: *R. peltat*
Cook — 246:
palustris (L.) Be
Drosera anglica ×

Hat durch Tätigkeit des Menschen bedeutend gewonnen und am reichlichsten an gemähten Ufern und an der Landstrasse (vgl. SÖYRINKI 1956: 21; AHTI & HÄMET-AHTI 1971: 55). Verbreitung mit Hilfe der reichlichen fruktifikativen Vermehrung (vgl. KUJALA 1926 a: 118; SÖYRINKI 1939: 201—205).

Ranunculus monophyllus Ovcz. — Karte 240.

R (10): *195', 201', 225', 310', 346, 347', 350', 366', 408, 422'.* — (MARKLUND 1965.) — Herb.: H (GM 1949: Kiutaköngäs, feuchte Uferwiese am S-Ufer oberhalb des Wasserfalls, ssp. *sychnodon* Markl.).

Im Nationalpark mehrere Unterarten.

In der Blütezeit früh im Vorsommer wurden nur wenige Exkursionen gemacht. — Meistens in feuchten *Geranium-Filipendula-* und *Filices*-Hainwäldern bzw. Braunmoorbrüchern, auch an Ufern in sumpfigen oder hainartigen Vertiefungen hinter dem Überschwemmungswall. In der Wiesenvegetation seltener als *R. auricomus*.

Ranunculus auricomus L. — Karte 241.

P (107). — (BACKMAN 1908; VR 1937; LAINE *et al.* 1949; BR 1955; NISKASAARI 1956; KIISTALA & JAHKOLA 1958; MUUKKONEN *et al.* 1958; VASARI 1958; MARKLUND 1961; AHTI & HÄMET-AHTI 1971.) — Herb.: H (VP 1917; GM 1949, ssp. *insconspectus* Markl.); OULU (YV 1949).

Offenbar mehrere Unterarten, die häufigste dürfte ssp. *insconspectus* Markl. sein (vgl. AHTI & HÄMET-AHTI 1971: 54).

Typische Standorte feuchte und frische Uferwiesen in der Nähe der Wasserlinie, seltener feuchte Haine vom *Geranium-Filipendula*-Typ und *Filices*-Typ oder Hainbrücher. Die Verbreitung folgt zusammenhängend den Flüssen und grössten Bächen. Wegen der frühen Blütezeit im Juni mögen manche Vorkommen übersehen worden sein.

Das Vorkommen längs den Flussläufen zeugt von der Ursprünglichkeit. An gemähten Ufern offenbar reichlicher geworden.

Ranunculus hyperboreus Rottb. — Karte 242.

Rr (2): *70'*: ca 1 km E vom Rupakivi, Quellbach, st pc; *402'*: Kiutavaara, S-Hang ca. 300 m N vom E-Ende des Sees Kiutajärvi, Quelle, pc. — Herb.: H (ML 1939: Oulankajoki, Savilampi); H und TUR (ML 1939: Oulankajoki ca. 3 km vom Savilampi NNW); OULU (OM 1939: Oulankajoki, vielleicht ausserhalb des Nationalparks).

Die Proben von Laurila dürften von ein und derselben Stelle stammen. Der Fundort ca. 3 km vom Savilampi NNW vielleicht jenseits der Grenze des Nationalparks.

Auf Quadrat *70* auf nacktem Dyboden mit u.a. *Equisetum palustre, Carex canescens* und *Cardamine pratensis* ssp. *dentata.* Auf *402* in der Moosmatte mit *Poa rigens, Caltha palustris, Stellaria calycantha* und *Epilobium palustre.*

Braucht beständig nasse Standorte mit wenig Konkurrenz in der Feldschicht. Nicht anspruchsvoll, beide Fundorte frei vom Kalkeinfluss. Nach PESOLA (1928: 158) schwach kalkliebend (vgl. RINTANEN 1968: 269).

Ranunculus lapponicus L. — Karte 242.

Rr (2): *17* Bachufer in der Höhe von Savinanniskakangas am Ostufer des Savinajoki; *247'*. Ufer des von SW zum Aventolampi fliessenden Bachs.

Früher nicht vom Nationalpark bekannt.

Auf Quadrat *17* an einer für diese Nadelwaldart charakteristischen Stelle in dichtem Fichtenbestand am Bachufer mit *Equisetum palustre, Gymnocarpium dryopteris, Carex loliacea, Filipendula ulmaria, Geranium sylvaticum, Solidago virgaurea* und *Crepis paludosa.* Auf *247* im Farnhain am Bach mit dominierender *Diplazium sibiricum* sowie *Carex loliacea, C. vaginata, Stellaria calycantha* × *longifolia, Caltha palustris* und *Cardamine pratensis* ssp. *dentata.* Am 30. VI. 1970 an der Stelle in voller Blüte, auf Quadrat *17* am 9. VII. 1970 mit Früchten.

Braucht viel Feuchtigkeit und bewegtes Wasser, aber sonst nicht besonders anspruchsvoll (vgl. KOTILAINEN in JALAS Suuri Kasvikirja II: 401). Nach PESOLA (1928: 158) indifferent (vgl. RINTANEN 1967: 201).

Ranunculus reptans L. — Karte 243.

P (104). — (VR 1937; NISKASAARI 1956.) — Herb.: TUR (PP 1949).

Eine der häufigsten Wasserpflanzen. Meistens als Unterwasserform, am gewöhnlichsten auf Kies- oder Geröllboden. An Ufern mit freiem Wuchsraum wie am unteren Lauf des Oulankajoki, oberhalb der Wasserlinie und blüht reichlich, kann aber auch unterseeisch zur Blüte kommen. Treueste Begleiter *Potamogeton gramineus, Eleocharis acicularis, Caltha palustris, Subularia aquatica* und *Callitriche palustris.*

Nahezu lückenlos an den Flüssen; an Ufern der Seen auf Quadrat *80* und *235* sowie in vielen Waldteichen (vgl. SÖYRINKI 1956: 21).

Anspruchslos. Nach LINKOLA (1933: 6) meso-oligotroph (vgl. MARISTO 1941: 120). Nach PESOLA (1928: 158) schwach kalkliebend.

Ranunculus peltatus Schrank — Karte 244.

R (17): *147, 170, 289, 316, 350, 366, 369, 370, 391', 410-412, 426, 427, 428', 429, 430.* — (UOTILA 1960: Kuusamo, Ristikallio-Teich.) — Herb.: H (AB 1908: Salla, Oulankajoki, Savilampi; YV 1957: Kuusamo, Oulankajoki zwischen Kiutaköngäs und Siikapuro); TUR (GL 1937: Kuusamo, Oulankajoki, f *truncatus*).

Meistens auf grobkörnigem Mineralboden in fliessendem Wasser (vgl. KURIMO 1970: 246). Hauptsächlich im Oulankajoki vom Kiutaköngäs abwärts bis zur Ostgrenze des Nationalparks, sonst vereinzelt. Im Teich bei Ristikallio im Aventojoki verhältnismässig grosse Siedlung im langsam fliessenden Wasser. Auf Quadrat *347* oberhalb vom Kiutaköngäs umhertreibend. Im Savilampi nicht wiedergefunden. In den Stromschnellen gewöhnlich untergetaucht und steril.

Die Vorkommen konzentrieren sich im Gebiet, wo die

Barbarea stricta Andrz. — Karte 248.

R (15): *56´, 68, 87, 108, 137, 177, 197, 224, 287, 305, 348, 366, 370´, 416, 437.* — (HÄLLSTRÖM 1915: Insel im Kiutaköngäs; VR 1937: Kiutaköngäs; KIISTALA & JAHKOLA 1958: SW Ufer des Savilampi; AHTI & HÄMET-AHTI 1971: Biologische Forschungsanstalt.) — Herb.: H (VP 1917: Oulankajoki S vom Savilampi); HSI (AB 1908: zwischen Kiutaköngäs und Kitkajoki-Mündung).

Verstreut am Ufer des Oulankajoki und Savinajoki in Erosionshängen, Uferböschungen und -Gebüschen. Auf Quadrat *287* und *366* an der Landstrasse. Das Vorkommen unterliegt beträchtlichen jährlichen Schwankungen: kann von einem Standort verschwinden und an einem neuen erscheinen, wo die vom Wasser verschleppten Samen ein günstiges Keimbett gefunden haben. An allen Fundorten nur wenige Individuen.

An der Landstrasse apophytisch (vgl. LINKOLA 1921: 292—293; SELANDER 1950: 97; SÖYRINKI 1956: 22, 55; AHTI & HÄMET-AHTI 1971: 57).

Rorippa palustris (L.) Besser (*R. islandica* auct.) — Karte 249.

R (10): *124´, 137, 176, 224, 225, 331, 347, 350, 409´, 427.* — (VR 1937: Savinajokiufer; Kiutaköngäs.) — Herb.: H (AB 1908: Oulankajoki, Mündung des Merioja; KL 1930: Oulankajoki 3—4 km abwärts vom Kiutaköngäs).

Über die Taxonomie vgl. JONSELL (1968: 69—72); AHTI & HÄMET-AHTI (1971: 58).

Verstreut am Oulankajoki: Quadrat *124* und *137* frische Uferwiese, *409* Farnhain, *331* Rand der Landstrasse, *347* Hof der Biologischen Forschungsanstalt, übrige Vorkommen in der Nähe der Wasserlinie an Geröllufern, mit spärlicher Vegetation von u.a. *Caltha palustris, Ranunculus reptans, Cardamine pratensis* ssp. *dentata* und *Myosotis laxa* ssp. *caespitosa.* Am Savinajoki nicht wiedergefunden. Offenbar im Vorkommen Veränderungen von Jahr zu Jahr so wie bei *Barbarea stricta.* An allen Standorten spärlich.

Wahrscheinlich ursprünglich an Flussufern (vgl. SÖYRINKI 1956: 23, 55; AHTI & HÄMET-AHTI 1971: 58).

Cardamine pratensis L. ssp. *dentata* (Schult.) Čelak. (*C. palustris* (Wimmer & Grab.) Peterm.) — Karte 250.

P (136). — (PESOLA 1934 a, 1955 b; VR 1937; NISKASAARI 1956; KIISTALA & JAHKOLA 1958; MUUKKONEN *et al.* 1958; UOTILA 1960; SUOMINEN 1963; ULVINEN *et al.* 1966.) — Herb.: OULU (VS 1970—71).

Samenbildung schwach, möglicherweise von den Witterungsverhältnissen abhängig: im Sommer 1970 bedeutend reichlicher als in den anderen Jahren.

Nasse Flussufer, meistens auf Mineralboden gleich oberhalb der Wasserlinie. Oft auch an Ufern der Teiche, Bäche und Quellbäche und am Rand von Quellen, seltener in quelligen bzw. quellenbeeinflussten Braunmoorflächen der Bachläufe. Häufigste Begleiter *Agrostis stolonifera, Carex nigra* ssp. *juncella, Caltha palustris, Ranunculus repens, R. reptans, Parnassia palustris* und *Galium palustre.*

Das Areal folgt den Flussufern durch den ganzen Nationalpark. Keine besondere Ansprüche hinsichtlich der Fruchtbarkeit des Nährbodens. Nach PESOLA (1928: 158) schwach kalkliebend.

Draba norvegica Gunnerus (*D. rupestris* R. Br.) — Karte 251.

Rr (1): *25´.* W-Ufer des Savinajoki an der Mündung des Perttumaoja, pcc. — (SAARI 1973.) — Herb.: H (AB 1908: Salla, Sarvisuvanto-Savilampi; GR 1936: Kuusamo, Oulankajoki); OULU (VN 1936: Oulankajoki abwärts vom Kiutaköngäs).

Amphiatlantische arktische Fjeldpflanze. Im Kuusamo-Salla-Gebiet ein isoliertes reliktartiges Areal; i.J. 1893 von K. Hirn im Tal Jäkälävuoma am Kitkajoki gefunden. Auf Quadrat *25* an der Wand eines Talkschieferfelsens ohne sonstige Vegetation. Am Oulankajoki abwärts vom Kiutaköngäs nicht wiedergefunden; wahrscheinlich ausgesammelt worden. Die anderen Herbarienproben mögen von ausserhalb des Nationalparks stammen.

Eine Pflanze basischen Gesteingrundes (vgl. z.B. KLOCKARS & LUTHER 1938: 51; RINTANEN 1968: 270). Vermehrung nur aus Samen (vgl. SÖYRINKI 1939: 214—216).

Draba cinerea Adams — Karte 252.

R (20): *51, 56, 74´, 89´, 96, 97, 99, 109´, 118, 119, 124, 130, 147, 176´, 334, 349, 366, 401´, 428´, 429´.* — (PESOLA 1918 a: Mündung des Savinajoki; N vom Savilampi; S vom Savilampi; 1928: Savilampi; Taivalköngäs; 1934 b: Oulankajoki, NW vom Savilampi; Kyökkökallio; Taivalköngäs; Aventojoki; VR 1937: Oulankajoki NW vom Savilampi; SAARI 1973.) — Herb.: H (AB 1908; VP 1917; MK 1926; LLe, OVL & APi 1937; TA 1955); HSI (AB 1908); OULU (RLH 1954; YV 1954); TUR (ML 1939; IK 1949).

Arktische Steppenpflanze (vgl. KALELA 1961 a: 318). In Finnland nur im Kuusamo-Salla-Gebiet. Die Angaben von BACKMAN (1902) über *D. hirta* von Savinajoki, Savilampi und zwischen Savilampi-Kiutaköngäs beziehen sich offenbar auf *D. cinerea,* die früher für Subspezies von *D. hirta* gehalten worden ist, denn die von Backman im J. 1908 (H) zwischen Sarvisuvanto und Savilampi gesammelten Proben haben sich — eine *D. norvegica*-Probe ausgenommen — als *D. cinerea* erwiesen. Demnach sollen auch die Angaben von RINTANEN (1968: 270) über *D. hirta* in Süd-Salla der *D. cinerea* gelten.

Südexponierte Felswände und -Terrassen mit dünner Humusdecke. In der Begleitflora ubiquistische Felspflanzen wie *Festuca ovina, Arctostaphylos uva-ursi, Campanula rotundifolia* und *Antennaria dioica,* und anspruchsvolle z.B. *Agropyron boreale, Gypsophila fastigiata, Potentilla nivea* ssp. *chamissonis, Oxytropis campestris* ssp. *sordida* und *Viola rupestris* ssp. *rupestris.*

Die reichsten Vorkommen auf den Dolomitfelsen zwischen Oulangankanjoni, Niemikangas am Savinajoki und Taivallampi. Nach PESOLA (1928: 157) kalkliebend. Auf Quadrat *401* aber keine Kalkwirkung in der Begleitflora, ebensowenig auf *428* und *429* in sandigen Flussuferböschungen mit z.B. *Festuca ovina* und *Thymus serpyllum* ssp. *tanaënsis.*

Capsella bursa-pastoris (L.) Medicus — Karte 61.

Rr (2): *347* Hof der Biologischen Forschungsanstalt und Campingplatz beim Kiutaköngäs, st cp; *366* an der Landstrasse ca. 300 m S von der Oulankajoki-Brücke im J. 1974, pc. — (KIISTALA & JAHKOLA 1958: Campinghütte beim Taivalköngäs; AHTI & HÄMET-AHTI 1971: Biologische Forschungsanstalt.)

Eines von den häufigsten Unkräutern im Hof der Biologischen Forschungsanstalt (vgl. SÖYRINKI 1956: 23, 58; AHTI & HÄMET-AHTI 1971: 57).

Thlaspi arvense L. — Karte 80.

Rr (1): *347* früherer Kartoffelacker bei der Brücke am S-Ufer des Oulankajoki im J. 1969, pc. — (AHTI & HÄMET-AHTI 1971: Biologische Forschungsanstalt = Quadrat *347*).

Zufällig. Im Sommer 1976 nicht wiedergefunden. Im Oulankajoki-Pjaozero-Gebiet und in Kuusamo häufiges, eingebürgertes Unkraut (SÖYRINKI 1956: 22, 58; AHTI & HÄMET-AHTI 1971: 57).

Subularia aquatica L. — Karte 253.

R (25). — (PESOLA 1952 a: Salla, Savinajoki.) — Herb.: OULU (VS 1970).

Im Oulankajoki in seichten, ruhigen, langsam fliessenden Wässern, gewöhnlich am feinkörnigen Mineralboden, der von einer dünnen Schlammschicht bedeckt ist (vgl. SÖYRINKI 1956: 22; LUTHER 1951: 222). Meistens unterhalb der Wasserlinie. Die Vorkommen gruppieren sich zwischen Kyökkökallio und Hepokoski sowie zwischen Patoniva und Kiutaköngäs, wo die meisten stillen Wässer. Meidet Stromschnellen und grobkörnigen Mineralboden, demgemäss selten abwärts vom Kiutaköngäs. Nach PESOLA (1952 a: 104) am Savinajoki.

Häuft sich in denselben Gebieten, wo die anspruchsvollen Wasserpflanzen (z.B. *Sagittaria sagittifolia, Polygonum amphibium* und *Callitriche hermaphroditica*). Nach PESOLA (1928: 158) schwach kalkliebend, LINKOLA (1933: 6) meso-oligotroph, KURIMO (1970: 247) oligotroph.

Droseraceae

Drosera rotundifolia L. — Karte 254.

Fq (247). — (VR 1937; PESOLA 1955 b; NISKASAARI 1956.)

Von der Art bevorzugte oligotrophe Reisermoortypen sind im Nationalpark spärlich (vgl. SÖYRINKI *et al.* 1977). Meistens auf Bülten und Strängen der offenen Moore, auch in Braunmoor-Reisermooren. In Braunmooren zuvörderst nur im *Sphagnum warnstorfii*-Braunmoor. Fehlt in Bruchmooren. Auf Quadrat *8* auf nacktem Mineralboden am Ufer des Savinajoki.

Das Arealbild spiegelt die Verbreitung der Moorvegetation wider. Das Oulankajoki-Tal und die angrenzenden Waldgebiete von Ampumavaara-Liikasenvaara, Kiutavaara und Hirvivaara bilden ein nahezu zusammenhängendes Ausfallsgebiet. Nach PESOLA (1928: 158) schwach kalkliebend; in Wirklichkeit keine Abhängigkeit von Kalk.

Drosera anglica Hudson — Karte 255.

St fq (180). — (VR 1937; PESOLA 1955 b; NISKASAARI 1956.)

Zwischen- und Rimpiflächen der Moorvegetation; charakteristische Standorte moosarme Rimpiweissmoore und *Scorpidium*-Rimpibraunmoore (vgl. SÖYRINKI *et al.* 1977) mit u.a. *Equisetum fluviatile, Juncus stygius, Eriophorum angustifolium, Carex livida, C. limosa, Scheuchzeria palustris* und *Utricularia intermedia.*

Konzentriert sich deutlicher auf offene Moore als *D. rotundifolia*: Moore von Salla, Isojärvi-Syvälampi und Soidinsuo (Rytisuo). Ausfallsgebiet beiderseits vom Oulankajoki bedeutend weiter und einheitlicher als bei dieser. Indifferent (vgl. PESOLA 1928: 159).

Drosera anglica × *rotundifolia* — Karte 251.

Rr (1): *60'.* Saviaapa ca. 500 m W vom Kiekeröjärvi, Rimpiweissmoor, am Rand einer Rimpifläche, pcc. — (SAARI 1977.)

Nicht besonders beachtet, möglicherweise auch anderswo.

Saxifragaceae

Saxifraga nivalis L. — Karte 256.

St r (68). — (BACKMAN 1902, 1908; BROTHERUS 1906; HJELT 1911; HÄLLSTRÖM 1915, 1949; PESOLA 1928, 1934 b; VR 1937; LAINE *et al.* 1949; KIISTALA & JAHKOLA 1958; MUUKKONEN *et al.* 1958; HEIKURA 1970; SAARI 1973.) — Herb.: H (JSi 1935; GR 1936; KT 1949); OULU (EH 1930; VN 1936; YV 1949; VS 1968, 1969); TUR (RLH 1946; AV 1949).

Zirkumpolare, arktisch-montane Fjeldpflanze, hat in der Nadelwaldstufe im Kuusamo-Salla-Gebiet eine Anhäufung von reliktartigen Vorkommen (vgl. HULTÉN 1971: Karte 967).

Spalten und Terrassen der Felsen und Erosionhänge, sowohl an trockenen südlichen als feuchten nordexponierten Felswänden. Als Begleiter neben gewöhnlichen Felspflanzen wie *Woodsia ilvensis, Festuca ovina* und *Campanula rotundifolia* oft anspruchsvolle Fjeldpflanzen: *Woodsia alpina, W. glabella, Asplenium viride, Agropyron boreale, Cerastium alpinum, Saxifraga aizoides, Potentilla nivea* ssp. *chamissonis* und *Dryas octopetala.* Hin und wieder an halboffenen Sandböschungen mit *Dianthus superbus, Draba cinerea, Oxytropis campestris* ssp. *sordida* und *Thymus serpyllum* ssp. *tanaënsis.*

Der Schwerpunkt in Dolomitgebieten zwischen Oulangankanjoni und den unteren Läufen des Savinajoki und Aventojoki, aber nicht an dolomitischen Felsgrund gebunden, sondern oft auch auf anderen Gesteinsarten. Eine andere Anhäufung östlich vom Kiutaköngäs, wo mehrere Sandböschungstandorte (Quadrate *427 - 429*). Offenbar ist freier Wuchsraum für diese, sich aus Samen erneuernde Art von grösserer Bedeutung als Kalkgehalt des Bodens (vgl. SÖYRINKI 1939: 225—229). Nach PESOLA (1928: 158) schwach kalkliebend. In Lappland auf Granit und Granulit (HULT 1898: 164; RINTANEN 1968: 273).

Im Oulankajoki-Pjaozero-Gebiet nur in der alpinen Stufe der Fjelde (SÖYRINKI 1956: 24).

Saxifraga hirculus L. — Karte 257.

R (19): *47, 89-91, 107, 111, 114, 120, 125, 137, 142, 149, 162, 163, 217, 257, 259, 308, 407.* - (Hällström 1915, 1949; Vr 1937; Ulvinen *et al.* 1966; Saari 1973. — Herb.: H (GI 1935; LLe, OVL & APi 1937, auch KUO; HJ & AAu 1949, auch TUR).

In Braunmooren im Bereich von Quellen und Quellbächen. Meist in *Paludella*-Braunmooren, manchmal auch in quellenbeeinflussten *Sphagnum warnstorfii*-Braunmooren oder an Bachrändern in *Campylium stellatum*-Braunmooren. Da die Birkenbraunmoore im Nationalpark sehr selten sind (Söyrinki *et al.* 1977), an diesen typischen Standorten nur auf Quadrat *90, 91* und *308*, wo auch die andere Kennart der Birkenbraunmoore, *Carex diandra*. An quelligen Standorten als Begleiter u.a. *Equisetum palustre, Carex rostrata, Stellaria crassifolia, Parnassia palustris, Potentilla palustris* und *Epilobium palustre*.

Verstreut in Braunmoorgebieten. Überschreitet nach Kotilainen (1927: 52, 1951: 127) deutlich die untere Grenze der Mesotrophie, nach Pesola (1928: 158) schwach kalkliebend.

Saxifraga aizoides L. — Karte 258.

Rr (9): *95 - 97* und *107* Oulangankanjoni, st cp; *131* ca. 1 km N vom Taivalköngäs, pc; *147* Taivalköngäs, pc; *149, 179* und 180 Ufer des Kiekeröoja, st pc. — (Salla, Oulankajoki, Savilampi NW (Backman 1902; Hjelt 1911; Hällström 1915; Pesola 1934 a; Vr 1937); Savilampi (Pesola 1928); Kyökkökallio (Pesola 1934 b); Kuusamo, Taivalköngäs (Backman 1902, 1908; Hjelt 1911; Hällström 1915; Pesola 1928, 1934 b; Vr 1937); Saari 1973.) — Herb.: Salla, Oulankajoki, Savilampi NW: H (AB 1902; TA 1955); HSI (AB 1902); Kuusamo, Kiekeröoja: HPP (ML 1939).

In Vr (1937) vom Kiutaköngäs angegeben, aber nicht wiedergefunden.

Amphiatlantische, arktisch-montane Fjeldpflanze, im Kuusamo-Salla-Gebiet ein südliches, isoliertes reliktartiges Teilareal (vgl. Hultén 1951: Karte 957).

Hauptsächlich in Spalten und auf Terrassen feuchter, oft von tropfendem Wasser nassen Dolomitfelsen an Nordhängen, seltener an trockneren Südwänden. Häufige Begleiter Fjeldpflanzen: *Woodsia glabella, Asplenium viride, Poa glauca, Saxifraga nivalis* und *Dryas octopetala*. An Ufern des Kiekeröoja und Kiekerölampi an quellenbeeinflussten Stellen in Gesellschaft von *Tofieldia pusilla, Carex vaginata, C. capillaris, Salix myrsinites, Pinguicula alpina* und *Bartsia alpina*. Ausserhalb des Nationalparks am Standort von *Kobresia simpliciuscula* in Quellenbächen mit mehreren kalkfordernden Arten.

Begrenzt sich auf die dolomitreichen Gebiete von Oulangankanjoni, Taivalköngäs und Kiekeröoja. Nach Pesola (1928: 158) kalkliebend. Ebenso wie einige andere Fjeldpflanzen (s. unter *Poa glauca*) fehlt sie im östlichen Teil des Nationalparks. Über die Vermehrungsökologie vgl. Söyrinki (1939: 231—234, 1954: 147).

Saxifraga cespitosa L. — Karte 259.

Rr (6): *95-97* und *107* Oulangankanjoni, st pc; *169* Ristikallio, pcc; *426*. Schluchttal in Mustosenvaara, pcc. — (Salla, Oulankajoki, Savilampi NW (Backman 1902; Hjelt 1911; Hällström 1915; Pesola 1934 b; Vr 1937); Kiutaköngäs (Backman 1902; Hjelt 1911; Hällström 1915; Pesola 1928); Saari 1973.) — Herb.: TUR (RLH 1944: Felsen am Kiutaköngäs).

Am Kiutaköngäs trotz Suchens nicht mehr angetroffen; wahrscheinlich an dieser viel besuchten Stelle von Sammlern und Touristen ausgebeutet worden. Eisgang und Brechen der Felswand mögen beim Verschwinden mitgeholfen haben.

Zirkumpolare, arktisch-montane Fjeldpflanze, reliktartiges Anhäufungszentrum im Kuusamo-Salla-Gebiet (vgl. Hultén 1971: Karte 963).

Schattige, oft stark moosbedeckte Terrassen der Felswände. Im Oulangankanjoni nur an Nord- und Nordosthängen, wo sie trockenere Standorte besiedelt als die bedeutend reichlicher vorkommende *S. aizoides*, mit mehreren anderen Fjeldpflanzen: *Woodsia alpina, W. glabella, Poa glauca, Saxifraga nivalis, Potentilla nivea* ssp. *chamissonis* und *Dryas octopetala*. In der Schlucht von Mustosenvaara keine anspruchsvollen Begleiter, am Ristikallio nur *Asplenium viride*. An diesen beiden Stellen nur ein spärliches Vorkommen.

Ausschliesslich auf Dolomitgrund. Deutlich anspruchsvoller hinsichtlich des Nährbodens als *Saxifraga nivalis*, aber weniger eutroph als *S. aizoides*. Nach Pesola (1928: 158) kalkliebend. Vermehrung nur aus Samen (vgl. Söyrinki 1939: 239—242).

Parnassiaceae

Parnassia palustris L. — Karte 260.

Fq (277). — (Backman 1908; Pesola 1928, 1934 a, 1955 b; V. Auer 1923 a; Vr 1937; Br 1955; Kiistala & Jahkola 1958; Uotila 1960; Salminen 1960; Suominen 1963; Kangas 1969; Söyrinki *et al.* 1977.)

Ufer, Moore und Haine. An halboffenen Kies- und Geröllufern sowie in nassen und feuchten Strandwiesen, oft im versumpften Ufersaum. Gewöhnlichste Begleiter *Molinia caerulea, Carex nigra* ssp. *juncella, Caltha palustris, Ranunculus auricomus, Cardamine pratensis* ssp. *dentata, Viola epipsila, Lysimachia thyrsiflora* und *Galium palustre*. In Mooren am häufigsten in Braunmoorbrüchern, *Sphagnum warnstorfii*- und *Campylium stellatum*-Braunmooren, Braunmoor-Reisermooren, Hainbrüchern und fruchtbarsten Gras- und Krautbrüchern; Standorte oft quellig. Ferner in frischen Hainen vom *Geranium-Dryopteris*-Typ und feuchten Hainen vom *Geranium-Filipendula*-Typ (vgl. Söyrinki 1956: 24).

Zusammenhängend an Fluss- und Bachufern und in eutrophen Gebieten von Taivalköngäs-Kiekeröoja, zwischen Kiutaköngäs und Soidinsuo, Westhang des Liikasenvaara und Merioja-Ansavuoma. pH 4.4—7.0 (Mittel 5.7 von 13 Messungen); ein beträchtlicher Teil der Proben von sauren Gras- und Krautbrüchern (vgl. Pankakoski 1939: 83). Nach Pesola (1928: 158) schwach kalkliebend, nach Kotilainen (1951: 126) als Moorpflanze eher Eutrophyt als Mesophyt. Vermehrt sich nur aus Samen (vgl. Söyrinki 1939: 242—244; 1954: 148).

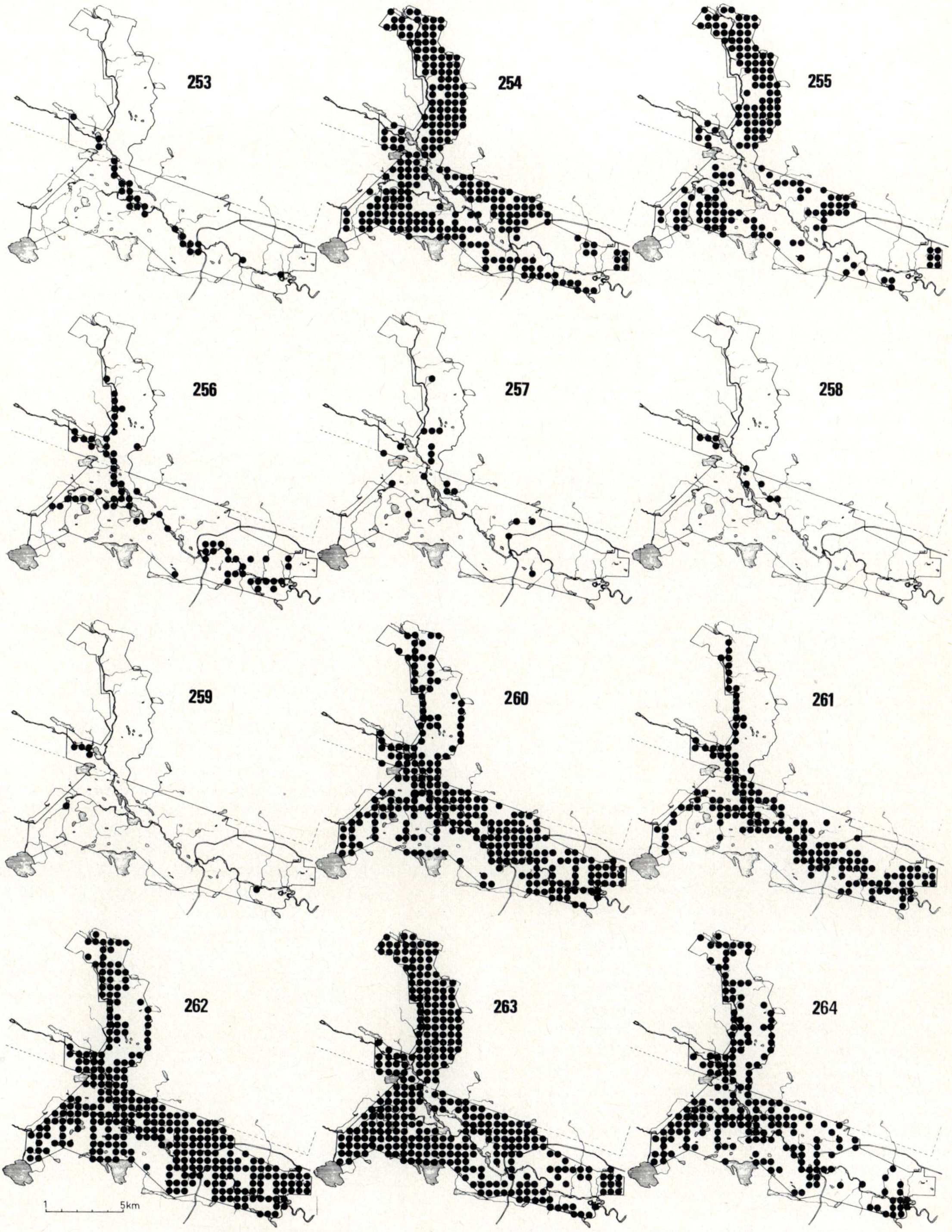

Karten 253—264. — 253: *Subularia aquatica* L. — 254: *Drosera rotundifolia* L. — 255: *D. anglica* Hudson — 256: *Saxifraga nivalis* L. — 257: *S. hirculus* L. — 258: *S. aizoides* L. — 259: *S. cespitosa* L. — 260: *Parnassia palustris* L. — 261: *Ribes spicatum* Robson s. lat. — 262: *Filipendula ulmaria* (L.) Maxim. — 263: *Rubus chamaemorus* L. — 264: *R. arcticus* L.

Grossulariaceae

Ribes spicatum Robson s. lat. — Karte 261.

St fq (168). — (BACKMAN 1902, 1908; HJELT 1911; HÄLLSTRÖM 1915, 1949; PESOLA 1928, 1934 a, 1934 b; VR 1937; BR 1955; SALMINEN 1960; UOTILA 1960; SUOMINEN 1963; ULVINEN *et al.* 1966; KANGAS 1969; HEIKURA 1970; SAARI 1973.) — Herb.: H (MK 1938; IK 1949); HSI (AB 1902); OULU (VS 1969, 1970).

Im Nationalpark einheitlich. Die sowjetischen Botaniker haben von dieser im östlichen Fennoskandien vorkommenden Rasse den Namen *R. hispidulum* (Jancz.) Pojark. gebraucht (vgl. JALAS in JALAS Suuri Kasvikirja II: 646).

Uferhaine, häufig auch in Uferböschungen, -Gebüschen und -Wiesen; in üppigen Hainen am Ampumavaara und Liikasenvaara auch ausserhalb der Uferstandorte (vgl. SÖYRINKI 1956: 24). Als Begleiter anspruchsvolle Hainpflanzen: *Equisetum pratense, Agropyron caninum, Salix hastata, Actaea erythrocarpa, Filipendula ulmaria, Prunus padus, Rubus idaeus, Daphne mezereum* und *Anthriscus sylvestris* (vgl. SÖYRINKI *et al.* 1977: 30—38, 117).

Folgt den Ufern der Flüsse und Bäche. Die meisten Vorkommen in kalkbeeinflussten Gebieten von Taivalköngäs, Kiutaköngäs und Polvilammit. Nach PESOLA (1928: 159) schwach kalkliebend.

In Uferwiesen hat man offenbar diese reichlich Beeren tragende Pflanze beim Mähen absichtlich geschont.

Rosaceae

Filipendula ulmaria (L.) Maxim. — Karte 262.

Fq (322). — (BACKMAN 1908; PESOLA 1928, 1934 a, 1955 b; VR 1937; NISKASAARI 1956; VASARI 1958; UOTILA 1960.) — Herb.: OULU (VS 1970).

Eine bei der Klassifizierung der Hainvegetation gebrauchte Nennart. Schwerpunkt in feuchten Hainen (SÖYRINKI *et al.* 1977). Am reichlichsten im *Geranium-Filipendula*-Typ, regelmässig auch im *Filices*-Typ, oft in frischen Hainen vom *Geranium-Dryopteris*-Typ. Häufigste Begleiter u.a. *Equisetum pratense, Paris quadrifolia, Poa nemoralis, Agropyron caninum, Trollius europaeus, Geum rivale, Galium boreale* und *Saussurea alpina.* Die Hainsiedlungen gewöhnlich an Ufern der Flüsse und Bäche, die Verbreitung folgt demgemäss den Gewässern. Ausser in Hainen in Uferböschungen, -Gebüschen und -Wiesen. *Filipendula ulmaria*-Wiesen am Oulankajoki sind mit denen von Kitinen und Luiro vergleichbar (vgl. EUROLA 1967).

Häufig auch in dünntorfigen eutrophen Mooren (vgl. SÖYRINKI *et al.* 1977): in Braunmoorbrüchern und Hainbrüchern, spärlicher aber häufig in Gras- und Krautbrüchern, Braunmoor-Reisermooren, *Campylium stellatum*- und *Sphagnum warnstorfii*-Braunmooren (vgl. RUUHIJÄRVI 1960: 95), als Begleiter anspruchsvolle Arten: *Equisetum palustre, Carex cespitosa, Angelica sylvestris, Bartsia alpina, Cirsium helenioides* und *Crepis paludosa.* In den Mooren oft steril, in dünntorfigen Bruchmooren und quelligen Braunmooren fertil.

Im Areal Lücken in Heidewaldgebieten am Kiutavaara, Ampumavaara und Mustosenvaara, auch in kargen Mooren im Gebiet von Salla und Isojärvi. Am reichlichsten in Kalkgebieten, obgleich nicht unmittelbar an Kalk gebunden. Nach PESOLA (1928: 158) schwach kalkliebend, nach KUJALA (1964: 64) ziemlich anspruchsvoll (vgl. KOTILAINEN 1927: 52, 1951: 128; BRENNER 1931: 152—153; PANKAKOSKI 1939: 96).

Hat vom Mähen der Ufer etwas gewonnen, apophytisch auch an der Landstrasse (vgl. SÖYRINKI 1956: 26; AHTI & HÄMET-AHTI 1971: 59).

Rubus chamaemorus L. — Karte 263.

Fqq (351). — (SÖYRINKI *et al.* 1977.)

Von der Art bevorzugte oligotrophe Bruchmoore und Reisermoore, d.h. gemeine Bruchwälder, Heidelbeer- und Moltebeerbrücher, anmoorige Heidewälder, *Sphagnum fuscum*-Reisermoore und normale Reisermoore, gibt es im Nationalpark nur wenig (SÖYRINKI *et al.* 1977). Am häufigsten in Braunmoor-Reisermooren sowie in Bültenflächen und Bruchmoor- und Reisermoorrändern der Weissmoore und Braunmoore.

Fehlt nur in unvermoorten Waldgebieten am Ampumavaara, an glazifluvialen Sandflächen und Ufern. Auf Bülten selbst in eutrophsten Mooren, aber bedeutend reichlicher in weniger eutrophen Moortypen, wo auch häufiger Beeren erzeugt. Nach PESOLA (1928: 160) schwach kalkmeidend (vgl. KOTILAINEN 1927: 52; BRENNER 1931: 166; PANKAKOSKI 1939: 93—94).

Rubus arcticus L. — Karte 264.

P (112). — (PESOLA 1934 a, 1934 b, 1955 b; VR 1937; NISKASAARI 1956; SALMINEN 1960; UOTILA 1960; SÖYRINKI *et al.* 1977.) — Herb.: OULU (VS 1970).

Feuchte *Geranium-Filipendula*-Haine und frische *Geranium-Dryopteris*-Haine. Oft dünntorfige Bruchwälder, besonders Gras- und Krautbrücher und Hainbrücher, Ufergebüsche und verschiedene Uferwiesen; fehlt nur in der unmittelbaren Nähe der Wasserlinie. An Sand- und Kiesufern am unteren Lauf des Oulankajoki gedeiht sie schlecht.

Am häufigsten an Flüssen und Bächen im Westen und Norden, und zwar reichlich in Silikatgebieten, wie am oberen Lauf des Aventojoki. Im Ostteil spärlich, die Umgegend der Ansalammit ausgenommen. In kalkreichsten Gebieten von Soidinsuo und Polvilammit auffallend selten. Nach PESOLA (1928: 160) indifferent.

Beerenertrag gering, wie auch sonst in Kuusamo (vgl. SAASTAMOINEN 1930).

Apophytisch an gemähten Ufern (vgl. SÖYRINKI 1956: 26; KUJALA 1964: 65; AHTI & HÄMET-AHTI 1971: 59; RYYNÄNEN 1973).

Rubus arcticus × *saxatilis* (*R.* × *castoreus* Laest.) — Karte 265.

R (31). — (BACKMAN 1908; HJELT 1919; SAARI 1977.) — Herb.: H (OE 1908; AT 1949); OULU (EPi 1949; VS 1969—71); TUR (AT 1949).

Mit Früchten zweimal gefunden (vgl. RÄSÄNEN 1924; VAARAMA 1954: 194 und in JALAS Suuri Kasvikirja II: 758). Am leichtesten in der Zeit der Blüte zu beobachten.

Auf Quadraten *85, 282* und *421 R. arcticus* gar nicht angetroffen.

Rubus saxatilis L. — Karte 266.

Fqq (359). — (BACKMAN 1908; PESOLA 1918 c, 1934 b, 1955 b; VR 1937; BR 1955; NISKASAARI 1956; KIISTALA & JAHKOLA 1958; MUUKKONEN *et al.* 1958; VASARI 1958; SALMINEN 1960; UOTILA 1960; SUOMINEN 1963.) — Herb.: OULU (VS 1970).

Eine der wichtigsten Arten der Haine und hainartigen Wälder: drittgrösste Deckung in der Feldschicht in frischen Hainen des *Geranium-Dryopteris*-Typs, feuchten Hainen des *Geranium-Filipendula*-Typs und trockenen Hainen des *Geranium-Vaccinum*-Typs und konstant in hainartigen frischen Heidewäldern des *Geranium-Myrtillus*-Typs, auch hier und da in frischen Heidewäldern vom *Hylocomium-Myrtillus*-Typ (SÖYRINKI *et al.* 1977). Ziemlich häufig in Ufergebüschen, -Böschungen und -Wiesen. Ferner in Hainbrüchern, Braunmoorbrüchern, Braunmoor-Reisermooren und an Rändern und auf Bülten der Braunmoore.

Lücken in den Mooren von Salla, in armen Wald- und Moorgebieten von Isojärvi und Syvälampi sowie Waldgebiet von Kiutavaara. Am reichlichsten in fruchtbaren Gegenden, aber nicht anspruchsvoll. pH 3.9—6.9 (Mittel 5.7 von 9 Messungen; vgl. PANKAKOSKI 1939: 92—93; BRENNER 1931: 152). Nach PESOLA (1928: 158) schwach kalkliebend.

Im Oulankajoki-Pjaozero-Gebiet noch an der Birkengrenze bei 450 m (vgl. SÖYRINKI 1956: 26).

Rubus idaeus L. — Karte 267.

St fq (145). — (BACKMAN 1902, 1908; PESOLA 1918 a, 1928, 1934 a, 1934 b; HJELT 1919; KUJALA 1921; VR 1937; MUUKKONEN *et al.* 1958; VASARI 1958; SALMINEN 1960; UOTILA 1960; SUOMINEN 1963; ULVINEN *et al.* 1966; AHTI & HÄMET-AHTI 1971; SAARI 1973.)

Am reichlichsten in feuchten Uferhainen vom *Geranium-Filipendula*-Typ und *Filices*-Typ (SÖYRINKI *et al.* 1977), an hainbedeckten Südhängen der Berge, humusbedeckten Felshängen und am Fusse der Felsböschungen. Ferner in Ufergebüschen und in Uferwiesen an Stellen der Heuschober und an Heuscheunen, was mit der Nitrophilie im Zusammenhang stehen mag, weil die Scheunen gerne von Rentieren bewohnt werden. Spärlich in Hainbrüchern. Oft mit Hainpflanzen, wie *Equisetum pratense, Melica nutans, Agropyron caninum, Actaea erythrocarpa, Ribes spicatum, Filipendula ulmaria* und *Rubus saxatilis*.

Hier an der Nordgrenze ihrer einheitlichen Verbreitung (vgl. HULTÉN 1971: Karte 996; KUJALA 1964: Karte 97) anspruchsvoll. Das Areal längs den Flussufern und erweitert sich in Kalkgebieten um Kiutaköngäs und Polvilammit ins Waldgelände. Nach PESOLA (1928: 159) schwach kalkliebend.

Die nördliche Lage macht sich in der Reife der Beeren bemerkbar. Im J. 1970, wo es im Hochsommer warm war, reichlich Beeren, im kühlen Sommer 1971 gelangten sie gar nicht zur Reife (vgl. SÖYRINKI 1956: 25).

Apophytische Vorkommen häufig in den Uferwiesen. Im Oulankajoki-Pjaozero-Gebiet noch oberhalb der Waldgrenze bei 460 m (SÖYRINKI 1956).

Rosa majalis J. Herrmann — Karte 268.

P (141). — (BACKMAN 1902, 1908; HÄLLSTRÖM 1915; PESOLA 1934 a; VR 1937; BR 1955; KIISTALA & JAHKOLA 1958; MUUKKONEN *et al.* 1958; SUOMINEN 1963; ULVINEN *et al.* 1966; KANGAS 1969; HEIKURA 1970; AHTI & HÄMET-AHTI 1971; SAARI 1973; SÖYRINKI *et al.* 1977.) — Herb.: H (GI 1935); TUR (LA 1949).

Auf Quadrat *305* in der Uferböschung des Oulankajoki auf einer Strecke von etwa 50 m eine weissblühende Rasse (von T. Sillanpää gefunden).

An Gewässern in Hainen und Ufergebüschen, -Böschungen und -Wiesen. An Südhängen der Berge steigt sie in Hainen, zumal im *Geranium-Filipendula*-Typ, seltener im *Geranium-Dryopteris*-Typ, ziemlich hoch in den Wald hinauf. Erinnert an *Rubus idaeus*, die allerdings auch an bruchmoorartigen Standorten wächst. Häufigste Begleiter *Melica nutans, Agropyron caninum, Ribes spicatum, Rubus saxatilis, Geranium sylvaticum* und *Galium boreale*.

Folgt nahezu lückenlos den Flussufern durch den Nationalpark. Als Waldpflanze nur in karbonatreichen Gebieten von Taivalköngäs-Kiekeröoja, Kiutaköngäs-Puukkorinne und Polvilammit. Nach PESOLA (1928: 159) schwach kalkliebend, nach KUJALA (1964: 67) ziemlich anspruchsvoll, aber keine eigentliche Hainpflanze.

Im Hof der Biologischen Forschungsanstalt und an der Landstrasse apophytisch (vgl. AHTI & HÄMET-AHTI 1971: 62). Im Oulankajoki-Pjaozero-Gebiet noch bei 450 m an der Birkengrenze am S-Hang des Kivakkatunturi (SÖYRINKI 1956: 24).

Dryas octopetala L. — Karte 269.

R (17): *51: 56: 62, 68: 69: 74: 95–97: 107: 118: 124: 125: 131: 149: 348: 349:* — (KIHLMAN 1894; BACKMAN 1902, 1903, 1908, 1913—14; HÄLLSTRÖM 1949; PESOLA 1918 a, 1928, 1934 b; AIRAKSINEN 1919; HJELT 1919; VR 1937; BR 1955; KIISTALA & JAHKOLA 1958; MUUKKONEN *et al.* 1958; SUOMINEN 1963; SAARI 1973.) — Herb.: H (AB 1902, 1908) und dazu etwa 20 Proben in H, HFR, OULU und TUR.

Arktisch-montane Fjeldpflanze, ein kleines südliches Reliktareal in der Nadelwaldregion in Kuusamo-Salla (vgl. HULTÉN 1971: Karte 1095).

Das erstemal von Bergingenieur Tigerstedt im Oulangankanjoni und am Kiutaköngäs gefunden (KIHLMAN 1894). Die übrigen Angaben und Proben vom Savinajoki, Oulangankanjoni, S vom Savilampi, Kyökkökallio, Taivalköngäs und Kiekeröoja.

Wird hauptsächlich von der östlichen ssp. *punctata* (Juz.) Hult. (*D. punctata* Juz.) vertreten, die nach Flora Europaea 2: 34 nicht mehr als den Rang einer Varietät verdient. Die Drüsenhaarigkeit erscheint ja auch hier in mehreren Stufen. Ohne Drüsenhaare auf Quadrat *149* und *349* zusammen mit drüsenhaarigen Pflanzen.

Eine der häufigsten Fjeldpflanzen der Uferfelsen. Gegen Ende Juni leuchten die weissen Blüten an Felshängen auf mit dünnem Humus bedeckten Erosionsflächen, Terrassen und Spalten. In dichten, oft mehrere Quadratmeter weiten Teppichen besonders an feuchten nach Norden oder Nordosten hin abfallenden Felswänden, kann aber auch an Südhängen auskommen. Auf Quadrat *124* auf einer kleinen Felsentblössung am Rand einer Moorsiedlung. Begleiter oft anspruchsvolle Fjeldpflanzen:

Woodsia glabella, W. alpina, Asplenium viride, Carex glacialis, Cerastium alpinum, Arenaria ciliata ssp. *pseudofrigida, Saxifraga nivalis* und *S. aizoides,* auch südliche oder östliche Arten wie *Gypsophila fastigiata* und *Draba cinerea.*

Ausschliesslich auf Dolomitfelsen, am reichlichsten am Savinajoki und im Oulangankanjoni. Geringere Vorkommen zwischen Savilampi und Taivalköngäs, am Kiekeröoja und Kiutaköngäs. Nach PESOLA (1928: 157) kalkfordernd (vgl. z.B. RUNE 1945: 8; LUNDE 1962: 50; RINTANEN 1968: 279).

Hat am Südufer des Kiutaköngäs wegen der Sammler und Touristen sehr gelitten und ist in den letzten Jahrzehnten immer spärlicher geworden. An den anderen Standorten günstige Verhältnisse zur Vermehrung (vgl. SÖYRINKI 1939: 262—266, 1954: 156—157).

Geum rivale L. — 270.

Fq (299). — (BACKMAN 1908; PESOLA 1934 a, 1955 b; VR 1937; BR 1955; VASARI 1958; SALMINEN 1960; UOTILA 1960; SUOMINEN 1963; ULVINEN *et al.* 1966; KANGAS 1969; SAARI 1973.) — Herb.: OULU (VS 1970—71).

Erinnert an die nördliche var. *subalpinum* (Neum.) S. Selander (ssp. *subalpinum* (Neum.) Á. & D. Löve) (vgl. SELANDER 1950). Die Pflanze stattlich, Blätter grob gezähnt, jedoch nicht so gelappt gezähnt wie bei der eigentlichen var. *subalpinum.* Auf Quadrat *22* f. *hybridum* (Wulf.) M. & C.

Charakteristische Standorte Haine und dünntorfige Braunmoore: *Sphagnum warnstorfii*-Braunmoore, besonders randbeeinflusste Teile, *Campylium stellatum*-Braunmoore, Braunmoor-Reisermoore, Braumoorbrücher, Hainbrücher, gelegentlich Gras- und Krautbrücher. Gewöhnlichste Begleiter *Carex vaginata, C. capillaris, Salix myrsinites, Potentilla erecta, Bartsia alpina, Saussurea alpina* und *Crepis paludosa.* In feuchten und frischen Hainen, am häufigsten im *Geranium-Filipendula*-Typ, oft im *Geranium-Dryopteris*-Typ, nur selten im *Filices*-Typ (SÖYRINKI *et al.* 1977). Im Bereich von Quellen, in Ufergebüschen und -Böschungen und feuchten Strandwiesen (vgl. SÖYRINKI 1956: 25).

Erinnert hinsichtlich Standorte und Arealbild an *Filipendula ulmaria,* aber deutlich anspruchsvoller. Ausgedehntere Ausfallsgebiete Rimpimoorgebiet von Salla, Umgegend von Isojärvi-Syvälampi und Heidewaldgebiet von Kiutavaara. Nach PESOLA (1928: 158) schwach kalkliebend. pH 5.3—7.4 (Mittel 6.6 von 8 Messungen); niedrigster Wert vom Braunmoorbruch, die höchsten von quelligen Standorten (vgl. BRENNER 1931: 152—153; PANKAKOSKI 1939: 87).

In Braunmooren meistens steril, in Hainen und im Bereich der Quellen oft fertil (vgl. SÖYRINKI 1939: 260—262, 1954: 155).

Apophytisch in Uferwiesen, aber mag dort schon vor der Mahd gewachsen sein (vgl. LINKOLA 1921: 312; KUJALA 1964: 68; AHTI & HÄMET-AHTI 1971: 62).

Potentilla palustris (L.) Scop. (*Comarum palustre* L.) — Karte 271.

Fq (314). — (PESOLA 1934 a, 1955 b; VR 1937; NISKASAARI 1956; SALMINEN 1960; UOTILA 1960; SÖYRINKI *et al.* 1977.)

Sumpfpflanze; besonders nasse Überschwemmungswiesen, Überschwemmungsweissmoore, unter Frühjahrshochwasser bleibende Grossseggenweissmoore, Braunmoor-Weissmoore und randbeeinflusste dünntorfige Braunmoore. In Rimpiweissmooren und -Braunmooren in Zwischenflächen und an Rändern der Stränge. Häufig in nassen Senken der dünntorfigen Bruchmoore, besonders in sumpfigen Gras- und Krautbrüchern, spärlicher in Hainbrüchern und Braunmoorbrüchern.

Am reichlichsten im Aventojokital. Lücken im Areal in Waldgebieten am Kiutavaara, Hirvivaara, Ampumavaara und zwischen Soidinsuo und Metsosuo.

Braucht bewegtes Wasser und schwach sauren Nährboden; pH 5.5—6.8 (Mittel 6.0 von 9 Messungen; vgl. KOTILAINEN 1927: 52; BRENNER 1931: 150; PANKAKOSKI 1939: 91). Nach PESOLA (1928: 160) indifferent.

Potentilla nivea L. — Karte 272.

R (13): *95, 97, 107.' 118, 124, 130, 131, 146, 147, 160, 173, 176, 397.* — (Salla: Oulankajoki, Savilampi NW (BACKMAN 1908; PESOLA 1918 a, 1934 b; AIRAKSINEN 1919; VR 1937); Savilampi S (BACKMAN 1902, 1913—1914; PESOLA 1918 a; HJELT 1919; KIISTALA & JAHKOLA 1958); Kyökkökallio (PESOLA 1928, 1934 b). Kuusamo: Taivalköngäs N (HÄLLSTRÖM 1915; KIISTALA & JAHKOLA 1958); Taivalköngäs (BACKMAN 1902, 1913—1914; PESOLA 1918 a, 1934 b; HJELT 1919); Aventojoki (PESOLA 1934 b); zur Mündung des Aventojoki hin (PESOLA 1918 a). — Herb.: H (AB 1908) und dazu etwa 10 Proben in H, HEL, KUO, OULU, TUR und TURA.

Hauptsächlich ssp. *chamissonis* (Hultén) Hiit. *P. nivea* ssp. *nivea* ist von Backman am Oulankajoki S vom Savilampi und von Airaksinen im Oulangankanjoni gesammelt worden (det. Hultén). Airaksinen hat im Oulangankanjoni auch *P. nivea* ssp. *subquinata* (Lange) Hultén gesammelt (det. Hultén), die nach BALL, PAWLOWSKI & WALTERS (Flora Europaea 2: 41) wahrscheinlich eine Hybride *P. chamissonis* × *nivea* ist.

Arktisch-montane Fjeldpflanze; im Kuusamo-Salla-Gebiet ein isoliertes südliches Reliktareal in der Nadelwaldstufe (vgl. HULTÉN 1971: Karte 1023).

In Spalten und auf Terrassen der dolomitischen Uferfelsen. Standorte trockener und sonniger als bei den Fjeldpflanzen im allgemeinen; wächst ebenso gut an südlichen wie nördlichen Felswänden. Neben Fjeldpflanzen wie *Agropyron boreale, Carex glacialis, Saxifraga nivalis, S. aizoides* und *Dryas octopetala* oft als Begleiter die kontinentale *Gypsophila fastigiata* oder die arktische Steppenpflanze *Draba cinerea* mit ubiquistischen Felspflanzen *Festuca ovina* und *Campanula rotundifolia.*

Nur im recht begrenztem dolomitreichem Gebiet zwischen Oulangankanjoni und Taivallampi und am unteren Lauf des Aventojoki; ein isoliertes Vorkommen im Osten in Tulivuori am Tulilammenpuro. Nach PESOLA (1928: 158) kalkliebend (vgl. RINTANEN 1968: 276).

Das Sammeln von Herbarienproben hat offenbar diese sich ausschliesslich aus Samen erneuernde Art (vgl. SÖYRINKI 1939: 251—253) bedeutend beeinträchtigt.

Potentilla norvegica L. — Karte 272.

Rr (2): *288.* Ampumavaara, trockener Landstrassenrand im J. 1971, pcc; *347* Hof der Biologischen Forschungsanstalt im J. 1976, pcc.

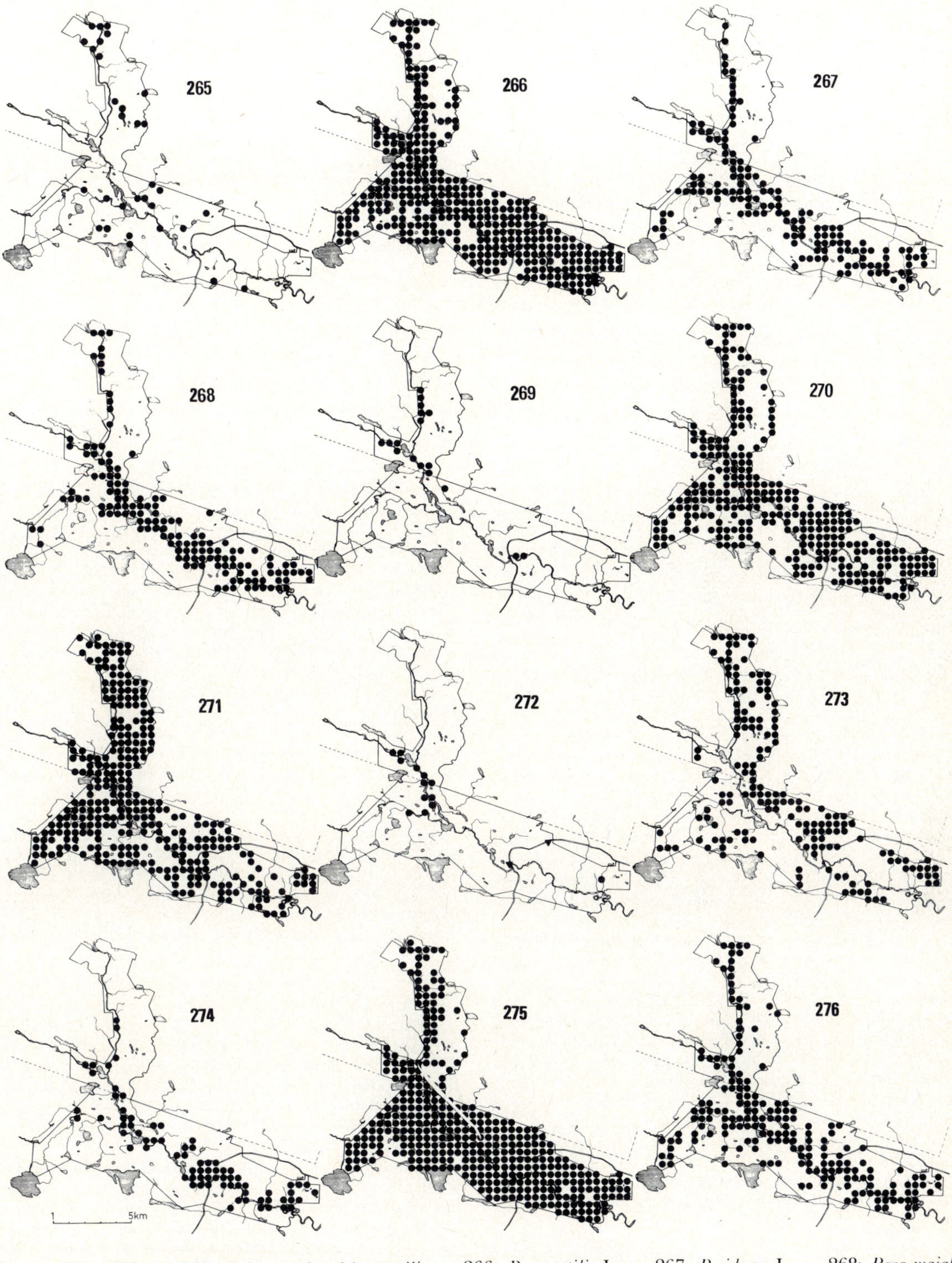

Karten 265—276. — 265: *Rubus arcticus* × *saxatilis* — 266: *R. saxatilis* L. — 267: *R. idaeus* L. — 268: *Rosa majalis* J. Herrmann — 269: *Dryas octopetala* L. — 270: *Geum rivale* L. — 271: *Potentilla palustris* (L.) Scop. — 272: ● *P. nivea* L., ▼ *P. norvegica* L. — 273: *P. erecta* (L.) Räusch. — 274: *Fragaria vesca* L. — 275: *Sorbus aucuparia* L. — 276: *Prunus padus* L.

Ankömmling. Im Oulankajoki-Pjaozero-Gebiet ein stabilisiertes Unkraut (SÖYRINKI 1956: 25, 58; vgl. AHTI & HÄMET-AHTI 1971: 60).

Potentilla erecta (L.) Räusch. — Karte 273.

St fq (164). — (BACKMAN 1902; VR 1937; BR 1955; PESOLA 1955 b; SAARI 1973.)

Die von VASARI (1968) unterschiedene nördliche Rasse (vgl. AHTI & HÄMET-AHTI 1971: 60).

Campylium stellatum-Braunmoore, Braunmoor-Reisermoore und besonders randbeeinflusste Teile von *Sphagnum warnstorfii*-Braunmooren mit *Equisetum pratense, Carex vaginata, C. flava, C. capillaris, Geum rivale, Bartsia alpina, Saussurea alpina* und *Crepis paludosa*. In Rimpibraunmooren nur auf Strängen von *Campylium stellatum*-Braunmoor. Am Savinajoki an feuchten Wiesenrändern der Ufer mit z.B. *Molinia caerulea, Trollius europaeus, Geranium sylvaticum, Veronica longifolia* und *Galium palustre*; sonst selten auf Mineralboden, und nicht in der Waldvegetation (vgl. KUJALA 1964: 67; SÖYRINKI *et al.* 1977).

Das Vorkommen folgt in der Hauptsache den Braunmooren; Anhäufungen im Saviaapa, nördlich von Onkilammit und Kiekerölammit, Soidinsuo-Puukkorinne und Polvilammit. Nach PESOLA (1928: 158) schwach kalkliebend (vgl. KOTILAINEN 1927: 52, 1951: 129—130; BRENNER 1931: 152—153; PANKAKOSKI 1939: 90).

Fragaria vesca L. — Karte 274.

St r (75). — (BACKMAN 1902, 1908, 1913—1914; PESOLA 1918 a, 1934 b; HJELT 1919; VR 1937; HÄLLSTRÖM 1949; BR 1955; HÄMET 1956; MUUKKONEN *et al.* 1958; SAARI 1973.) — Herb.: H (VP 1917); TUR (RLH 1946).

Südexponierte Uferböschungen, trockene Uferwiesen, trockene Haine vom *Geranium-Vaccinum*-Typ (SÖYRINKI *et al.* 1977: 39—41) und frische Haine vom *Geranium-Dryopteris*-Typ sowie Terrassen sonniger Felsen mit dünner Humusschicht. Begleiter Arten trockener hainartiger Standorte: *Melica nutans, Poa nemoralis, Carex digitata, Rubus saxatilis, Roja majalis, Geranium sylvaticum, Viola rupestris* ssp. *rupestris, Galium boreale* und *Solidago virgaurea*. An offenen Standorten oft mit Früchten.

Deutliche Konzentrierung an den fruchtbaren Hängen des Ampumavaara. Dem Flusstal entlang bis nach Niemikangas am Savinajoki im Norden, wo der Boden ärmer wird. Nach PESOLA (1928: 158) kalkliebend, nach KUJALA (1964: 66) anspruchsvoll als Waldpflanze. pH 5.7—6.9 (Mittel 6.5 von 6 Proben; vgl. BRENNER 1931: 152—153; PANKAKOSKI 1939: 92). Benötigt hier im Norden ausser nahrungsreichen auch lichten und sonnigen Standort; als Waldpflanze nur an südwärts geneigten Hängen.

In Uferwiesen teilweise apophytisch. Im Oulankajoki-Pjaozero-Gebiet in der hainartigen Vegetation am Flussufer; früher dort offenbar reichlicher dank der Schwendwirtschaft (WAINIO 1878: XII; SÖYRINKI 1956: 25).

Alchemilla glomerulans Buser — Karte 226.

Rr (1): *366*. Jäkälävaaranrinne, Landstrassenrand. — (HJELT 1919: Kuusamo, Oulankajoki.) — Herb.: H (TA 1955: Oulankajoki 2 km aufwärts vom Kiutaköngäs, Moorwiesenrand am Bachufer).

Ankömmling. Spontane Vorkommen fehlen. In Kuusamo auch an ursprünglichen Standorten (vgl. AHTI & HÄMET-AHTI 1971: 61) und offenbar auch im Oulankajoki-Pjaozero-Gebiet, obgleich sie dank reicher Samenverjüngung leicht neue Standorte findet (vgl. SÖYRINKI 1939: 268—271; 1956: 24, 42—43).

Sorbus aucuparia L. — Karte 275.

Fqq (377). — (PESOLA 1928, 1934 a, 1934 b, 1955 b; VR 1937; BR 1955; NISKASAARI 1956; KIISTALA & JAHKOLA 1958; MUUKKONEN *et al.* 1958; VASARI 1958; SALMINEN 1960; UOTILA 1960; SUOMINEN 1963. — Herb.: OULU (VS 1970—71).

Hauptsächlich ssp. *glabrata* (Wimm. & Grab.) Cajander. Einige Proben von ssp. *acuparia*, offenbar von der in Mittel- und Süd-Finnland dominierenden var. *heteromorpha* (Brenn.) T. Raatikainen (T. RAATIKAINEN 1961: 78).

Frische Haine vom *Geranium-Dryopteris*-Typ (SÖYRINKI *et al.* 1977), nahezu ebenso reichlich feuchte Haine vom *Geranium-Filipendula*-Typ und *Filices*-Typ, ebenso hainartige frische Heidewälder vom *Geranium-Myrtillus*-Typ. In frischen Heidewäldern vom *Hylocomium-Myrtillus*-Typ hier und da, in trockenen Heidewäldern vom *Empetrum-Myrtillus*-Typ spärlich. Oft auch in dünntorfigen, nahrungsreichen Mooren: Braunmoor-Reisermoore, Gras- und Krautbrücher, Braunmoorbrücher und Hainbrücher. Baumförmige und blühende Individuen nur in Hainen und an offenen Standorten in Uferböschungen und an Felshängen. In Heidewäldern gewöhnlich nur als fingerdicker Schoss. Solche Sträucher, offenbar aus von Vögeln verschleppten Samen entstanden, zahlreich besonders im lichten Gipfelwald des Kiutavaara (vgl. KUJALA 1926 a: 119; SÖYRINKI 1939: 244, 1954: 157—158, 1956: 26). — Blüte gegen Ende Juni, an Nordhängen oft in der ersten Hälfte Juli.

Bevorzugt frische nahrungsreiche Standorte, aber recht weite Amplitude (vgl. KUJALA 1964: 67). Nach PESOLA (1928: 159, *Pirus a.*) schwach kalkliebend. Fehlt in dicktorfigen Mooren von Salla und auf einigen Quadraten bei Isojärvi-Syvälampi. Im östlichen Teil nur zwei leere Quadrate (*392* und *414*) im *Calluna-Cladina*-Heidewald.

Prunus padus L. — Karte 276.

St fq (191). — (BACKMAN 1902, 1908, 1913—1914; PESOLA 1928, 1934 a, 1934 b; VR 1937; LAINE *et al.* 1949; BR 1955; KIISTALA & JAHKOLA 1958; MUUKKONEN *et al.* 1958; SALMINEN 1960; UOTILA 1960; SUOMINEN 1963; ULVINEN *et al.* 1966; SAARI 1973.) — Herb.: H (JSi 1935); OULU (VS 1969—70).

Nach AHTI & HÄMET-AHTI (1971: 59) in Kuusamo die nördliche var. *borealis* (Schüb.) Blytt (ssp. *borealis* Cajander in Flora Europaea 2:80). Wächst strauchartig, oft krummholzartig gekrümmt, und die Blütenstiele sind aufrecht wie bei var. *borealis*; überdies haben die Blüten einen schwächeren Duft als bei der südlichen Rasse. Steht hinsichtlich der Behaarung der Blätter jedoch der südlichen Rasse näher. Vielleicht ist die Kuusamo-Salla-Gegend ein Übergangsgebiet, wo die Zwischenformen der beiden Rassen häufig sind.

Feuchte Uferhaine (SÖYRINKI *et al.* 1977) und -Gebüsche an Flüssen und Bächen, an fruchtbaren Stellen auch ausserhalb der Ufer in Hainbrüchern (vgl. SÖYRINKI 1956: 26). Viele anspruchsvolle Begleiter: *Matteuccia struthiopteris, Agropyron caninum, Salix myrsinifolia, S. hastata, Ribes spicatum, Filipendula ulmaria* und *Rubus idaeus.*

Nach PESOLA (1928: 159) kalkliebend. Scheint jedoch auf nahrungsreiche beständig feuchte Standorte im Bereich bewegten Wassers angewiesen zu sein (vgl. KUJALA 1964: 64).

Durch die Mahd der Uferwiesen Wuchsraum offenbar etwas vermindert worden.

Leguminosae

Astragalus frigidus (L.) A. Gray — Karte 277.

St r (79). — (BACKMAN 1902, 1908; HÄLLSTRÖM 1915, 1949; HJELT 1919; PESOLA 1928, 1934 b; VR 1937; LAINE *et al.* 1949; BR 1955; KIISTALA & JAHKOLA 1958; MUUKKONEN *et al.* 1958; SUOMINEN 1963; KANGAS 1969; SAARI 1973.) — Herb.: H (KH 1893;) und dazu etwa 20 Proben in H, HFR, OULU und TUR.

Arktisch-montane Fjeldpflanze; hat ein südliches Verbreitungszentrum in der Nadelwaldstufe im Kuusamo-Salla-Gebiet (vgl. HULTÉN 1971: Karte 1139).

Feuchte Uferböschungen, -Gebüsche, -Wiesen und -Wälder an Flüssen und Bächen, häufiger an nord- als an südexponierten Ufern (vgl. SÖYRINKI 1956: 27). Manche anspruchsvolle nördliche Begleiter: *Selaginella selaginoides, Equisetum scirpoides, Salix hastata, Bartsia alpina* und *Saussurea alpina.* Besonders südlich vom Aventojoki am Fusse der Felsen, am Ampumavaara und Liikasenvaara in hainartigen Vertiefungen der Berghänge.

An den Ufern des Oulankajoki und Savinajoki durch den Nationalpark bis Niemikangas im Norden, wo die Ufer niedriger und karger werden. Geringere Anhäufungen in Dolomitgebieten zwischen Taivalköngäs und Kiekeröoja und bei Kiutaköngäs. Fehlt an armen Felsufern am Aventojoki sowie an trockenen Sand- und Kiesufern im östlichen Teil am Oulankajoki. Nach PESOLA (1928: 158) schwach kalkliebend (vgl. RINTANEN 1968: 281). Vermehrt sich aus Samen und vegetativ (vgl. SÖYRINKI 1939: 275—277).

Astragalus alpinus L. ssp. *arcticus* (Bunge) Lindman — Karte 278.

St r (74). — (BACKMAN 1902, 1908, 1909; HÄLLSTRÖM 1915, 1949; PESOLA 1934 b; VR 1937; LAINE *et al.* 1949; BR 1955; KIISTALA & JAHKOLA 1958; MUUKKONEN *et al.* 1958; SUOMINEN 1963; HEIKURA 1970; AHTI & HÄMET-AHTI 1971; SAARI 1973.) — Herb.: H, HSI, OULU und TUR von etwa 15 Sammlern, als erster KH 1893 (H).

Die weissblühende f. *albiflorus* Hellw. auf Quadrat *251.*

Arktisch-zirkumpolare Unterart, die in Süd-Finnland als Ospflanze auftritt (vgl. JALAS 1950). Uferböschungen und sandige Ufer der Flüsse, trockene Uferwiesen und hainartige Uferwälder. Auf Dolomitfelsen an den Ufern seltener als *Oxytropis campestris* ssp. *sordida.* Unter Begleitern konkurrenzschwache Arten: *Dianthus superbus, Thymus serpyllum* ssp. *tanaënsis, Euphrasia frigida* und *Erigeron decoloratus,* ebenso Pflanzen der Uferwiesen: *Festuca ovina, Equisetum arvense, E. pratense, Galium boreale* und *Achillea millefolium.*

Verbreitung einheitlich am Lauf des Oulankajoki vom Savilampi bis zur Ostgrenze des Nationalparks (vgl. SÖYRINKI 1956: 27). Offenbar mehr von freiem Wuchsraum als Nährstoffsreichtum des Standorts abhängig. In der Waldvegetation aber nur in kalkreichen Gebieten bei Taivalköngäs und Kiutaköngäs. Nach PESOLA (1928: 160) indifferent (vgl. JALAS 1950: 14; RINTANEN 1968: 281).

In Uferwiesen häufig apophytisch. Apophytisch auch auf Rentierpfaden (vgl. NORDHAGEN 1936 b) in Nurmisaarenrinne und auf dem "Bärenrundenpfad" bei Ristikallio. Vermehrung aus Samen (vgl. SÖYRINKI 1939: 273—274).

Oxytropis campestris (L.) DC. ssp. *sordida* (Willd.) Hartman fil. — Karte 279.

St r (49). — (WAINIO 1878; BACKMAN 1902, 1908; HÄLLSTRÖM 1915, 1949; HJELT 1919; PESOLA 1928, 1934 b; VR 1937; LAINE *et al.* 1949; BR 1955; KIISTALA & JAHKOLA 1958; MUUKKONEN *et al.* 1958; UOTILA 1960; SUOMINEN 1963; HEIKURA 1970; AHTI & HÄMET-AHTI 1971; SAARI 1973.) — Herb.: H, HFR, OULU, TUR und TURA von ca. 30 Sammlern, als erster BN 1864 (H).

Die vorherrschende Form hat gelblichweisse Blüten; stellenweise, wie auf Quadrat *350,* auch Rasen mit hellvioletten Blüten. Auf *348* die f. *caerulescens* Saelan mit ganz blauen Blüten, die HÄLLSTRÖM (1915) von der Mündung des Kulmakkojoki am Oulankajoki gemeldet hat.

Ostarktische Unterart, die in Süd-Finnland als Ospflanze vorkommt (vgl. JALAS 1950).

Charakteristische Standorte trockene sandige Uferböschungen und -Wiesen, hauptsächlich im Oulankajokital östlich vom Aventolampi. Am unteren Lauf des Aventojoki und zwischen der Mündung des Savinajoki und Taivalköngäs nur auf mit dünnem Humus bedeckten Terrassen der Uferfelsen, wie auch in der Umgegend des Kiutaköngäs. Gewöhnlich an sonnigen oberen Hängen der Felsen, nicht tiefer unten wie die Fjeldpflanzen. Häufigste Begleiter hier *Festuca ovina, Cerastium alpinum, Arctostaphylos uva-ursi, Thymus serpyllum* ssp. *tanaënsis* und *Campanula rotundifolia.* An Uferstandorten oft *Equisetum arvense, E. pratense, Dianthus superbus, Astragalus alpinus* ssp. *arcticus, Galium boreale, Solidago virgaurea* und *Achillea millefolium.*

Auf Felsen nur auf Karbonatgrund, an Ufern auf halboffenen Standorten mit wenig Konkurrenz (vgl. JALAS 1950 und Suuri Kasvikirja II: 859). Nach PESOLA (1928: 158) schwach kalkliebend. Vermehrung nur aus Samen (vgl. SÖYRINKI 1939: 277—279).

Apophytisch stellenweise in Uferwiesen und an der Landstrasse auf *331.* — Wächst noch am Westufer des Paanajärvi, aber nicht am Oulankajoki östlich vom Paanajärvi (SÖYRINKI 1956: 27).

Vicia cracca L. — Karte 280.

Rr (3): *309'.* Ampumavaara, Landstrassenrand, pc; *347* Hof der Biologischen Forschungsanstalt, pc; *386* Wiese am Anfang des Fusspfads zum Hiidenlampi, pc. — (AHTI &

HÄMET-AHTI 1971: Biologische Forschungsanstalt.)

Ankömmling. Stabilisiertes Unkraut in Kuusamo (AHTI & HÄMET-AHTI 1971: 64) und im Oulankajoki-Pjaozero-Gebiet (SÖYRINKI 1956: 26, 58).

Vicia sylvatica L. — Karte 280.

Rr (1): *357*: am Putaanoja nahe der Grenze des Nationalparks, pc. — (HÄLLSTRÖM 1915, 1949: Tulilammenkankaat; VR 1937: Kiutaköngäs N, Putaanoja; SAARI 1973.) — Herb.: H (LLe, OVL & APi 1937: Putaanoja).

Nördlichster Fundort in Finnland, die nächsten in Kainuu (vgl. HULTÉN 1971: Karte 1161).

Auf Quadrat *357* zwei Vorkommen. Das reichlichere im halbhainartigen Wald mit lichtem Baumbestand am Berghang, mit viel *Rubus saxatilis, Geranium sylvaticum* und *Solidago virgaurea*, spärlicher *Luzula pilosa, Melica nutans* und *Antennaria dioica*. Das spärlichere im Tal von Putaanoja am schwach hainartigen Heidewaldhang (vgl. SÖYRINKI 1956: 26—27).

Die Fundorte im nährstoffreichen Gelände des Liikasenvaara. Nach PESOLA (1928: 159) schwach kalkliebend (vgl. PANKAKOSKI 1939: 97; KUJALA 1964: 69).

Eine Art des kontinental-südlichen Elements, das offenbar sein enges Areal im Nationalpark historischen Ursachen zu verdanken hat (s. unter *Carex digitata*).

Trifolium repens L. — Karte 281.

R (23). — (SUOMINEN 1963: Kiutaköngäs; AHTI & HÄMET-AHTI 1971: Biologische Forschungsanstalt.)

Meist Ränder der Landstrasse bzw. sandige Uferwiesen abwärts vom Kiutaköngäs (vgl. SÖYRINKI 1956: 27, 58); Quadrat *142* Rand einer Grube am Aventojoki, *143* Hof einer Rentierhütte, *280* Bachuferwiese, *329* Fusspfad, *332, 374* und *440* vor einer Scheune bzw. Holzfällerhütte.

Ankömmling. Alle Standorte kulturbeeinflusst, obgleich von PESOLA (1928: 144; 1952 b) für ursprünglich gehalten (vgl. AHTI & HÄMET-AHTI 1971: 63).

Trifolium hybridum L. — Karte 61.

Rr (2): *347* an beiden Enden der Brücke über den Oulankajoki am Strassenrand; *366* ca. 500 m S von der Brücke des Oulankajoki am Strassenrand.

Früher nicht vom Nationalpark bekannt.

Ankömmling (vgl. SÖYRINKI 1956: 27, 62; AHTI & HÄMET-AHTI 1971: 63). Im J. 1972 wurde eine neue Brücke über den Oulankajoki gebaut und die Landstrasse im Flusstal erhöht. Mit dem Grassamen gebracht, mit dem die erhöhte Strassenböschung besät wurde. Im Sommer 1974 verhältnismässig reichlich, 1976 etwas spärlicher.

Trifolium pratense L. — Karte 282.

R (11): *142, 287, 288, 308-311, 331: 347, 348, 366*. — (KIISTALA & JAHKOLA 1958: an der vom Kiutaköngäs zum Dorf Liikanen führenden Landstrasse.)

Hat niedrigen Wuchs und dunkelrote Blüten. Unterscheidet sich deutlich von den kultivierten Rassen; wahrscheinlich östlichen Ursprungs (vgl. AHTI & HÄMET-AHTI 1971: 63).

Ankömmling. Die meisten Standorte an der Landstrasse; Quadrat *142* Rand einer Grube am Aventojoki, *347* Hof der Biologischen Forschungsanstalt, *348* wiesenartige Uferböschung am Oulankajoki, offenbar vom Strassenrand stammend.

In Kuusamo völlig eingebürgert, so auch im Oulankajoki-Pjaozero-Gebiet (SÖYRINKI 1956: 27, 58).

Anthyllis vulneraria L. — Karte 282.

Rr (3): *131* etwa 1 km N vom Taivalköngäs nahe an der Grenze von Salla, pcc; *197*: Mündung des Aventojoki, pcc; *377* Tulilamminkankaat, zum Bachtal hin abfallender Hang, pc. — (Kuusamo, Tulilammenpuro: HÄLLSTRÖM 1915, 1949; HJELT 1919.) — Herb.: H (VL 1914) und OULU (TU 1967): Tulilammenpuro = Quadrat *377*).

JALAS (1950: 35—36) hat die südfinnische Osrasse von der skandinavischen Fjeldrasse ssp. *lapponica* (Hyl.) Jalas als ssp. *fennica* Jalas unterschieden, die von CULLEN (Flora Europaea 2: 181) im Zusammenhang mit ssp. *lapponica* genannt worden ist. Die Probe vom Quadrat *197* und diejenige von V. Lyytikäinen gehören am ehesten zu ssp. *fennica*. Die Hochblätter der Blütenstände spitzig wie bei ssp. *fennica*, Stengelblätter zahlreicher und haben spitzigere Seitenblättchen als die Probe von T. Ulvinen von *377*, die mehr an ssp. *lapponica* erinnert. Die Proben von Lyytikäinen und Ulvinen stammen jedoch offenbar von ein und demselben Standort. Alle Standorte ausserdem kalkhaltig wie bei ssp. *lapponica* (vgl. JALAS 1950). Offenbar spielen die Standortsfaktoren eine Rolle beim Aussehen der Art, und ihre systematische Stellung sollte mit Züchtungsversuchen geklärt werden.

Auf *131* und *197* auf dünner Verwitterungsschicht am Südhang der Dolomitfelsen. Auf *377* an einem zum Bachtal geneigten, mit Verwitterungsprodukten bedeckten Steilhang. An allen Fundorten verstreut auf wenigen Quadratmetern. Jährliche Schwankungen der Reichlichkeit charakteristisch (vgl. JALAS 1950 und in Suuri Kasvikirja II:846).

An allen Standorten halboffene Vegetation.

Auf *377* südliche Arten *Calamagrostis epigejos, Carex digitata, Cypripedium calceolus, Epipactis atrorubens, Polygala amarella* und *Viola rupestris* ssp. *rupestris*, nördliche *Thymus serpyllum* ssp. *tanaënsis* und arktisch-montane Fjeldpflanze *Asplenium viride*. Die meisten Begleiter eutroph und konkurrenzschwach, auch *Gypsophila fastigiata* auf *131* und *197*. Vermehrung aus Samen (vgl. SÖYRINKI 1954: 159—160.)

Geraniaceae

Geranium sylvaticum L. — Karte 283.

Fqq (386). — (BACKMAN 1908; PESOLA 1918 a, 1928, 1934 a, 1934 b, 1955 b; VR 1937; BR 1955; NISKASAARI 1956; KIISTALA & JAHKOLA 1958; MUUKKONEN *et al.* 1958; VASARI 1958; SALMINEN 1960; UOTILA 1960.) — Herb.: H (JSi 1935; GI 1938); OULU (VS 1968, 1969).

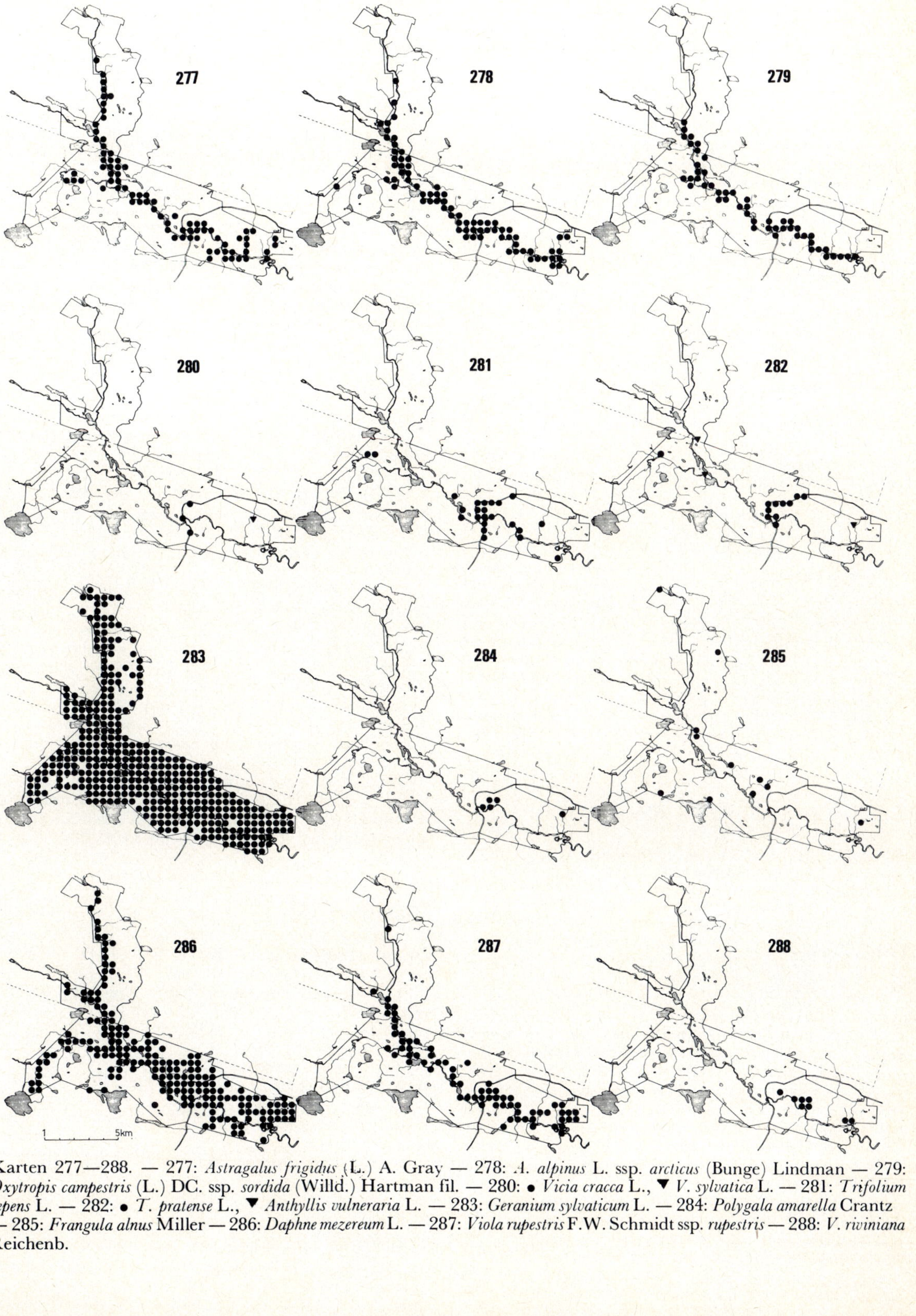

Karten 277—288. — 277: *Astragalus frigidus* (L.) A. Gray — 278: *A. alpinus* L. ssp. *arcticus* (Bunge) Lindman — 279: *Oxytropis campestris* (L.) DC. ssp. *sordida* (Willd.) Hartman fil. — 280: ● *Vicia cracca* L., ▼ *V. sylvatica* L. — 281: *Trifolium repens* L. — 282: ● *T. pratense* L., ▼ *Anthyllis vulneraria* L. — 283: *Geranium sylvaticum* L. — 284: *Polygala amarella* Crantz — 285: *Frangula alnus* Miller — 286: *Daphne mezereum* L. — 287: *Viola rupestris* F.W. Schmidt ssp. *rupestris* — 288: *V. riviniana* Reichenb.

Färbung und Grösse der Kronenblätter variieren. Hellblütige Individuen dominieren, aber auch dunkelblütige gewöhnlich (vgl. AHTI & HÄMET-AHTI 1971: 65—66).

Eine der wichtigsten Waldpflanzen, die vier Waldtypen ihren Namen verliehen hat. Höchste Deckung in frischen Hainen vom *Geranium-Dryopteris*-Typ, nahezu ebenso reichlich im *Geranium-Filipendula*-Typ der feuchten Haine, wo sie nur von *Filipendula ulmaria* übertroffen wird, ebenso in trockenen Hainen vom *Geranium-Vaccinium*-Typ (SÖYRINKI *et al.* 1977). In frischen hainartigen Wäldern vom *Geranium-Myrtillus*-Typ niedrigere Deckung. In Farnhainen und frischen Heidewäldern vom *Hylocomium-Myrtillus*-Typ in vereinzelten Individuen.

Häufig an Gewässern in Uferböschungen, -Gebüschen und -Wiesen, besonders *Geranium sylvaticum-Cirsium heterophyllum*-Wiesen (vgl. EUROLA 1967). Häufigste Begleiter in den Wiesen *Deschampsia cespitosa, Agrostis tenuis, Anthoxanthum odoratum, Polygonum viviparum, Trollius europaeus, Galium boreale* und *Solidago virgaurea.*

Häufig in dünntorfigen, eutrophen Mooren (vgl. SÖYRINKI *et al.* 1977), am reichlichsten in Braunmoor- und Hainbrüchern, gewöhnlich in Gras- und Krautbrüchern, Braunmoor-Reisermooren und *Sphagnum warnstorfii*-Braunmooren, spärlich im *Campylium stellatum*-Braunmoor. Begleiter in Mooren *Equisetum palustre, Carex cespitosa, C. vaginata, Angelica sylvestris, Bartsia alpina, Saussurea alpina* und *Crepis paludosa.* In Mooren häufiger steril als in Wald- und Ufervegetation (vgl. SÖYRINKI *et al.* 1977: 53).

Lücken des Areals gering, die weitesten im Gebiet offener Moore und armen Bodens von Salla und Isojärvi-Syvälampi. Fehlt sonst nur auf vereinzelten kargen und versumpften Quadraten. Nach PESOLA (1928: 159) schwach kalkliebend, nach KUJALA (1964: 71) ziemlich anspruchsvoll (vgl. KOTILAINEN 1951: 128; BRENNER 1931: 152—153; PANKAKOSKI 1939: 102).

Apophytisch in Uferwiesen und an der Landstrasse. Vermehrung aus Samen (vgl. SÖYRINKI 1939: 280—283, 1954: 162—163).

Geranium cf. *pusillum* L. — Karte 80.

Rr (1): *347*. Hof der Biologischen Forschungsanstalt, unter Ziersträuchern, ein steriles Individuum im J. 1971.

Zufällig.

Polygalaceae

Polygala amarella Crantz — Karte 284.

Rr (5): *333*. und *334* Ampumavaara NE vom Kiutaköngäs, pc; *348* und *349* N-Ufer des Kiutaköngäs, pc; *337* Tulilammenpuro, pcc. — (HÄLLSTRÖM 1915: Putaanoja-Liikasenvaara, 1949: Kiutaköngäs; PESOLA 1918 a: Tulilammenpuro, 1928: Oulankajoki; VR 1937: Kiutaköngäs; KOTILAINEN 1954: Putaanoja; HEIKURA 1970: Kiutaköngäs; SAARI 1973.) — Herb.: H (VP 1917: Tulilammenpuro; LLe & APi 1937, GI 1938 und PKä 1955: Kiutaköngäs).

Nächster Fundort in Finnland in Nord-Häme; jenseits der Grenze im Dorf Vartiolampi (SÖYRINKI 1956: 29, 42; vgl. HULTÉN 1971: Karte 1193). Im Nationalpark im J. 1910 von P. Wegelius vorgefunden (HÄLLSTRÖM 1915), offenbar am Tulilammenpuro.

Von einer dünnen Verwitterungsschicht bedeckte Südhänge der Kalkböschungen. In lückenhafter Vegetation in Finnland südliche Arten: *Calamagrostis epigejos, Carex digitata, Epipactis atrorubens, Gymnadenia conopsea, Gypsophila fastigiata* und *Viola rupestris* ssp. *rupestris,* auch konkurrenzschwache östliche und nördliche Arten: *Dianthus superbus, Oxytropis campestris* ssp. *sordida* und *Thymus serpyllum* ssp. *tanaënsis*, und trivialere Pflanzen wie *Festuca ovina, Geranium sylvaticum, Epilobium angustifolium, Campanula rotundifolia* und *Solidago virgaurea.* Nach PESOLA (1928: 128) kalkliebend (vgl. SÖYRINKI *et al.* 1977: 39—40).

Gehört mit *Carex digitata* (s. S. 70) und *Vicia sylvatica* zum kontinental-südlichen Artenbestand, der seine begrenzte Verbreitung im Nationalpark offenbar historischen Faktoren zu verdanken hat.

Rhamnaceae

Frangula alnus Miller (*Rhamnus frangula* L.) — Karte 285.

R (11): *1, 55, 131, 138, 201, 255, 283*: *293, 306, 323, 398.*

Früher nicht vom Nationalpark bekannt; hier an ihrer Nordgrenze (vgl. HULTÉN 1971: Karte 1218).

Typische Standorte braunmoorartige Teichufer (Quadrate *138, 201, 255, 323* und *398*); *131* am Rand einer nassen Senke. In offenen Mooren nur auf Strängen deutlich geneigter Braunmoorflächen in der Nähe eines Teichs (*293*) bzw. Sees (*55*), wo das Moorwasser fortdauernd in Bewegung. Auf *1* nahe am Ufer im normalen Reisermoor; *283* Bachufer (vgl. KOTILAINEN 1951: 132).

In manchen Fällen auf dünner Torfschicht. Nur *306* auf Mineralboden am Ufer des Talvilampi, wo mehrere kleine Sträucher in der südlichen Uferböschung dicht an der Wasserlinie. Gewöhnlich nur ein einziges Individuum. An allen Fundorten fertil.

Viele Vorkommen in kalkreichen Gebieten. Benötigt nach KUJALA (1964: 72) frischen, verhältnismässig nahrungsreichen Nährboden. Hier an ihrer Nordgrenze noch anspruchsvoller (vgl. SÖYRINKI 1956: 29).

Thymelaeaceae

Daphne mezereum L. — Karte 286.

St fq (191). — (BACKMAN 1902, 1908; HJELT 1911; PESOLA 1928, 1934 a, 1934 b; VR 1937; HÄLLSTRÖM 1949; LAINE *et al.* 1949; BR 1955; HÄMET 1956; KIISTALA & JAHKOLA 1958; VASARI 1958; SUOMINEN 1963; ULVINEN *et al.* 1966; KANGAS 1969; HEIKURA 1970; SAARI 1973.) — Herb.: H (VP 1917); OULU (VT 1952).

Vor allem Hainpflanze: meistens feuchte Haine vom *Geranium-Filipendula*-Typ, oft trockene *Geranium-Vaccinium*-Haine, frische *Geranium-Dryopteris*-Haine, Farnhaine und frische hainartige Heidewälder vom *Geranium-Myrtillus*-Typ (vgl. SÖYRINKI *et al.* 1977). Gewöhnliche Standorte ferner Uferböschungen, -Gebüsche und -Wiesen. Verträgt leichte Versumpfung, oft in Hainbrüchern, Braunmoorbrüchern und am Rande der Braunmoor-Reisermoore (vgl. KOTILAINEN 1951: 133; SÖYRINKI 1956: 27). Viele eutrophe Begleiter wie *Agropyron caninum, Ribes spicatum, Rubus idaeus, Geum rivale, Anthriscus sylvestris* und *Saussurea alpina*.

Nicht direkt an Kalk gebunden; folgt den Tälern des Oulankajoki, Savinajoki und Aventojoki durch den ganzen Nationalpark. Grösste Dichte jedoch an kalkreichen Hängen des Ampumavaara und Liikasenvaara. Braucht frische, nahrungsreiche Böden (vgl. KUJALA 1964: 75). pH an hainartigen Standorten 5.9, 6.2, 6.3 und 6.8. Nach PESOLA (1928: 158) kalkliebend.

Violaceae

Viola rupestris F.W. Schmidt ssp. *rupestris* — Karte 287.

St r (70). — (BACKMAN 1902, 1908, 1913—1914; HJELT 1911; HÄLLSTRÖM 1915, 1949; PESOLA 1918 a, 1934 b; VR 1937; KIISTALA & JAHKOLA 1958; SUOMINEN 1963; HEIKURA 1970; SAARI 1973.) — Herb.: HSI (AB 1908); OULU (EPi 1937; EB 1950; UI 1950; VS 1968—69).

Trockene Uferböschungen und -Wiesen, trockene Haine vom *Geranium-Vaccinium*-Typ (SÖYRINKI *et al.* 1977: 40) sowie Terrassen und mit dünnem Humus bedeckte Verwitterungsflächen der Felsen, reichlicher an nach Süden als nach Norden geneigten Hängen. Viele Begleiter konkurrenzschwach: *Carex digitata, C. ericetorum, Astragalus alpinus* ssp. *arcticus, Oxytropis campestris* ssp. *sordida* und *Thymus serpyllum* ssp. *tanaënsis*.

Ufervorkommen beinahe einheitlich am Oulankajoki von der Mündung des Savinajoki bis zur Ostgrenze des Nationalparks. In trockenen Hainen nördlich vom Kiutaköngäs und südlich von den Polvilammit. Auf Felsen nur auf Dolomitgrund, an Ufern an konkurrenzfreien Standorten. Nach PESOLA (1928: 159) schwach kalkliebend.

In trockenen Uferwiesen apophytische Vorkommen (vgl. SÖYRINKI 1956: 23).

Viola riviniana Reichenb. — Karte 288.

Rr (8): *333*: ca. 500 m N vom Kiutaköngäs; *351, 352*: *353*: *370* und *371* am Ampumavaara N von Heikinniemi; *415* Mündung des Lippihetteenpuro; *416*: Mündung des Tulilammenpuro.

Früher nicht von der Provinz Kuusamo bekannt (vgl. HULTÉN 1971: Karte 1262).

An ziemlich trockenen, südwärts geneigten Hängen mit dominierender *Geranium sylvaticum*, auch in feuchten Hainen vom *Geranium-Filipendula*-Typ. Gewöhnlichste Begleiter *Melica nutans, Rubus saxatilis, Fragaria vesca, Rosa majalis, Geranium sylvaticum* und *Solidago virgaurea*. An allen Fundstellen spärlich und oft steril.

Nur an mikroklimatisch günstigen und nährstoffreichen Hängen des Ampumavaara und Liikasenvaara. Nach KUJALA (1964: 73) ziemlich anspruchsvoll (vgl. PANKAKOSKI 1939: 82).

Gehört offenbar zu dem kontinental-südlichen Artenbestand, dessen enges Areal auf historischen Gründen beruht (s. unter *Carex digitata*).

Viola canina L. ssp. *montana* (L.) Hartman (*V. montana* L.) — Karte 289.

St fq (154). — (BACKMAN 1908; VR 1937; BR 1955; NISKASAARI 1956; KIISTALA & JAHKOLA 1958; MUUKKONEN *et al.* 1958; SUOMINEN 1963; ULVINEN *et al.* 1966.) — Herb.: OULU (EK 1963; YV 1958); TUR (JH 1949; HS 1949).

Frische Haine vom *Geranium-Dryopteris*-Typ und feuchte Haine vom *Geranium-Filipendula*-Typ (SÖYRINKI *et al.* 1977), Uferböschungen, Ufergebüsche und frische und trockene Uferwiesen, am häufigsten in *Geranium sylvaticum-Cirsium helenioides*-Wiesen (vgl. EUROLA 1967), auch in Hainbrüchern. Die meisten Standorte an Flussufern, fehlt nur auf einer Strecke von ca. 1,5 km am Aventojoki aufwärts vom Ristikallio. Häufig auch an manchen Bächen, z.B. Kiekeröoja. Sonst nur in kalkreichen Gebieten von Kiekerölammit, Ampumavaara und Polvilammit. Nach PESOLA (1928: 160) indifferent.

Hat aus der Mahd der Ufer offenbar Nutzen gezogen (vgl. KUJALA 1964: 73; AHTI & HÄMET-AHTI 1971: 66). Im Oulankajoki-Pjaozero-Gebiet noch bei 450 m an der Birkengrenze (SÖYRINKI 1956: 23).

Viola epipsila Ledeb. — Karte 290.

Fq (313). — (PESOLA 1934 a, 1955 b; VR 1937; BR 1955; NISKASAARI 1956; KIISTALA & JAHKOLA 1958; VASARI 1958; SALMINEN 1960; UOTILA 1960; SUOMINEN 1963.)

V. palustris wurde nicht gefunden, *V. epipsila* × *palustris* auch nicht. *V. palustris* ist überhaupt weniger häufig in Nord-Finnland als *V. epipsila*. Nach AHTI & HÄMET-AHTI (1971: 66) *V. palustris* jedoch recht häufig in Kuusamo. SÖYRINKI (1956: 23) hat einen Fundort im Oulankajoki-Pjaozero-Gebiet. Nach HÄLLSTRÖM (1915) ist die Hybride ziemlich häufig in den Uferwiesen und Kiesufern, Proben fehlen jedoch.

Besonders Uferwiesen und -Gebüsche. Am reichlichsten in feuchten Wiesen in der Nähe der Wasserlinie mit u.a. *Molinia caerulea, Carex cespitosa, Ranunculus repens, Filipendula ulmaria* und *Galium palustre*. Auch feuchte Haine vom *Geranium-Filipendula*-Typ und *Filices*-Typ, Überschwemmungsweissmoore und dünntorfige eutrophe Moore, besonders Hainbrücher. Oft in Gras- und Krautbrüchern und Braunmoorbrüchern, seltener in *Sphagnum warnstorfii*-Braunmooren, Braunmoor-Weissmooren und Weissmoorbrüchern, gelegentlich in Bültenflächen der Braunmoore und mesotrophischen Weissmoore (vgl. SÖYRINKI *et al.* 1977).

Ausfallsgebiete in ärmsten bzw. meist bewaldeten Gebieten im Norden, bei Puikkojärvi und Isojärvi, am Kiutavaara und Ampumavaara. pH 4.9—6.7 (Mittel 5.5 von 5 Messungen). Nach PESOLA (1928: 159) schwach kalkliebend.

In Uferwiesen offenbar durch die Mahd bereichert (vgl. SÖYRINKI 1956: 23; AHTI & HÄMET-AHTI 1971: 66). Vermehrung sowohl durch Samen als Ausläufer (vgl. SÖYRINKI 1939: 285—286).

Viola selkirkii Pursh (*V. umbrosa* Fr.) — Karte 291.

R (36). — (BACKMAN 1902, 1903; HJELT 1911; HÄLLSTRÖM

1915, 1949; PESOLA 1918 a, 1934 a; VR 1937; BR 1955; SUOMINEN 1963; ULVINEN *et al.* 1966; SAARI 1973.) — Herb.: H (AB 1902; RLH 1954).

Feuchte Haine vom *Filices*-Typ und *Geranium-Filipendula*-Typ (SÖYRINKI *et al.* 1977). Begleiter anspruchsvoll: *Equisetum pratense, Matteuccia struthiopteris, Paris quadrifolia, Agropyron caninum, Rubus idaeus* und *Circaea alpina,* und gewöhnliche Waldpflanzen wie *Gymnocarpium dryopteris, Maianthemum bifolium, Rubus saxatilis* und *Trientalis europaea.*

Areal diffus; scheint mehr auf humusreiche Standorte im Bereich von Wasserströmungen angewiesen zu sein als auf Kalkgehalt des Untergrundes. Nach PESOLA (1928: 158) kalkliebend, nach KUJALA (1964: 74) eine der anspruchsvollsten Waldpflanzen (vgl. PANKAKOSKI 1939: 83).

Blüht in der ersten Hälfte Juni.

Elatinaceae

Elatine hydropiper L. — Karte 292.

Rr (1): *222:* Aventolampi, Südufer, pc.

Früher nicht vom Nationalpark bekannt. Wird von *E. hydropiper* s.str. vertreten (vgl. UOTILA 1974).

In etwa 20—40 cm Tiefe auf Mineralboden, der von einer dünnen Schlammschicht überzogen (vgl. LUTHER 1951: 236—237); wahrscheinlich in der Erosionszone des Eises. Mit verstreut *Isoëtes echinospora, Sparganium* sp. (ster.), *Potamogeton berchtoldii* und *Callitriche* sp. (ster.); ausserdem im Aventolampi u.a. *Sagittaria sagittifolia* und *Callitriche hermaphroditica.* Eutroph (vgl. LINKOLA 1933: 6; SAMUELSSON 1934: 140; LUTHER 1951; MARISTO 1941: 117).

Onagraceae (Oenotheraceae)

Circaea alpina L. — Karte 292.

Rr (9): *97:* von NW in den Savilampi fliessender Bach, pc; *124* Mündung des Puikko-oja, st cp; *130* Puikko-oja, pc; *388* aus dem Alempi Hiidenlampi fliessender Bach, st pc; *408, 409, 422* Merioja, st cp; *437* und *440* aus dem Alimmainen Ansalampi fliessender Bach, st cp. — (Merioja (HJELT 1911; HÄLLSTRÖM 1915, 1949; PESOLA 1934 a); aus dem Hiidenlampi fliessender Bach = Quadrat *388* (VR 1937; ULVINEN *et al.* 1966); SAARI 1973.) — Herb.: H (LKn 1955: 700 m NW vom Taivalköngäs; HT 1963: aus dem Ansalampi fliessender Bach); OULU (VT 1955: 4 km N vom Taivalköngäs); TUR (ML 1939: N-Ufer des Savilampi).

In feuchten Hainen vom *Filices*-Typ an Bachufern, zwischen hohen Farnkräutern, auf moosbedeckten Ufersteinen und morschen Baumstämmen. Begleiter niedrige Schattenpflanzen: *Thelypteris phegopteris, Gymnocarpium dryopteris, Viola epipsila* und *V. selkirkii,* und hochwüchsige Hainpflanzen: *Matteuccia struthiopteris, Carex norvegica* ssp. *inferalpina, Ribes spicatum, Prunus padus* und *Rubus idaeus* (vgl. SÖYRINKI *et al.* 1977: 37—38).

Standorte üppigste Uferhaine des Nationalparks. Zuvörderst an fruchtbare, beständig feuchte Standorte im Bereich von Wasserströmungen gebunden (vgl. KUJALA 1964: 76). Nach PESOLA (1928: 158) kalkliebend. pH 6.5 an zwei Stellen auf Quadrat *408.*

Epilobium angustifolium L. (*Chamaenerion a.* (L.) Scop.) — Karte 293.

Fqq (360). — (BACKMAN 1908; PESOLA 1918 a, 1928, 1934 a, 1934 b, 1955 b; VR 1937; BR 1955; NISKASAARI 1956; MUUKKONEN *et al.* 1958; VASARI 1958; SALMINEN 1960; UOTILA 1960; SUOMINEN 1963; AHTI & HÄMET-AHTI 1971.) — Herb.: OULU (VS 1970).

Sehr weite Standortsamplitude. Am reichlichsten in frischen Hainen vom *Geranium-Dryopteris*-Typ und feuchten Hainen vom *Geranium-Filipendula*-Typ (SÖYRINKI *et al.* 1977). Vereinzelt regelmässig in frischen hainartigen Heidewäldern vom *Geranium-Myrtillus*-Typ, verstreut in frischen *Hylocomium-Myrtillus*-Heidewäldern, gelegentlich in trockenen *Empetrum-Myrtillus*-Heidewäldern; fehlt in flechtenreichen Heiden. Häufig in Gras- und Krautbrüchern, Braunmoorbrüchern und Hainbrüchern, seltener in Braunmoor-Reisermooren.

Häufig auch an Ufern in Böschungen, Gebüschen sowie feuchten und trockenen Uferwiesen, vor allem in *Geranium sylvaticum-Cirsium helenioides*-Wiesen (vgl. EUROLA 1967). Regelmässig an Fels- und Geröllhängen, an der Landstrasse, an Rentierhütten und Lagerplätzen.

In Wäldern beinahe immer steril. An offenen, lichten Stellen, wie an Felshängen, Ufern, Strassenrändern und anderen Kulturstandorten gewöhnlich in Blüte. Die reichste blühende Siedlung bei der Rentierhütte im Metsosuo auf Quadrat *185.*

Fehlt nur in offenen Mooren und in ärmsten Wald- und Moorgebieten von Salla, Puikkojärvi und Isojärvi-Halmelampi.

Indifferent (vgl. PESOLA 1928: 160; KUJALA 1964: 76; PANKAKOSKI 1939: 99).

Apophytisch an Rändern der Landstrasse, am Campingplatz beim Kiutaköngäs und an Rentier- und Wanderhütten (vgl. KUJALA 1926 a: 132, 1926 b: 26—27; SARVAS 1937: 16). Im Oulankajoki-Pjaozero-Gebiet noch bei 460 m in der alpinen Stufe blühend und mit Keimpflanzen (SÖYRINKI 1956: 28, vgl. 1939: 301—302, 1954: 168).

Epilobium palustre L. s. lat. (incl. *E. laestadii* Kytöv.) — Karte 294.

St fq (154). — (VR 1937; PESOLA 1955 b; NISKASAARI 1956.) — Herb.: OULU (VT 1955; VS 1969—71).

Wenn zusammen mit *E. alsinifolium* oder *E. hornemannii,* Hybriden nicht selten.

Nach KYTÖVUORI (1976) in Kuusamo ausser *E. palustre* s.str. zwei andere taxonomische Einheiten, "*E. lapponicum*" und "*E. 113*". Die Proben von den Quadraten *81* und *107* gehören zur "*E. 113*" = *E. laestadii* (KYTÖVUORI 1979).

Frische Uferwiesen, Überschwemmungsweissmoore, quellige Moore, Quellbäche, nasse Bruchmoore, besonders Weissmoorbrücher und Gras- und Krautbrücher sowie Landstrassengräben.

Ziemlich gleichmässig durch den Nationalpark. Ausfallsgebiete im Bereich der offenen Moore und Heidewälder sowohl in armen als in eutrophen Gebieten. Nach PESOLA (1928: 159) schwach kalkliebend.

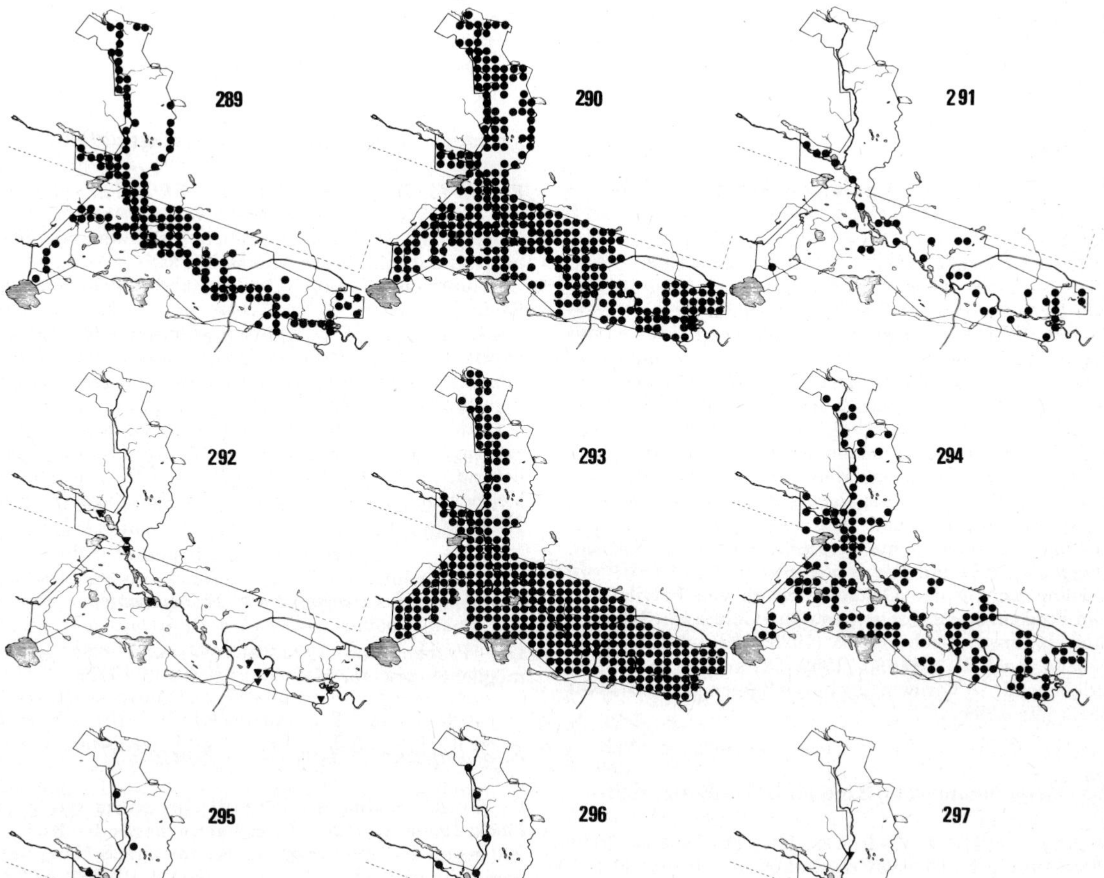

Karten 289—300. — 289: *Viola canina* L. ssp. *montana* (L.) Hartman — 290: *V. epipsila* Ledeb. — 291: *V. selkirkii* Pursh — 292: • *Elatine hydropiper* L., ▼ *Circaea alpina* L. — 293: *Epilobium angustifolium* L. — 294: *E. palustre* L. s.lat. — 295: *E. davuricum* Fischer — 296: *E. hornemannii* Reichenb. — 297: • *E. hornemannii* × *palustre*, ▼ *E. alsinifolium* × *palustre* — 298: *E. alsinifolium* Vill. — 299: • *Myriophyllum verticillatum* L., ▼ *M. spicatum* L. — 300: *M. alterniflorum* DC.

Carum carvi L. — Karte 304.

Rr (2): *347* Hof der Biologischen Forschungsanstalt im J. 1976, 1 Indiv.; *365* am Landstrassenrand ca. 200 m S von der Oulankajoki-Brücke im J. 1974, 1 Indiv.

Früher nicht vom Nationalpark bekannt.

Zufällig (vgl. AHTI & HÄMET-AHTI 1971: 68).

Angelica sylvestris L. — Karte 305.

Fq (245). — (BACKMAN 1908; PESOLA 1934 a, 1955 b; VR 1937; KOTILAINEN 1951; MUUKKONEN *et al.* 1958; UOTILA 1960; SUOMINEN 1963.)

Haine, auch dünntorfige eutrophe Moore (SÖYRINKI *et al.* 1977). Am reichlichsten in feuchten Hainen vom *Geranium-Filipendula*-Typ, nahezu konstant in frischen Hainen vom *Geranium-Dryopteris*-Typ, etwas seltener in Farnhainen und frischen hainartigen Heidewäldern vom *Geranium-Myrtillus*-Typ. In Moorvegetation besonders in *Sphagnum warnstorfii*-Braunmooren, zuvörderst in Randpartien (vgl. RUUHIJÄRVI 1960: 95), in Braunmoor-Reisermooren, Braunmoorbrüchern, Hainbrüchern und *Campylium stellatum*-Braunmooren. Charakteristischste Begleiter *Equisetum pratense, Carex cespitosa, C. vaginata, Salix myrsinites, Filipendula ulmaria, Geum rivale, Geranium sylvaticum, Bartsia alpina, Saussurea alpina* und *Crepis paludosa*. Auch Uferböschungen und -Gebüsche sowie feuchte und frische Uferwiesen.

Fehlt in armen Wald- und Moorgebieten von Salla, Isojärvi-Syvälampi und Kiutavaara. Nach PESOLA (1928: 159) schwach kalkliebend, nach KUJALA (1964: 78) auf fruchtbaren Böden (vgl. BRENNER 1931: 150—151; PANKAKOSKI 1939: 101).

Hat aus der Mahd der Ufer Nutzen gezogen (vgl. SÖYRINKI 1956: 28; AHTI & HÄMET-AHTI 1971: 68).

Angelica archangelica L. ssp. *archangelica* (*A. a.* ssp. *norvegica* (Rupr.) Nordh.), die am Oulankajoki zwischen Paanajärvi und Pjaozero (vgl. SÖYRINKI 1956: 29), im Kirchspiel Kuusamo und Pudasjärvi angetroffen ist, im Nationalpark nicht beobachtet.

Peucedanum palustre (L.) Moench — Karte 306.

R (19). — (SÖYRINKI *et al.* 1977.)

Meistens sumpfige Braunmoor- bzw. Weissmoorränder der Bach- und Teichufer, in Mooren von Salla auch von *Molinia caerulea* dominierte Stränge der Hangmoore. Häufigste Begleiter trivial, wie *Equisetum fluviatile, Molinia caerulea, Carex lasiocarpa, Potentilla palustris* und *Menyanthes trifoliata*. Auf Quadrat *291* im *Scorpidium*-Rimpibraunmoor am Bachufer.

Meidet Dolomitgebiete und Flussufer. Schwerpunkt im mesotrophen Isojärvi-Halmelampi-Gebiet im Südwesten, übrige Fundorte im Norden in Salla. pH 4.8—6.2 (Mittel 5.5 von 5 Messungen). Braucht offenbar Stellen, wo Zufuhr von Sauerstoff und Nährstoffen durch Wasserströmungen gesichert ist. Nach PESOLA (1928: 160) schwach kalkliebend.

Heracleum sphondylium L. ssp. *sibiricum* (L.) Simonkai — Karte 80.

Rr (1): *347* Kiutaköngäs, S-Ufer des Oulankajoki an der Landstrasse, auf ca 1 m². — (AHTI & HÄMET-AHTI 1971: Kiutaköngäs, nahe an der Fähre = Brücke.) — Herb.: H (RLH 1955: Kiutaköngäs, Fährmannsstube = Quadrat *347*).

Ankömmling (vgl. AHTI & HÄMET-AHTI 1971: 68).

Pyrolaceae

Pyrola minor L. — Karte 307.

Fq (292). — (PESOLA 1934 a, 1955 b; VR 1937; BR 1955; NISKASAARI 1956; VASARI 1958; SALMINEN 1960; UOTILA 1960.) — Herb.: H (HL 1936); OULU (PJ 1949; VT 1955; VS 1970—71); TUR (OK 1949; AT 1949).

Frische Haine vom *Geranium-Dryopteris*-Typ und feuchte Haine vom *Geranium-Filipendula*-Typ (SÖYRINKI *et al.* 1977), hier und da auch frische hainartige Heidewälder vom *Geranium-Myrtillus*-Typ. Häufig in Gras- und Krautbrüchern, Braunmoorbrüchern und Hainbrüchern an Bachufern. Oft in dünntorfigen nahrungsreichen Mooren, vor allem in *Sphagnum warnstorfii*-Braunmooren und Braunmoor-Reisermooren.

Fehlt in ärmsten Waldgebieten und in dicktorfigen sowie nahrungsarmen dünntorfigen Mooren. Weitere Lücken in Mooren von Salla, bei Puikkojärvi und Isojärvi-Syvälampi-Halmelampi. Nach PESOLA (1928: 159) schwach kalkliebend (vgl. PANKAKOSKI 1939: 105). — Über die Vermehrungsökologie vgl. KUJALA (1926 a: 86—97); SÖYRINKI (1939: 314—316).

Pyrola minor × *rotundifolia* s. lat. — Karte 308.

Rr (7): *22*: Savinajoki, Braunmoorbruch bei der Stromschnelle Perttumakoski; *25*: Savinajoki, Bruchmoor bei der Mündung des Perttumaoja; *68*: Savinajoki, *Hylocomium-Myrtillus*-Heidewald bei Rupakivi; *233*: Ampumavaara, Bruch SW vom Pitkälampi; *234*: Ampumavaara, Reisermoorrand S vom Pitkälampi; *396*: Lippihetteenpuro, Bruchwald ca. 1 km vom Oulankajoki; *432*: Ansavuoma in der Nähe des Ansalampi, Braunmoorbruch. — (HÄLLSTRÖM 1949: Lippihetteenpuro; SAARI 1977).

Von H. Lindberg im J. 1936 am Lippihetteenpuro gefunden (H, OULU). Von derselben Stelle Proben vom Jahr 1949 in H, OULU, TUR und TURA.

Erinnert mehr an *P. minor* als *P. rotundifolia*. Die Blüte breitet sich aber weiter aus als bei *P. minor* und Kelchblätter und Griffel länger. Griffel etwas gebogen, aber nicht so viel wie bei *P. rotundifolia*.

Meistens in der Nähe der Stammarten; auf Quadrat *233* nicht *P. rotundifolia* und auf *396* nicht *P. minor* gefunden.

Pyrola media Swartz — Karte 309.

R (12): *96, 201, 283, 285, 310, 312, 336, 349, 352, 356*: *372, 377*. — Herb.: OULU (VT 1955: abwärts vom Kiutaköngäs).

Frische Heidewälder an Berghängen, z.T. im *Hylocomium-Myrtillus*-Typ, meist in flachen Senken mit hainartiger *Geranium-Myrtillus*-Vegetation. Begleiter u.a. *Maianthemum bifolium, Melica nutans, Carex digitata, Rubus*

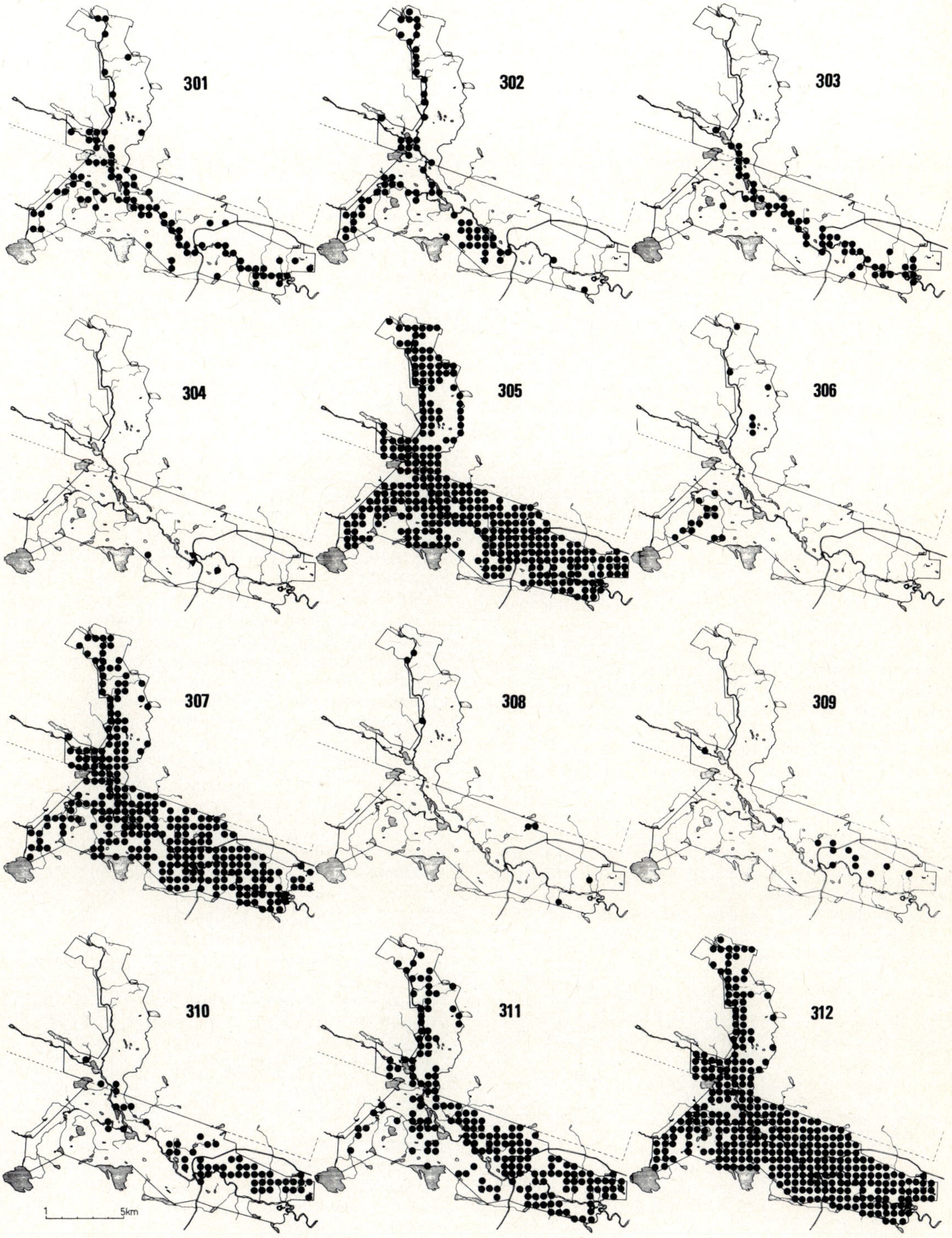

Karten 301—312. — 301: *Hippuris vulgaris* L. — 302: *Cornus suecica* L. — 303: *Anthriscus sylvestris* (L.) Hoffm. — 304: • *Cicuta virosa* L., ▾ *Carum carvi* L. — 305: *Angelica sylvestris* L. — 306: *Peucedanum palustre* (L.) Moench — 307: *Pyrola minor* L. — 308: *P. minor* × *rotundifolia* s.lat. — 309: *P. media* Swartz — 310: *P. chlorantha* Swartz — 311: *P. rotundifolia* L. s. lat. — 312: *Orthilia secunda* (L.) House.

saxatilis, Geranium sylvaticum, Melampyrum sylvaticum, Linnaea borealis, Solidago virgaurea und *Hieracium* spp.

Die meisten Fundorte an karbonathaltigen Südhängen des Ampumavaara. Braucht offenbar hier im Norden sonnige, nährstoffreiche Standorte (vgl. KUJALA 1964: 79).

Pyrola chlorantha Swartz — Karte 310.

St r (57). — (PESOLA 1918 a; HJELT 1919; FORTELIUS 1925; ULVINEN *et al.* 1966. — Herb.: H (VP 1917; GI 1938).

Zuvörderst trockene Heidewälder vom *Empetrum-Myrtillus*-Typ an südlichen Berghängen. In frischen Heidewäldern nur im *Hylocomium-Myrtillus*-Typ mit dominierender Kiefer. Oft in halboffenen Böschungen mit hainartigen Zügen. Ähnlichkeit mit *P. media,* aber auf trockenerem Boden (vgl. KUJALA 1964: 79). Gewöhnlichste Begleiter u.a. *Equisetum scirpoides, Maianthemum bifolium, Rubus saxatilis* und *Solidago virgaurea.*

Grösstenteils an Hängen des Liikasenvaara und Ampumavaara; verstreut bis zum Oulangankanjoni. Die Wirkung des Kalks oft deutlich bemerkbar am Standort (z.B. *Equisetum scirpoides*). Nach PESOLA (1928: 159) schwach kalkliebend. Bevorzugt nach KUJALA (1964: 80) gut erwärmende Moränen- und Sandböden, nicht anspruchsvoll.

Pyrola rotundifolia L. s. lat. (incl. *P. norvegica* Knaben) — Karte 311.

St fq (190). — (PESOLA 1934 a, 1934 b, 1955 b; VR 1937; BR 1955; KIISTALA & JAHKOLA 1958; MUUKKONEN *et al.* 1958; SUOMINEN 1963; ULVINEN *et al.* 1966; SÖYRINKI *et al.* 1977.) — Herb.: H (HL 1936); OULU (PJ 1949; VS 1968—70); TUR (OK 1949; AV 1949).

In der Hauptsache wahrscheinlich *P. rotundifolia* s.str. Oft an denselben bzw. ähnlichen Standorten wie *P. minor,* jedoch etwas anspruchsvoller. Uferstandorte bedeutend weniger als bei *P. minor,* und in eutrophen, dünntorfigen. Mooren, besonders in Braunmoor-Reisermooren, Braunmoorbrüchern und Hainbrüchern häufiger (vgl. SÖYRINKI 1956: 30).

Anhäufungen in Dolomitgebieten nördlich von den Kiekerölammit, Westhang des Ampumavaara und Polvilammit. Im südwestlichen Teil nur am Aventojoki und am Kiutavaara spärlicher. In Mooren von Salla weite Lücken. Nach PESOLA (1928: 159) schwach kalkliebend, bevorzugt nach KUJALA (1964: 79) fruchtbare, frische Böden (vgl. PANKAKOSKI 1939: 105; BRENNER 1931: 152).

Orthilia secunda (L.) House (*Pyrola s.* L., *Ramischia s.* (L.) Garcke) — Karte 312.

Fqq (365). — (PESOLA 1934 a, 1934 b, 1955 b; VR 1937; BR 1955; NISKASAARI 1956; KIISTALA & JAHKOLA 1958; MUUKKONEN *et al.* 1958; SALMINEN 1960; UOTILA 1960; SUOMINEN 1963.)

Eine, von den gewöhnlichsten Waldpflanzen, häufig auch in den meisten Bruchmoortypen. Reichlichstes Auftreten in frischen Hainen vom *Geranium-Dryopteris*-Typ und frischen hainartigen Heidewäldern vom *Geranium-Myrtillus*-Typ. Häufig in feuchten Hainen vom *Geranium-Filipendula*-Typ und trockenen Hainen vom *Geranium-Vaccinium*-Typ, ziemlich häufig in eigentlichen frischen Heidewäldern vom *Hylocomium-Myrtillus*-Typ (SÖYRINKI *et al.* 1977). Fehlt in trockenen *Empetrum-Myrtillus*- und *Calluna-Cladina*-Heidewäldern. Ziemlich reichlich in Gras- und Krautbrüchern, Braunmoorbrüchern und Hainbrüchern, in normalen Bruchmooren oft aber spärlich.

Ausfallsgebiete in armen Mooren und Heidewaldinseln in Salla, Vaalulampi und Isojärvi-Syvälampi; auch im *Calluna-Cladina*-Typ (Quadrat *199, 390, 393* und *414*). Nach PESOLA (1928: 160) indifferent (vgl. PANKAKOSKI 1939: 106; BRENNER 1931: 166).

Im Oulankajoki-Pjaozero-Gebiet noch oberhalb der Waldgrenze am Fusse der Felsen (SÖYRINKI 1956: 30).

Moneses uniflora (L.) A. Gray (*Pyrola u.* L.) — Karte 313.

Fq (237). — (PESOLA 1934 b; VR 1937; BR 1955; NISKASAARI 1956; KIISTALA & JAHKOLA 1958; VASARI 1958; SUOMINEN 1963.) — Herb.: TUR (RLH 1946; PP 1949).

Haine und eutrophe dünntorfige Moore (SÖYRINKI *et al.* 1977). Ziemlich häufig in frischen Hainen vom *Geranium-Dryopteris*-Typ und feuchten Hainen vom *Geranium-Filipendula*-Typ, seltener in frischen hainartigen Wäldern. Auf Torfboden meistens in Braunmoorbrüchern, spärlich in Gras- und Krautbrüchern, Hainbrüchern, *Sphagnum warnstorfii*-Braunmooren und Braunmoor-Reisermooren.

Häufig im Bereiche des basischen Gesteinsgrundes im östlichen Teil an Berghängen, auch zwischen Savilampi und Aventolampi, sonst verstreut. Nicht an Kalk gebunden, sondern durch die vom Kalk verursachte Fruchtbarkeit begünstigt. Nach PESOLA (1928: 159) schwach kalkliebend, nach KUJALA (1964: 78) an frischen, nahrungsreichen Standorten (vgl. SÖYRINKI 1956: 30).

Ericaceae

Calluna vulgaris L. — Karte 314.

Fqq (421). — (PESOLA 1928, 1934 b, 1955 b; SUOMINEN 1963.)

Trockene Heidewälder. Hat im *Calluna-Cladina*-Typ vielmals höhere Deckung als die übrigen Arten der Feldschicht zusammen; konstant auch im *Empetrum-Myrtillus*-Typ. In frischen Heidewäldern vom *Hylocomium-Myrtillus*-Typ und *Ledum-Uliginosum*-Typ hier und da (SÖYRINKI *et al.* 1977). Vereinzelte Individuen in hainartigen Siedlungen.

Als Moorpflanze deutlich seltener als in Süd-Finnland (vgl. EUROLA 1962). Gehört nicht zum eigentlichen Artenbestand der Reisermoore, obgleich oft in *Sphagnum fuscum*-Reisermooren und -Strängen ebenso wie Braunmoor-Reisermooren.

Ziemlich gleichmässig verbreitet. Oligotroph, die reichlichsten Vorkommen auf glazifluvialen Sandheiden. Nach PESOLA (1928: 160) schwach kalkliebend (vgl. KOTILAINEN 1927: 52, 1933: 25; BRENNER 1931: 150; PANKAKOSKI 1939: 107).

Waldbrände haben offenbar günstig auf das Fortkommen gewirkt (vgl. KUJALA 1964: 84). Auf den Fjelden von Kuusamo reichlich, ebenso im Oulankajoki-Pjaozero-Gebiet in Zwergstrauchheiden in der alpinen Stufe (SÖYRINKI 1956: 30).

Ledum palustre L. — Karte 315.

Fqq (438). — Fehlt auf Quadrat *392* und *414*. — (HÄLLSTRÖM 1915, 1949; PESOLA 1928, 1934 b, 1955 b; MUUKKONEN *et al.* 1958; SUOMINEN 1963.) — Herb.: H (KL ?, ohne Daten).

Häufige Wald- und Moorpflanze (vgl. SÖYRINKI *et al.* 1977). Dominierende Zwergsträucher in frischen Heidewäldern vom *Ledum-Uliginosum*-Typ, häufig im *Hylocomium-Myrtillus*-Typ, *Geranium-Myrtillus*-Typ und in trockenen Heidewäldern vom *Empetrum-Myrtillus*-Typ. Reichlich besonders an Nordhängen der Berge. Im *Calluna-Cladina*-Typ selten, fehlt in Hainen.

In Reisermooren eine der kennzeichnenden Arten, obwohl nicht so reichlich wie in Süd- und Mittel-Finnland (vgl. EUROLA 1962). Grösste Reichlichkeit in anmoorigen Heidewäldern, normalen Reisermooren und *Sphagnum fuscum*-Reisermooren und -Strängen. Ferner häufig in nahrungsarmen Bruchmooren, vor allem in Heidelbeer-, Multbeer- und *Equisetum sylvaticum*-Brüchern.

Oligotroph (vgl. KUJALA 1964: 80—81). Nach PESOLA (1928: 160) schwach kalkfliehend (vgl. PANKAKOSKI 1939: 114—115; AALTONEN 1925: 18; KOTILAINEN 1927: 52, 1933: 25; BRENNER 1931: 150).

Arctostaphylos uva-ursi (L.) Sprengel — Karte 316.

P (130). — (PESOLA 1918 b, 1928, 1934 b; VR 1937; NISKASAARI 1956; KIISTALA & JAHKOLA 1958; MUUKKONEN *et al.* 1958; SUOMINEN 1963.) — Herb.: OULU (UI 1950).

Trockene lichte Wälder und Felsen. Gewöhnlich aber spärlich in den Flechtenheiden vom *Calluna-Cladina*-Typ, auch in trockenen Hainen vom *Geranium-Vaccinium*-Typ (SÖYRINKI *et al.* 1977). Auf Felsen und in sandigen Uferböschungen am Oulankajoki stellenweise reichlich.

Beinahe fortlaufend an den Ufern des Oulankajoki, Aventojoki und Savinajoki abwärts von Niemikangas. Im Westen hauptsächlich auf Felsen, im Osten in Sandheiden und Uferböschungen. Nur geringer Teil der Standorte weiter vom Flussgelände entfernt.

Am reichlichsten in Karbonatgebieten, aber auch auf armen Böden. Nach PESOLA (1928: 160) indifferent, begünstigt nach KUJALA (1964: 82) weniger saure, nicht sehr nahrungsarme Standorte.

Wahrscheinlich durch die Waldbrände gewonnen (vgl. KUJALA 1964.). Im Oulankajoki-Pjaozero-Gebiet noch in der alpinen Stufe in Zwergstrauchheiden bis zu 470 m (SÖYRINKI 1956: 30).

Arctostaphylos alpinus (L.) Sprengel — Karte 317.

Rr (2): *160*: Uferfels von Taivallahti, pc; *327* Gipfel von Kiutavaara, pc. — (PESOLA 1934 b: Salla, Kyökkökallio; Kuusamo, Taivalköngäs = Quadrat *160*?)

Auf Quadrat *327* auf einigen Quadratmetern im *Empetrum-Myrtillus*-Heidewald bei 380 m Höhe. Sonst keine Fjeldpflanzen auf diesem höchsten Berg des Nationalparks. Auf *160* auf der Terrasse eines nordwärts geneigten Felsabhangs mit *Festuca ovina, Epilobium angustifolium, Vaccinium vitis-idaea, Linnaea borealis, Campanula rotundifolia* und *Saussurea alpina*; pH 5.4, 6.0 und 6.4.

Diese zirkumpolare arktisch-montane Art der lappländischen Fjeldheiden wächst in Kuusamo im Gipfelbereich der höchsten Berge und wird in der Regel nicht auf den Uferfelsen angetroffen. Im Oulankajoki-Pjaozero-Gebiet häufig auf alpinen Zwergstrauchheiden von der Birkengrenze bis zu den Gipfeln der Fjelde (SÖYRINKI 1956: 30). Sowohl generative als vegetative Vermehrung (vgl. SÖYRINKI 1939: 327—330, 1954: 176).

Andromeda polifolia L. — Karte 318.

Fq (322). — (PESOLA 1928, 1955 b; UOTILA 1960.)

Zwischen- und Bültenflächen der Moore (SÖYRINKI *et al.* 1977). Besonders Grossseggenweissmoore, Braunmoor-Weissmoore, normale Reisermoore, Wollgrasreisermoore, *Sphagnum fuscum*-Reisermoore und Braunmoor-Reisermoore. Gewöhnlich auch ziemlich trockene Moortypen, wie anmoorige Heidewälder, gewöhnliche Bruchwälder, Blaubeerbrücher und *Sphagnum warnstorfii*-Braunmoore. In nassen Moortypen, wie in Rimpiweissmooren, Rimpibraunmooren und Weissmoorbrüchern spärlicher.

Recht weite Aziditätsamplitude: pH 3.6—7.1 (Mittel 5.4 von sechs Messungen). Der niedrigste Wert vom Wollgrasreisermoor, der höchste vom *Scorpidium*-Rimpibraunmoor (vgl. PANKAKOSKI 1939: 113; KOTILAINEN 1927: 52; BRENNER 1931: 166). Nach PESOLA (1928: 160) indifferent.

Fehlt nur an Flussufern und in angrenzenden Heidewäldern. Das weiteste Ausfallsgebiet im Osten abwärts vom Kiutaköngäs. — Sowohl generative als vegetative Vermehrung (vgl. SÖYRINKI 1939: 326—327).

Vaccinium oxycoccos L. (*Oxycoccus quadripetalus* Gil., *O. paluster* Pers.) — Karte 319.

Fq (279). — (PESOLA 1955 b.) — Herb.: OULU (VS 1971).

Nasse Zwischenflächen der Moore; besonders Grossseggenweissmoore, Braunmoor-Weissmoore, normale Reisermoore, Weissmoor-Reisermoore und nasse Bruchmoore. Gewöhnlich, aber spärlicher Rimpimoore, *Sphagnum fuscum*-Reisermoore und Bültenflächen der Bruchmoore (SÖYRINKI *et al.* 1977). Im Vorkommen zwischen Weissmooren und Braunmooren kein deutlicher Unterschied. Nach PESOLA (1928: 160) indifferent (vgl. KOTILAINEN 1927: 52; BRENNER 1931: 150; PANKAKOSKI 1939: 112).

Lücken in den Waldgebieten am Oulankajoki, auf Hirvivaara, Runsulamminkangas und Ampumavaara.

Vaccinium microcarpum L. (*Oxycoccus microcarpus* Turcz.) — Karte 320.

Fq (295). — (PESOLA 1955 b.)

Bültenflächen der Moore. Reichlich in allen Reisermoortypen, oft auch in Bruchmooren und *Sphagnum warnstorfii*-Braunmooren (Söyrinki *et al.* 1977). In nassen Braunmoor- und Weissmoorflächen selten. Da kleinflächige eutrophe Bruchmoore und Braunmoor-Reisermoore sehr gewöhnlich sind, wächst sie auf manchen Quadraten, wo *V. oxycoccos* fehlt, besonders östlich von Kiekerölammit.

Aziditätsamplitude weit. Nach Pesola (1928: 160) indifferent (vgl. Metsävainio 1931: 282; Pankakoski 1939: 112).

Im Oulankajoki-Pjaozero-Gebiet auf Päänuorunen noch in der alpinen Stufe (Söyrinki 1956: 30).

Vaccinium vitis-idaea L. — Karte 321.

Fqq (440).

Konstant in allen Heidewaldtypen. Grösste Deckung in frischen Heidewäldern, im *Hylocomium-Myrtillus*-Typ nach *V. myrtillus* die zweitwichtigste Art; reichlich auch im *Ledum-Uliginosum*-Typ und *Geranium-Myrtillus*-Typ, desgleichen in mässig trockenen Heidewäldern vom *Empetrum-Myrtillus*-Typ (Söyrinki *et al.* 1977). Konstant, aber weniger reichlich im *Calluna-Cladina*-Typ und in frischen Hainen vom *Geranium-Dryopteris*-Typ. In feuchten Hainen vom *Geranium Filipendula*-Typ nur auf Bülten und am Fuss der Bäume; fehlt in Farnhainen.

Häufig in verschiedenen Reisermooren und Bruchmooren. In offenen Mooren nur auf Bülten.

Nach Pesola (1928: 160) kalkfeindlich. Jedoch reichlich auf Karbonatfelsen in trockenen *Geranium-Vaccinium*-Hainsiedlungen (vgl. Söyrinki *et al.* 1977). Nach Kujala (1964: 83) weiteste Standortsamplitude von allen Wald- und Moorpflanzen (vgl. Aaltonen 1925: 18; Kotilainen 1927: 52, 1933: 25; Brenner 1931: 150; Pankakoski 1939: 107—108).

Fast nur vegetative Vermehrung (vgl. Kujala 1926 a: 15—16; Söyrinki 1933: 331—334, 1954: 178). Über das Überwintern vgl. Havas (1965).

Vaccinium uliginosum L. — Karte 322.

Fqq (439). — Fehlt auf Quadrat *392*.

Bewaldete Moore und Heidewälder. Dominierend im *Ledum-Uliginosum*-Typ der frischen Heidewälder, häufig auch im *Hylocomium-Myrtillus*-Typ und *Geranium-Myrtillus*-Typ (Söyrinki *et al.* 1977). In trockenen Heidewäldern häufig im *Empetrum-Myrtillus*-Typ, seltener im *Calluna-Cladina*-Typ, mit welchem Quadrat *392* bewachsen ist.

Gewöhnlich in Reisermooren und Bruchmooren, ausser in Hainbrüchern. In offenen Mooren nur spärlich in *Sphagnum warnstorfii*-Braunmooren und selten in *Campylium stellatum*-Braunmooren und *Molinia*-Braunmoor-Weissmooren.

Anspruchslos; am reichlichsten auf armen Wald- und Moorböden (vgl. Kujala 1964: 82—83). Nach Pesola (1928: 160) schwach kalkfliehend (vgl. Aaltonen 1925: 18; Kotilainen 1927: 52, 1933: 25; Brenner 1931: 166; Pankakoski 1939: 110—112). — Vermehrung hauptsächlich vegetativ (vgl. Kujala 1926 a: 133; Söyrinki 1939: 334—336, 1954: 177).

Vaccinium myrtillus L. — Karte 321.

Fqq (440).

Besonders frische Heidewälder. Im *Hylocomium-Myrtillus*-Typ überschreitet die Deckung 50 % (Söyrinki *et al.* 1977); Dominanten im *Geranium-Myrtillus*-Typ und *Ledum-Uliginosum*-Typ. Dominiert in trockenen Heidewäldern im *Empetrum-Myrtillus*-Typ, aber nur sporadisch im *Calluna-Cladina*-Typ. In frischen Hainen vom *Geranium-Dryopteris*-Typ gewöhnlich, aber spärlich, in feuchten Hainen vom *Geranium-Filipendula*-Typ nur am Fuss der Bäume und auf Bülten; fehlt in Farnhainen.

In armen Bruchmooren und Reisermooren häufig, in eutrophen Bruchtypen spärlich.

Nach Pesola (1928: 160) schwach kalkfliehend. Das Fehlen in eutrophsten Wald- und Moortypen findet aber wahrscheinlicher Erklärung in der Konkurrenz und Feuchtigkeit als im Einfluss des Kalks, denn ziemlich reichlich in trockenen *Geranium-Vaccinium*-Typ Hainsiedlungen auf dolomitischen Felsen (vgl. Pankakoski 1939: 109—110).

Starke vegetative Vermehrung, Samenkeimlinge nur an entblössten Stellen (vgl. Kujala 1926 a: 27—28; Söyrinki 1939: 337—339, 1954: 176—177). Über das Überwintern vgl. Havas (1965).

Empetraceae

Empetrum nigrum L. ssp. *hermaphroditum* (Hagerup) Böcher — Karte 321.

Fqq (440). — Herb.: OULU (VS 1970).

Typische ssp. *nigrum* nicht vorgefunden, obwohl wahrscheinlich vorhanden. Auf Quadrat *195* eine Pflanze mit getrenntgeschlechtlichen, sowohl männlichen als weiblichen Blüten.

Am reichlichsten in trockenem Heidewald vom *Empetrum-Myrtillus*-Typ, wo nach der Heidelbeere die zweithöchste Deckung (Söyrinki *et al.* 1977). Konstant auch im *Calluna-Cladina*-Typ, ebenso in frischen Heidewäldern vom *Hylocomium-Myrtillus*-Typ und *Ledum-Uliginosum*-Typ, im letzteren reichlich. In frischen hainartigen Wäldern vom *Geranium-Myrtillus*-Typ gewöhnlicher aber spärlich; fehlt in Hainen. Häufig in Reisermooren und armen Bruchmooren. In eutrophen Mooren zuvörderst in *Sphagnum warnstorfii*-Braunmooren.

Nach Pesola (1928: 160) schwach kalkfliehend, nach Kujala (1964: 84) oligotroph (vgl. Aaltonen 1925: 18; Kotilainen 1927: 52, 1933: 25; Brenner 1931: 166; Pankakoski 1939: 115). — Verbreitet sich hauptsächlich vegetativ (vgl. Kujala 1926 a: 33—34; Söyrinki 1939: 308—313).

Primulaceae

Primula stricta Hornem. — Karte 317.

Rr (4): *356, 357, 374* und *394* Putaanoja, pc. — (VR 1937: Wasserfall im Putaanoja; Saari 1973.) — Herb.: H (LLe, OVL & APi 1937: Wasserfall im Putaanoja.).

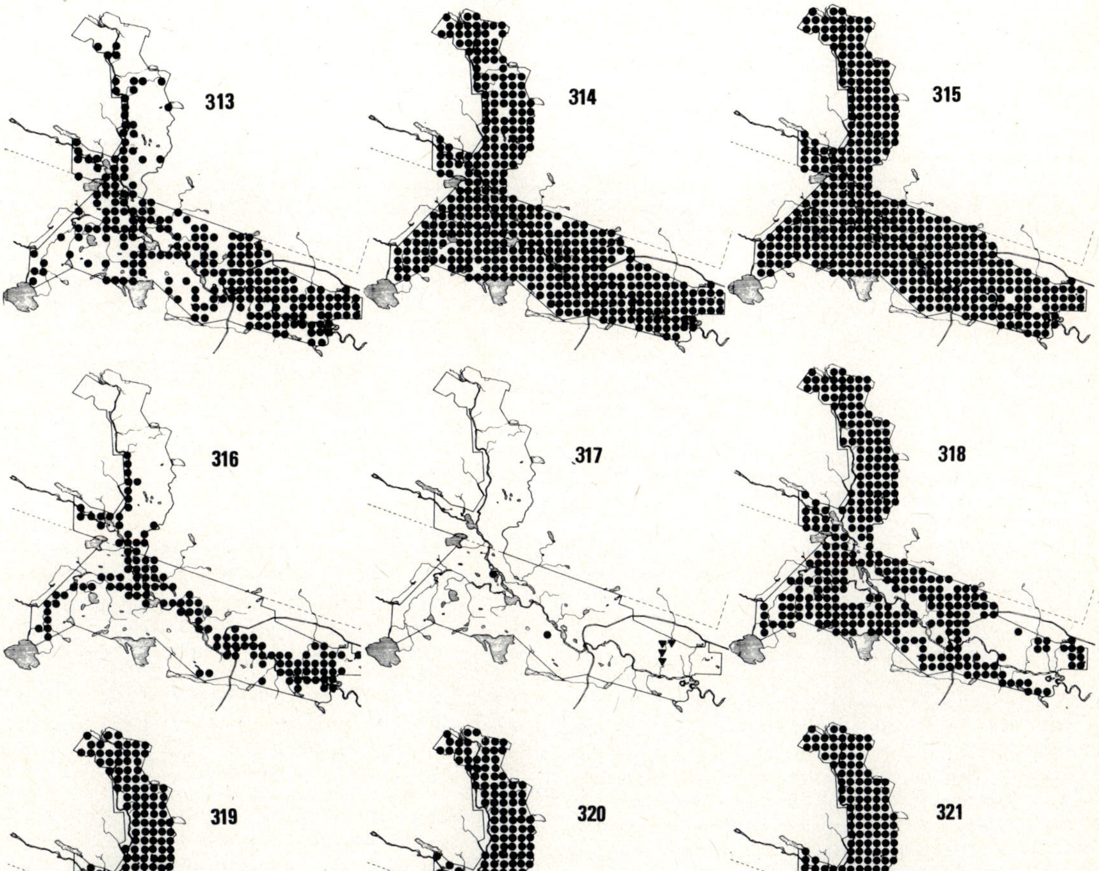

Karten 313—324. — 313: *Moneses uniflora* (L.) A. Gray — 314: *Calluna vulgaris* L. — 315: *Ledum palustre* L. — 316: *Arctostaphylos uva-ursi* (L.) Sprengel — 317: • *A. alpinus* (L.) Sprengel, ▼ *Primula stricta* Hornem. — 318: *Andromeda polifolia* L. — 319: *Vaccinium oxycoccos* L. — 320: *V. microcarpum* L. — 321: *V. vitis-idaea* L., *V. myrtillus* L., *Empetrum nigrum* L. ssp. *hermaphroditum* (Hagerup) Böcher — 322: *Vaccinium uliginosum* L. — 323: *Lysimachia thyrsiflora* L. — 324: *Trientalis europaea* L.

Arktisch-zirkumpolare Art, ein südliches Teilareal im Kuusamogebiet.

Im nassen Wiesensaum, gewöhnlich kleine, von der übrigen Vegetation leere Flecken inmitten des Bachuferrasens, wo u.a. *Equisetum palustre, Molinia caerulea, Filipendula ulmaria, Viola epipsila, Galium boreale* und *Saussurea alpina.* Am reichlichsten am nassen Dolomithang des Wasserfalls auf *394.*

Alle Vorkommen im kalkbeeinflussten Gebiet. — Am Pjaozero an Geröllufern (SÖYRINKI 1956: 29).

Lysimachia thyrsiflora L. — Karte 323.

P (124). — (PESOLA 1934 a; VR 1937; VASARI 1958; SALMINEN 1960; UOTILA 1960.)

Meistens Überschwemmungswiesen und nasse Wiesen an Flussufern, am reichlichsten in *Equisetum fluviatile-Carex rostrata*-Siedlungen, häufig auch in *Carex acuta-Calamagrostis phragmitoides*-Siedlungen und an Sumpfmoorufern der Flüsse, Bäche und Teiche. Oft spärlich und steril.

Gleichmässig den Flüssen entlang sowohl in armen als eutrophen Gebieten (vgl. SÖYRINKI 1956: 30). Nach PESOLA (1928: 160) indifferent.

Trientalis europaea L. — Karte 324.

Fqq (405). — (BACKMAN 1908; PESOLA 1934 b, 1955 b; MUUKKONEN *et al.* 1958; SALMINEN 1960; UOTILA 1960; SUOMINEN 1963.)

Gehört zu den kennzeichnenden Arten in hainartigen frischen Heidewäldern und Hainen. Konstant im *Geranium-Myrtillus*-Typ, *Geranium-Filipendula*-Typ und im *Filices*-Typ, in frischen Heidewäldern vom *Hylocomium-Myrtillus*-Typ verstreut (SÖYRINKI *et al.* 1977). Häufig in Gras- und Krautbrüchern, Braunmoorbrüchern und Hainbrüchern, spärlicher in Heidelbeerbrüchern, Multbeerbrüchern und *Equisetum sylvaticum*-Brüchern. Ferner in Braunmoor-Reisermooren, in Bültenflächen der Braunmoore und mesotropher Weissmoore, gelegentlich auch in Zwischenflächen. In Uferböschungen, -Wiesen und -Gebüschen häufig.

Ziemlich gleichmässig verbreitet; wenige leere Quadrate zuvörderst bei Karsimakumpu im äussersten Nordwesten, Isojärvi-Syvälampi sowie westlich vom Hiidenvaara. Nach PESOLA (1928: 160) indifferent. Nach KUJALA (1964: 85) in Hainen haputsächlich auf Baumstümpfen, was im Nationalpark nicht stimmt (vgl. AALTONEN 1925: 18; BRENNER 1931: 152; PANKAKOSKI 1939: 104).

In gemähten Wiesen stellenweise an Reichlichkeit gewonnen (vgl. AHTI & HÄMET-AHTI 1971: 69). Im Oulankajoki-Pjaozero-Gebiet auf dem Fjeld Päänuorunen noch in der alpinen Stufe (SÖYRINKI 1956: 29). Vermehrung hauptsächlich vegetativ (vgl. KUJALA 1926 a: 100—101; SÖYRINKI 1939: 342—344).

Menyanthaceae

Menyanthes trifoliata L. — Karte 325.

Fq (288). — (PESOLA 1955 b; VUORISALO 1957; UOTILA 1960.)

Vorwiegend Rimpiflächen und nasse Zwischenflächen der Moore. Sehr häufig in Rimpibraunmooren und -Weissmooren, Grossseggenweissmooren, Überschwemmungsweissmooren, Braunmoor-Weissmooren und *Campylium stellatum*-Braunmooren (SÖYRINKI *et al.* 1977). Ferner in Weissmoor-Reisermooren, reisermoorartigen Braunmooren und in nassen Senken der Gras- und Krautbrücher und Weissmoorbrücher.

Ausfallsgebiete in Heidewäldern um den See Puikkojärvi und im Oulankajokital bei Hirvivaara, Kiutavaara und Ampumavaara. Weite Trophie-Amplitude; pH 4.1—7.5 (Mittel 6.3 von 24 Messungen; vgl. KOTILAINEN 1927: 52; BRENNER 1931: 152; PANKAKOSKI 1939: 116). Nach PESOLA (1928: 160) indifferent.

Auf dem Fjeld Kivakkatunturi im Oulankajoki-Pjaozero-Gebiet noch in der alpinen Stufe bei 460 m (SÖYRINKI 1956: 31).

Rubiaceae

Galium boreale L. — Karte 326.

St fq (168). — (BACKMAN 1908; PESOLA 1918 a, 1928, 1934 a, 1955 b; HJELT 1923; VR 1937; LAINE *et al* 1949; BR 1955; KIISTALA & JAHKOLA 1958; MUUKKONEN *et al.* 1958; VASARI 1958; UOTILA 1960; SUOMINEN 1963; ULVINEN *et al.* 1966; AHTI & HÄMET-AHTI 1971.) — Herb.: H (VB & FW 1883); OULU (TM 1949); TUR (IJ 1949).

Reichlich in feuchten und trockenen Uferwiesen, Uferböschungen und -Gebüschen und auf Uferfelsen. Häufig in frischen Hainen vom *Geranium-Dryopteris*-Typ und feuchten Hainen vom *Geranium-Filipendula*-Typ, spärlich in Farnhainen und in hainartigen frischen Heidewäldern vom *Geranium-Myrtillus*-Typ (SÖYRINKI *et al.* 1977). Spärlich in *Sphagnum warnstorfii*-Braunmooren, Braunmoor-Reisermooren, Braunmoorbrüchern und Hainbrüchern, meistens an Ufersäumen der Bäche.

Folgt den Flüssen und meisten Bächen durch den Nationalpark. In Wald- und Moorvegetation nur in eutrophen Gebieten von Kiutaköngäs-Puukkorinne und östlich vom Taivalköngäs. Nach PESOLA (1928: 159) schwach kalkliebend (vgl. KUJALA 1964: 89; PANKAKOSKI 1939: 119).

Durch die Mahd begünstigt (vgl. SÖYRINKI 1956: 34; AHTI & HÄMET-AHTI 1971: 75).

Galium triflorum Michx — Karte 327.

Rr (2): *124*. Mündung des Puikko-oja, pcc; *388* am aus dem Alempi Hiidenlampi fliessenden Bach, pcc. — (VR 1937 und ULVINEN *et al.* 1966: Aus dem Hiidenlampi fliessender Bach = Quadrat *388*; SAARI 1973.) — Herb.: H (LLe, OVL & APi 1937: Aus dem Hiidenlampi fliessender Bach).

Die Standorte üppigste Farnhaine. Auf Quadrat *124* auf feuchtem Hainhumus unter *Matteuccia struthiopteris* mit *Rubus idaeus, Viola epipsila, V. selkirkii* und *Circaea alpina.* Auf *388* im Farnhain am Berghang ausser den vorgenannten mit *Athyrium filix-femina, Diplazium sibiricum, Gymnocarpium dryopteris, Paris quadrifolia* und *Filipendula ulmaria* (vgl. SÖYRINKI 1956: 34).

Nach PESOLA (1928: 158) kalkliebend; benötigt aber

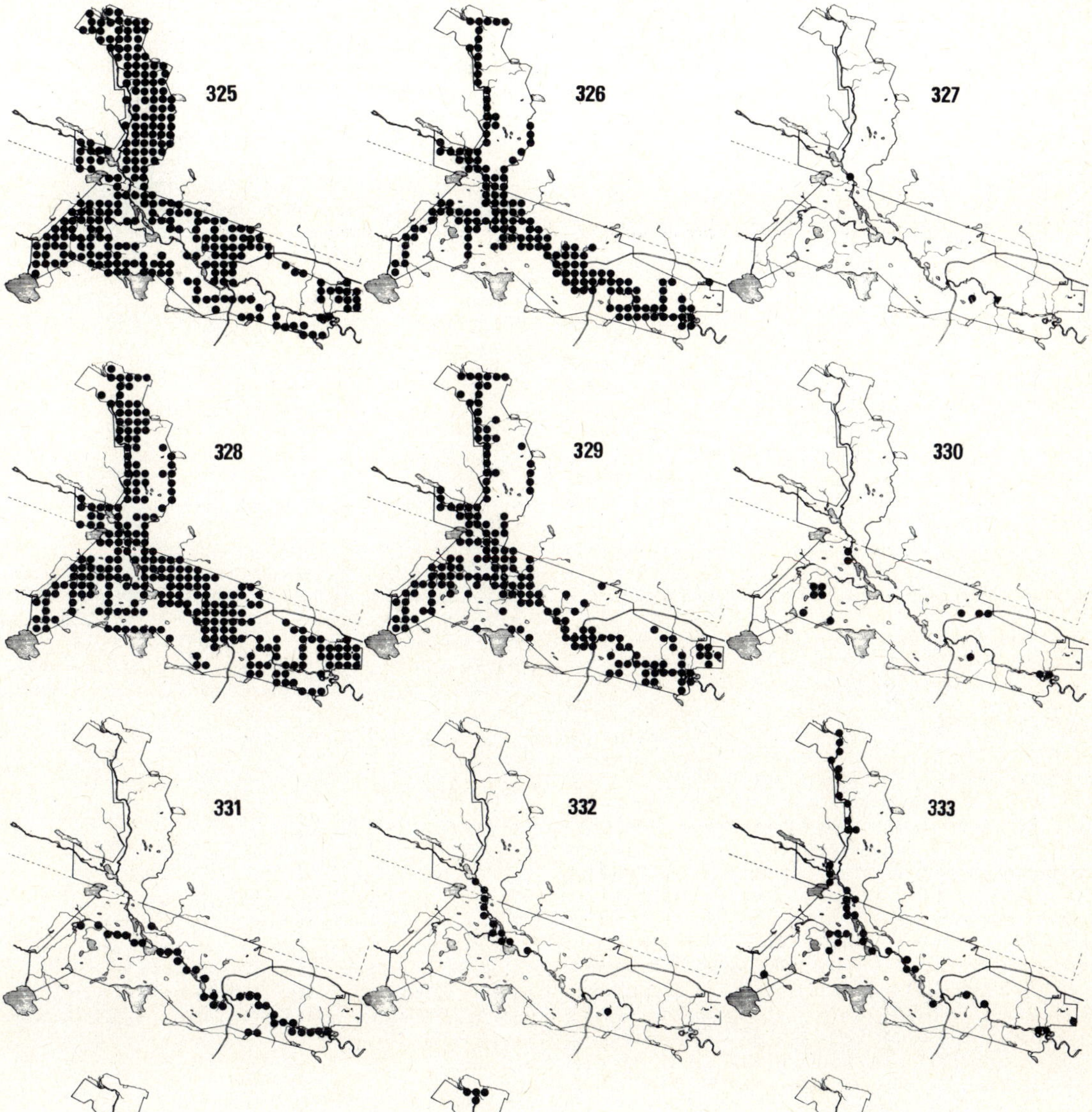

Karten 325—336. — 325: *Menyanthes trifoliata* L. — 326: *Galium boreale* L. — 327: • *G. triflorum* Michx, ▼ *Polemonium acutiflorum* Willd. — 328: *Galium uliginosum* L. — 329: *G. palustre* L. — 330: *G. trifidum* L. — 331: *Myosotis laxa* Lehm. ssp. *caespitosa* (C. F. Schultz) Hyl. — 332: *Callitriche hermaphroditica* L. — 333: *C. cophocarpa* Sendtner — 334: *C. palustris* L. — 335: *Scutellaria galericulata* L. — 336 • *Galeopsis bifida* Boenn., ▼ *Prunella vulgaris* L.

offenbar in erster Linie feuchte, nahrungsreiche Standorte (vgl. PANKAKOSKI 1939: 119; KUJALA 1964: 90).

Galium uliginosum L. — Karte 328.

Fq (268). — (PESOLA 1918 c, 1934 a, 1955 b; VR 1937; BR 1955; SALMINEN 1960; UOTILA 1960.) — Herb.: OULU (VS 1968—70).

Nicht so gewöhnlich als Uferpflanze wie *G. palustre*, wenngleich allgemein in feuchten Uferwiesen, Uferböschungen, -Gebüschen und -Wäldern. Häufiger in Mooren, zuvörderst in Braunmoorbrüchern, recht oft in Hainbrüchern, Braunmoor-Reisermooren und *Sphagnum warnstorfii*-Braunmooren (SÖYRINKI *et al.* 1977); hier und da in mesotrophen Weissmooren, *Campylium stellatum*-Braunmooren und dergleichen.

Als Moorpflanze verhältnismässig anspruchsvoll; fehlt in armen Moor- und Waldgebieten in Salla, Hirvivaara, Kiutavaara-Hiidenvaara und Ampumavaara. Nach PESOLA (1928: 159) schwach kalkliebend (vgl. BRENNER 1931: 152; PANKAKOSKI 1939: 118—119).

An gemähten Ufern apophytisch, ebenso in Mooren vor Scheunen und an Stellen ehemaliger Heuschober (vgl. SÖYRINKI 1956: 34; AHTI & HÄMET-AHTI 1971: 75).

Galium palustre L. — Karte 329.

St fq (184). — (PESOLA 1934 a, 1955 b; VR 1937; KIISTALA & JAHKOLA 1958; MUUKKONEN *et al.* 1958; SUOMINEN 1963.) — Herb.: OULU (VS 1969—70); TUR (HS 1949).

In erster Linie Uferstandorte (vgl. SÖYRINKI 1956: 34). Am reichlichsten in feuchten Uferwiesen in von *Carex acuta, C. cespitosa, C. nigra* ssp. *juncella, Phalaris arundinacea* und *Calamagrostis phragmitoides* dominierten Siedlungen. Oft an Kies- und Geröllufern und in Sumpfmooren. In seichten Stromschnellen unterseeisch. Ziemlich oft in nassen Senken der Gras- und Krautbrücher und Weissmoorbrücher, spärlich in Braunmoor- und Hainbrüchern.

An den Ufern entlang gleichmässig sowohl in eutrophen als kargeren Gebieten; weite Lücken ausserhalb der Flussläufe. Nach PESOLA (1928: 159) schwach kalkliebend, nach LINKOLA (1933: 5) meso-oligotroph (vgl. KOTILAINEN 1927: 52; BRENNER 1931: 152; PANKAKOSKI 1939: 119).

Galium trifidum L. — Karte 330.

R (14): *137: 146: 191: 192, 215, 216, 267, 285: 287: 288, 295: 388: 429: 430.* — (Kuusamo, Ufer des Oulankajoki (WAINIO 1878, HJELT 1923); Alimmainen Ansalampi (HJELT 1923, HÄLLSTRÖM 1949).

Meistens sumpfige Teichufer. Auf Quadrat *192, 216* und *388* am Braunmoorufer, auf *429* und *430* am Ufer eines Flussmeander-Teichs, auf *287* in wasserreichem Gras- und Krautbruch.

Polemoniaceae

Polemonium acutiflorum Willd. (*P. campanulatum* Fr.) — Karte 327.

Rr (1): *391* Paatamakangas, kleine kulturbeeinflusste Wiese inmitten des Waldes nahe am Oulankajoki.

Nicht vorher vom Nationalpark bekannt; in Kuusamo die südlichsten Vorkommen in Finnland (vgl. KALELA 1961 a; RINTANEN 1967).

Im August 1971 drei blühende und zwei sterile Individuen zusammen mit *Deschampsia cespitosa, Agrostis tenuis, Carex brunnescens, Luzula multiflora* ssp. *frigida, Anthriscus sylvestris* und *Achillea millefolium.*

Man hat angenommen, dass *P.acutiflorum* die letzte Eiszeit in den skandinavischen Refugien überlebt hätte, obwohl der Mensch ihre Verbreitung deutlich gefördert hat (vgl. KALELA 1961 a: 324). Nach RINTANEN (1967: 205) in ganz Ost-Lappland Anthropochor und nach AHTI & HÄMET-AHTI (1971: 69) schlecht stabilisierter Ankömmling in Kuusamo.

Navarretia intertexta (Benth.) Hook. — Karte 73.

Rr (1): *365:* ca. 300 m S von der Oulankajoki-Brücke am im Sommer 1972 mit einer Samenmischung besäten Landstrassenrand im J. 1973, 1 Indiv.

Vorher nicht in Finnland angetroffen.

Die Gattung *Navarretia* hat nach WILLIS (A dictionary of the flowering plants and ferns, 1966) 30 Arten im westlichen Nord-Amerika und eine in Chile und Argentinien. *N. intertexta* ist nach RYDBERG (Flora of the Rocky Mountains, 1962) eine submontane Art, in Washington, Montana, Idaho und Kalifornien heimisch.

Boraginaceae

Myosotis arvensis (L.) Hill — Karte 80.

Rr (1): *347* ehemaliger Kartoffelacker und Hof der Biologischen Forschungsanstalt im J. 1969, pcc.

Vorher nicht vom Nationalpark gemeldet.

Zufällig. Im Sommer 1976 nicht mehr wiedergefunden. Im Oulankajoki-Pjaozero-Gebiet und in Kuusamo häufig als Ackerunkraut (vgl. SÖYRINKI 1956: 31; AHTI & HÄMET-AHTI 1971: 70).

Myosotis laxa Lehm. ssp. *caespitosa* (C.F. Schultz) Hyl. (*M. caespitosa* C.F. Schultz) — Karte 331.

R (35). — (WAINIO 1878; HJELT 1919.) — Herb.: H (GI 1937); OULU (VS 1968—70).

Kies- und Geröllufer der Flüsse (vgl. SÖYRINKI 1956: 31). Sehr oft untergetaucht und steril, an Stellen mit stärkerer Strömung sogar in der Mitte des Flusses. Fehlt auf Dy- und Schlammboden und an steilen Moränenufern.

Am Oulankajoki vom Ostende des Nationalparks bis zum Aventolampi und am Aventojoki bis Ristikallio. Auch am Ufer des Kiekerölampi (Quadrat *162*) und im Merioja (*421* und *422*). Verbreitung offenbar zuvörderst durch Beschaffenheit des Bodens bedingt. Nach PESOLA (1928: 160) indifferent, nach LINKOLA (1933: 5) semieutroph.

Callitrichaceae

Callitriche hermaphroditica L. (*C. autumnalis* L.) — Karte 332.

R (12): *118: 124: 130: 137: 146: 160, 176, 177: 197: 198: 224: 388:* — (Saari 1973.) — Herb.: H (PI 1951) und OULU (EV 1951): Oulankajoki bei der Fähre am Kiutaköngäs = Quadrat *347*.

Im Oulankajoki in langsam fliessendem seichtem (20—30 cm) Wasser auf Schlammboden zwischen Savilampi und Aventolampi (vgl. Söyrinki 1956: 29). Hauptsächlich mit *Isoëtes setacea, Sparganium emersum, Eleocharis acicularis, Subularia aquatica* und *Callitriche cophocarpa.* Auf Quadrat *224* im eutrophen Runsulampi auf Schlammboden und auf *388* im Alempi Hiidenlampi auf Dyboden.

Im Runsulampi pH 8.0 und Alempi Hiidenlampi 7.1. Nach Pesola (1928: 159) schwach kalkliebend, nach Linkola (1933 a: 6) eutroph, begünstigt nach Samuelsson (1934: 55) basische Gewässer.

Callitriche cophocarpa Sendtner (*C. polymorpha* Lönnr.) — Karte 333.

St r (39). — (Hjelt 1911: Oulankajoki; VR 1937: Oulankajoki abwärts vom Kiutaköngäs.) — Herb.: H, HSI (AB 1908: Oulankajoki ca. 1 Meile abwärts vom Kiutaköngäs); OULU (VS 1969—71).

Artbestimmungen durch Proben gesichert. Sterile *Callitriche*-Proben wurden nicht bestimmt. Solche wurden auf Quadrat *89, 99, 109, 147, 161, 177, 198, 223, 346, 347, 349, 366, 370, 391, 398, 412, 428* und *436* gesammelt. Sie stammen hauptsächlich von Stromschnellen und gehören deshalb wahrscheinlich zum überwiegenden Teil zu *C. cophocarpa.*

In allen Flüssen, überdies auf *217* im Bach und auf *429* und *430* im Meanderteich. Bevorzugt im Gegenteil zu *C. palustris* Stromschnellen (vgl. Luther 1951: 230), oft jedoch in ruhigen Flussabschnitten und still fliessenden Uferwässern. An strömenden Standorten gewöhnlich ohne Schwimmblattquirl.

Beschaffenheit des Bodens variiert. Am häufigsten auf sonst fast vegetationsfreiem Geröllboden. Tiefe meistens unter 30 cm. Oberhalb der Wasserlinie seltener als *C. palustris.*

Teilweise in denselben Gebieten wie *C. palustris*, aber auch in ärmeren Gewässern. Im Savinajoki, wo *C. palustris* fehlt, ziemlich häufig. Nach Samuelsson (1934: 55, 177) eutropher als diese, nach Linkola (1933 a: 6) beide semi-eutroph.

Callitriche palustris L. (*C. verna* L.) — Karte 334.

R (16): *146: 198: 222: 279: 305: 306: 329: 345: 347: 349: 365: 411: 426: 430:* — *C.* cf. *palustris*: *351: 423:* — (Hjelt 1911: Oulankajoki.) — Herb.: H (JSn 1954: Oulankajoki aufwärts vom Kiutaköngäs); OULU (EV 1951: Oulankajoki bei der Fähre am Kiutaköngäs).

Artbestimmungen durch Proben gesichert (s. *C. cophocarpa*).

Meistens im Oulankajoki in seichten ruhigen Wässern oder still fliessendem Uferwasser. Gelegentlich bei Stromschnellen in Berührung mit der Wasserlinie. Auf Quadrat *223* in einem seichten Waldteich. Immer spärlich. Boden gewöhnlich feinkörnig und Tiefe unter 30 cm (vgl. Luther 1951: 227). An Kiesufern im östlichen Teil oft oberhalb der Wasserlinie.

Gewöhnlich mit einem Schwimmblattquirl, ausser in Stromschnellen.

Im Oulankajoki abwärts vom Taivalköngäs, meistens in dem Flussabschnitt, wo auch die eutrophen Wasserpflanzen gedeihen. Offenbar aber kein Eutrophyt, sondern eher nahe an der Mesotrophie (vgl. Luther 1951: 228). Nach Linkola (1933 a: 6) semi-eutroph und Samuelsson (1934: 51) eutroph.

Labiatae (Lamiaceae)

Scutellaria galericulata L. — Karte 335.

P (100). — (Hjelt 1923; Pesola 1934 a; Vr 1937; Uotila 1960.) — Herb.: H (AB 1908); OULU (VS 1970).

Ufer der Flüsse, manchmal auch der Bäche und Teiche (vgl. Söyrinki 1956: 32). Gewöhnlich in nassen Uferwiesen nahe an der Wasserlinie, mit *Carex acuta, Caltha palustris, Viola epipsila, Lysimachia thyrsiflora* und *Galium palustre* als häufigste Komponente. Der Nährboden Sand, Moräne oder Torf. Oft spärlich und steril.

Folgt den Flussufern durch den Nationalpark sowohl in armen als fruchtbaren Gebieten. Nach Pesola (1928: 160) indifferent.

Galeopsis speciosa Miller — Karte 80.

Rr (1): *347* Biologische Forschungsanstalt, ehemaliger Kartoffelacker im J. 1969, pc. — (Ahti & Hämet-Ahti 1971: Biologische Forschungsanstalt.)

Zufällig; später nicht mehr angetroffen. Im Oulankajoki-Pjaozero-Gebiet völlig eingebürgert (Söyrinkj 1956: 32), ebenso in Kuusamo.

Galeopsis bifida Boenn. — Karte 336.

Rr (4): *281: G.* cf. *bifida*, Rytipuro, Wiese vor der Scheune im J. 1968; *347* Biologische Forschungsanstalt, Hof und ehemaliger Kartoffelacker und Landstrassenrand; *366*, Landstrassenrand im J. 1974; *391: G.* cf. *bifida*, Paatamakangas, Wiese im J. 1969. — (Ahti & Hämet-Ahti 1971: Biologische Forschungsanstalt.)

Ankömmling. Alle Vorkommen spärlich und offenbar schnell verschwindend. Auf Quadrat *347* in mehreren Jahren, aber nicht mehr im J. 1976.

Völlig eingebürgertes Unkraut im Oulankajoki-Pjaozero-Gebiet (Söyrinki 1956: 32) und Kuusamo.

Prunella vulgaris L. — Karte 336.

Rr (1): *331* Ampumavaara, ca. 200 m abwärts vom Puukkosuo, trockener südexponierter Landstrassenrand.

Ankömmling. Am Oulankajoki östlich vom Nationalpark (VS 1974) angeblich an einem ursprünglichen Standort (vgl. SÖYRINKI 1956: 32; AHTI & HÄMET-AHTI 1971: 70).

Thymus serpyllum L. ssp. *tanaënsis* (Hyl.) Jalas — Karte 337.

St r (70). — (BACKMAN 1902, 1908, 1909; HÄLLSTRÖM 1915, 1949; PESOLA 1918 a, 1928, 1934 b; FORTELIUS 1925; HJELT 1923; VR 1937; BR 1955; KIISTALA & JAHKOLA 1958; MUUKKONEN *et al.* 1958; UOTILA 1960; SUOMINEN 1963; HEIKURA 1970; SAARI 1973.) — Herb.: H, HFR, OULU und TUR von etwa 15 Sammlern, als erster KH 1893 (H).

Im Nationalpark nur die nordöstliche ssp. *tanaënsis* (vgl. JALAS 1947, 1950). — Auf Quadrat *118* weissblühende f. *albiflorus* Hjelt.

Ausserhalb des Nationalparks in den Schluchttälern von Juuma wächst die südliche ssp. *serpyllum* (vgl. JALAS 1950: 75).

Im östlichen Teil in trockenen sandigen Uferböschungen und -Wiesen am Oulankajoki. Nach HÄLLSTRÖM (1915) reichlich auch ausserhalb des Nationalparkes an Flussufern auf der ganzen Strecke zwischen Paanajärvi und Kiutaköngäs. Als Begleiter die nördlichen *Astragalus alpinus* ssp. *arcticus* und *Oxytropis campestris* ssp. *sordida* mit südlichen *Carex ericetorum* und *Viola rupestris* ssp. *rupestris*. Auch ziemlich weit vom Fluss in halboffenen Böschungen mit Felsenhainzügen. Zwischen Kiutaköngäs und Taivalköngäs in Uferböschungen. Aufwärts vom Taivalköngäs an südexponierten Terrassen und Verwitterungshängen der Felsen bis nach Niemikangas am Savinajoki, als Begleiter ausser *Festuca ovina, Arctostaphylos uva-ursi* und *Campanula rotundifolia* anspruchsvolle Fjeldpflanzen: *Agropyron boreale, Cerastium alpinum, Saxifraga nivalis* und *Potentilla nivea* ssp. *chamissonis*.

Auf den Felsen nur im Dolomitgebiet, an Ufern an konkurrenzfreien Stellen. Sucht lichte, warme Standorte. Nach PESOLA (1928: 158) kalkliebend.

Apophytisch hin und wieder in Uferwiesen und auf Quadrat *347* und *309* am Rand der Landstrasse. Im Oulankajoki-Pjaozero-Gebiet nur in der Nähe und oberhalb der Birkengrenze bis 450 m auf Felsen (SÖYRINKI 1956: 32).

Scrophulariaceae

Veronica serpyllifolia L. ssp. *serpyllifolia* — Karte 338.

Rr(6): *169* Ristikallio, vor der Hütte, pcc; *331* S vom Puukkosuo am Landstrassenrand, pcc; *347* Hof der Biologischen Forschungsanstalt, pcc; *348* »Bärenrunde» zwischen Oulankajoki-Brücke und Kiutaköngäs, pcc; *349* bei der ehemaligen Hütte am Kiutaköngäs, pcc; unterhalb vom Kiutaköngäs am S-Ufer des stillen Wassers, pcc; *366*: Jäkälävaara, an der Landstrasse am Anfang des Fusspfads zum Kiutaköngäs, pcc.

Vorher nicht vom Nationalpark bekannt.

Ankömmling. Alle Standorte feucht und getreten, an Stellen, die von den Wanderern am meisten begangen werden. Im Oulankajoki-Pjaozero-Gebiet und Kuusamo eingebürgert (vgl. SÖYRINKI 1956: 33; AHTI & HÄMET-AHTI 1971: 73).

Veronica scutellata L. — Karte 339.

R (17): *125*: *224*, *225*: *284*: *331*: *350*: *351*: *370*, *391*, *399*, *410*: *412*, *416*, *419*: *427*, *428*: *430*.

Vorher nicht vom Nationalpark bekannt.

Hauptsächlich f. *glabra* Meinsh. Auf Quadrat *125* und *284* f. *villosa* Schum.

Meistens an Kies- bzw. Geröllufern des Oulankajoki an Stellen mit sehr spärlicher Vegetation. Manchmal auch in zeitweise trockenen Waldteichen mit *Alopecurus aequalis*, *Carex nigra* ssp. *juncella*, *Caltha palustris*, *Ranunculus reptans* und *Cardamine pratensis* ssp. *dentata*. Die f. *villosa*-Proben von Waldteichen.

Vorwiegend am unteren Lauf des Oulankajoki abwärts vom Kiutaköngäs. Die Waldteiche in Dolomitgebieten, in der Vegetation aber nur anspruchslose Pflanzen. Wesentlich ist, dass die Standorte unversumpft und wegen des wechselnden Wasserstands nur spärlich mit Vegetation bedeckt sind. Nach PESOLA (1928: 160) indifferent.

Veronica longifolia L. — Karte 340.

P (106). — (BROTHERUS 1878; BACKMAN 1908; HJELT 1923; PESOLA 1928, 1934a, 1934b; VR 1937; LAINE *et al.* 1949; BR 1955; KIISTALA & JAHKOLA 1958; MUUKKONEN *et al.* 1958; VASARI 1958; UOTILA 1960.) — Herb.: H (AB 1908; VP 1917); TUR (OK 1949; AV 1949).

Feuchte und trockene Fluss- und Bachuferwiesen. Am reichlichsten in von *Deschampsia cespitosa, Filipendula ulmaria* und *Geranium sylvaticum* dominierten Wiesengesellschaften. Auf Quadrat *331*, *386* und *405* am Landstrassenrand.

Folgt einheitlich den Ufern des Oulankajoki, Aventojoki und Savinajoki, gleich häufig in armen und fruchtbaren Gebieten. Nach PESOLA (1928: 159) schwach kalkliebend.

An gemähten Ufern und an der Landstrasse apophytisch (vgl. SÖYRINKI 1956: 32; AHTI & HÄMET-AHTI 1971: 72).

Melampyrum sylvaticum L. — Karte 341.

Fq (309). — (PESOLA 1934 a, 1955 b; VR 1937; BR 1955; MUUKKONEN *et al.* 1958; VASARI 1958; SUOMINEN 1963.) — Herb.: H (YV 1958).

Schwerpunkt in frischen Heidewäldern vom *Geranium-Myrtillus*-Typ und frischen Hainen vom *Geranium-Dryopteris*-Typ (SÖYRINKI *et al.* 1977). Auch häufig in feuchten Hainen vom *Geranium-Filipendula*-Typ und gelegentlich in frischen Heidewäldern vom *Hylocomium-Myrtillus*-Typ; fehlt in trockenen Heidewäldern und Farnhainen. In Mooren zuvörderst in Braunmoorbrüchern.

Ausfallsgebiete in versumpften Gebieten von Salla, Puikkojärvi und Isojärvi-Syvälampi, und im Heidewaldgebiet am Kiutavaara. Nach PESOLA (1928: 160) indifferent, nach KUJALA (1964: 88) mesotroph. (vgl.

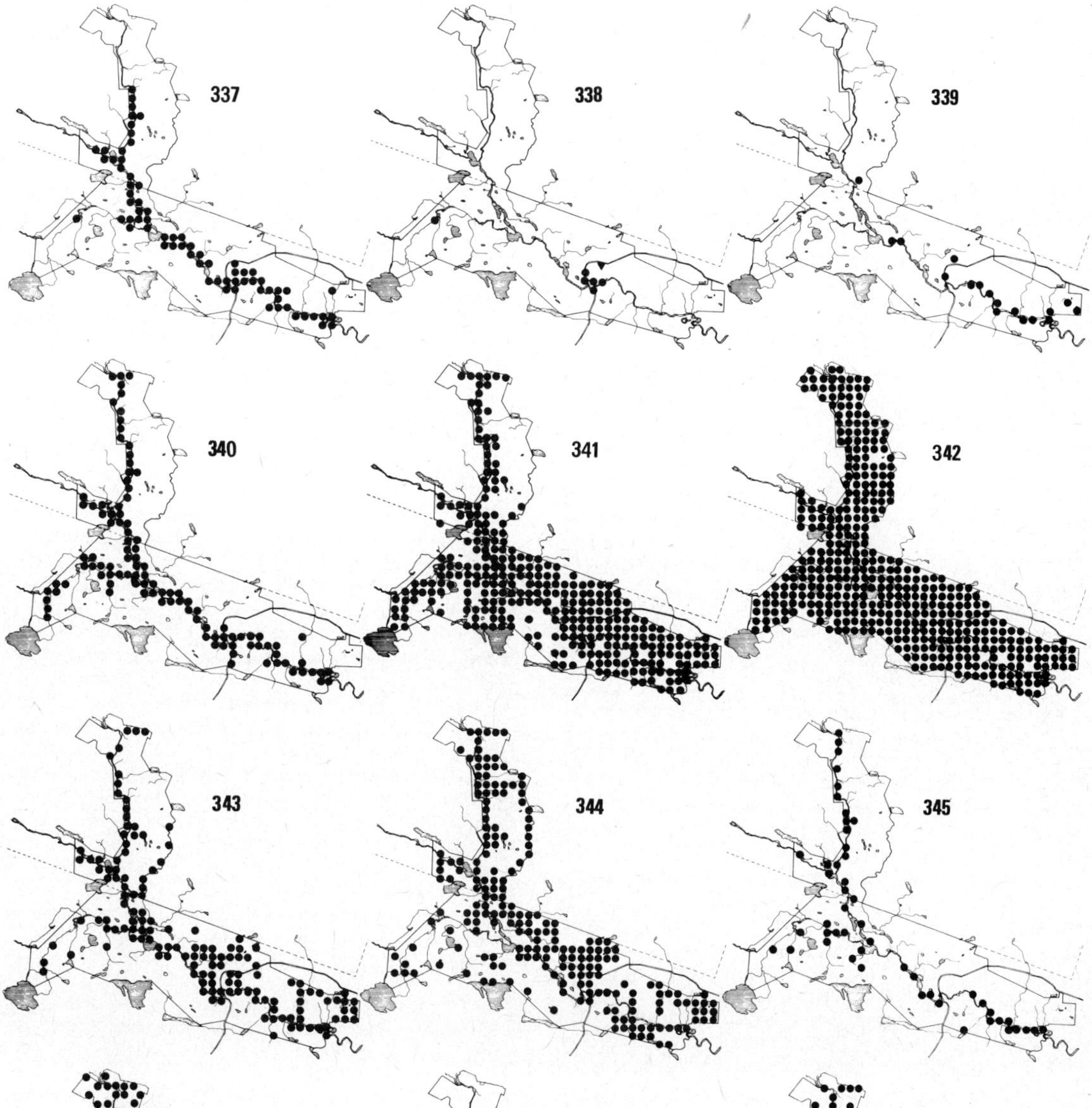

Karten 337—348. — 337: *Thymus serpyllum* L. ssp. *tanaënsis* (Hyl.) Jalas — 338: • *Veronica serpyllifolia* L. ssp. *serpyllifolia*, ▼ *Rhinanthus serotinus* (Schönh.) Oborny — 339: *Veronica scutellata* L. — 340: *V. longifolia* L. — 341: *Melampyrum sylvaticum* L. — 342: *M. pratense* L. — 343: *Euphrasia frigida* Pugsley s. lat. — 344: *Bartsia alpina* L. — 345: *Pedicularis sceptrum-carolinum* L. — 346: *P. palustris* L. ssp. *borealis* (J. W. Zett.) Hyl. — 347: *Rhinanthus minor* L. — 348: *Pinguicula alpina* L.

BRENNER 1931: 152; PANKAKOSKI 1939: 117).
Im Bereich der Uferwiesen apophytisch (vgl. AHTI & HÄMET-AHTI 1971: 73).

Melampyrum pratense L. — Karte 342.

Fqq (430). — Fehlt auf Quadrat *59, 60, 127, 222, 267, 293, 295, 390, 392* und *414*. — (PESOLA 1934 a; VR 1937; NISKASAARI 1956; SUOMINEN 1963.)

Eine der allerhäufigsten krautartigen Waldpflanzen. Optimalgebiet in frischen Heidewäldern, besonders im *Hylocomium-Myrtillus*-Typ (SÖYRINKI *et al.* 1977). Ziemlich häufig auch in trockenen Heidewäldern vom *Empetrum-Myrtillus*-Typ, fehlt im *Calluna-Cladina*-Typ. Mit Steigerung der Hainartigkeit seltener, und bleibt in feuchten Hainen aus. In Mooren allgemein in Brüchern und Reisermooren mit reichem Baumbestand, wie in anmoorigen Heidewäldern und *Carex globularis*-Reisermooren.

Die leeren Quadrate von Mooren oder *Calluna-Cladina*-Typ Heidewäldern eingenommen. Anspruchsloser als *M. sylvaticum* (vgl. KUJALA 1964: 88). Nach PESOLA (1928: 160) indifferent (vgl. BRENNER 1931: 152; PANKAKOSKI 1939: 118).

Apophytisch in gemähten Uferwiesen (vgl. AHTI & HÄMET-AHTI 1971: 73).

Euphrasia frigida Pugsley s. lat. — Karte 343.

P (140). — (VR 1937; BR 1955.) — Herb.: H (GI 1934; YV 1958); OULU (VS 1968, 1970—71).

Nicht einheitlich; kommt nahe an *E. saamica* Juz. heran (vgl. AHTI & HÄMET-AHTI 1971: 74). Vom Quadrat *350* mehr an *E. frigida* s. str. erinnernde Probe.

Meistens an Flüssen und Bächen in Uferböschungen und -Wiesen. Bevorzugt halboffene Standorte mit z.B. *Dianthus superbus, Astragalus alpinus* ssp. *arcticus, Viola rupestris* ssp. *rupestris* und *Thymus serpyllum* ssp. *tanaënsis*. Auch in eutrophen dünntorfigen Mooren, zuvörderst in *Sphagnum warnstorfii*- und *Campylium stellatum*-Braunmooren und Braunmoor-Reisermooren, gewöhnlich mit *Selaginella selaginoides, Tofieldia pusilla, Carex dioica, C. vaginata, C. capillaris, Galium uliginosum* und *Saussurea alpina*. Ferner auf trockenen Felsen mit hainartiger Vegetation vom *Geranium-Vaccinium*-Typ (SÖYRINKI *et al.* 1977).

Auf Torfboden nur in eutrophsten Mooren von Soidinsuo-Puukkorinne und Polvilammit. An Ufern ohne besondere Trophieansprüche an Flüssen und grösseren Bächen.

Apophytisch an gemähten Ufern und auf Quadrat *287, 310* und *312* an der Landstrasse.

Bartsia alpina L. — Karte 344.

St fq (211). — (BACKMAN 1902, 1908; PESOLA 1918 a, 1918 c, 1928, 1934 a, 1934 b, 1955 b; VR 1937; KOTILAINEN 1949 c; BR 1955; KIISTALA & JAHKOLA 1958; MUUKKONEN *et al.* 1958; SAARI 1973.) — Herb.: H (TH 1909; VP 1914); HFR und HSI (VP 1917); OULU (SS 1926; VT 1955).

In erster Linie dünntorfige, eutrophe Moore: *Sphagnum warnstorfii*- und *Campylium stellatum* -Braunmoore und Braunmoor-Reisermoore. Viele anspruchsvolle Begleiter: *Carex dioica, C. flava, C. capillaris, Salix myrsinites, Potentilla erecta, Saussurea alpina* und *Crepis paludosa*. Typische Standorte ferner quellige Sickerflächen der Moorränder und Uferböschungen. Oft in feuchten Wiesen und Hainen an Flüssen und Bächen, an Felsufern auf schattigen und feuchten Terrassen und Verwitterungshängen; fehlt an Sandufern.

Verdichtungen im Bereich der eutrophsten Moore von Saviaapa, nördlich Kiekerölammit, Soidinsuo und Polvilammit. Folgt überdies oft den Ufern. Nach PESOLA (1928: 158) kalkliebend (vgl. HAVAS 1961: 39, 43, 50, 59; RINTANEN 1968: 290).

In Uferwiesen apophytisch (vgl. SÖYRINKI 1956: 33). Vermehrung sowohl aus Samen als vegetativ (vgl. SÖYRINKI 1939: 353—356, 1954: 195—196).

Pedicularis sceptrum-carolinum L. — Karte 345.

St r (50). — (VR 1937; KIISTALA & JAHKOLA 1958; UOTILA 1960.) — Herb.: H (JSi 1935).

Vor allem feuchte Uferböschungen, -Wiesen und -Gebüsche (vgl. SÖYRINKI 1956: 33). Am reichlichsten im Osten in sandigen wiesenartigen Randsäumen des Oulankajoki, mit z.B. *Molinia caerulea, Deschampsia cespitosa, Carex nigra* ssp. *juncella, Galium palustre* und *Viola epipsila*. Im Bereich von Grundwasserströmungen in fruchtbaren Brüchern, Braunmoor-Reisermooren und an dünntorfigen Rändern der Braunmoore mit u.a. *Equisetum palustre, Carex cespitosa, Filipendula ulmaria, Rubus saxatilis, Geranium sylvaticum, Saussurea alpina* und *Crepis paludosa*.

Am häufigsten in Gebieten etwa mittelguten Bodens am Savinajoki, am unteren Lauf des Aventojoki und am Oulankajoki abwärts vom Kiutaköngäs. In den kalkreichen Gebieten um Kiutaköngäs und Taivalköngäs nur wenige Vorkommen, desgleichen an den ärmsten Ufern des Aventojoki. pH 5.3—6.9 (Mittel 6.1 von 7 Messungen). Nach PESOLA (1928: 159) schwach kalkliebend. — Vermehrung in der Regel aus Samen (vgl. SÖYRINKI 1939: 356—357).

Pedicularis palustris L. spp. *borealis* (J.W. Zett.) Hyl. — Karte 346.

St fq (203). — (VR 1937 (f. *ochroleuca*); PESOLA 1955 b; UOTILA 1960.) — Herb.: OULU (TJ 1951; VS 1968—70).

Die f. *ochroleuca* Laest. auf Quadrat *2, 89, 90, 125, 127, 128, 155, 170, 235, 266, 290, 316, 387* und *388*.

Zwischen- und Rimpiflächen der mesotrophen und eutrophen Moore (vgl. SÖYRINKI *et al.* 1977). Am häufigsten in Überschwemmungsweissmooren, mesotrophen moosarmen Rimpiweissmooren und *Scorpidium*-Rimpibraunmooren. Die Moore sind im allgemeinen genügend nahrungsreich für die Art; die ausgedehntesten Ausfallsgebiete in Waldgebieten um Hirvivaara-Kiutavaara und Ampumavaara, mit Ufergelände des Oulankajoki. Nach PESOLA (1928: 159) schwach kalkliebend (vgl. PANKAKOSKI 1939: 118).

Rhinanthus minor L. — Karte 347.

St r (47). — (HJELT 1923; VR 1937; UOTILA 1960;

SUOMINEN 1963.) — Herb.: HSI (AB 1908); OULU (VS 1970—71).

In Kuusamo zwei Rassen (vgl. AHTI & HÄMET-AHTI 1971: 74), eine häufigere, offenbar die eigentliche *R. minor*, und eine andere, die *R. groenlandicus* nahesteht. Die letztere, die besonders an Ufern vorkommt, wahrscheinlich im Nationalpark die ältere.

Am reichlichsten an der Landstrasse. Ausserdem in trockenen Uferwiesen, besonders in Siedlungen, wo die Spuren der Tätigkeit des Menschen am deutlichsten sind, besonders in der Nähe von Scheunen.

Die meisten Ufervorkommen am Oulankajoki abwärts vom Savilampi. Die Annahme eines mit der Mahd eingewanderten Ankömmlings liegt nahe; auf jeden Fall zeugt das reichliche Vorkommen an der Landstrasse für starke Hemerophilie. Möglicherweise auch ursprünglich an Flussufern (vgl. SÖYRINKI 1956: 33; AHTI & HÄMET-AHTI 1971: 74).

Rhinanthus serotinus (Schönh.) Oborny (*R. major* auct.) — Karte 338.

Rr (1): *310*. Ampumavaara, an der Landstrasse, auf einigen Quadratmetern.

Samen mit einem breiten Flügel versehen wie bei ssp. *vernalis* (Zing.) Hyl., die in Kuusamo vorkommt (AHTI & HÄMET-AHTI 1971: 74).

Ankömmling. Vorher nicht vom Nationalpark gemeldet. Im Oulankajoki-Pjaozero-Gebiet häufig in Dorf- und Uferwiesen (SÖYRINKI 1956: 33).

Lentibulariaceae

Pinguicula alpina L. — Karte 348.

P (132). — (BACKMAN 1902, 1908; HÄLLSTRÖM 1915, 1949; PESOLA 1918 a, 1918 c, 1928, 1934 b, 1955 b; VR 1937; KIISTALA & JAHKOLA 1958; MUUKKONEN *et al.* 1958; KANGAS 1969; SAARI 1973.) — Herb.: H (AB 1908; KA 1915; JSi 1935; HL 1936; TA 1955); OULU (TM 1949; EK 1953; VT 1955); TUR (RLH 1943; AJ 1949).

Arktisch-montane Fjeldpflanze, in Kuusamo-Salla ein südliches Teilareal. Offenbar etwas häufiger als oben angegeben, denn die sterilen Individuen und solche mit verwelkten Blütenstengeln wurden nicht genauer bestimmt (s. *P. vulgaris*).

Als Moorpflanze deutlich anspruchsvoller als *P. vulgaris*; nicht in mesotrophen Mooren, nur in *Campylium stellatum*- und *Sphagnum warnstorfii* -Braunmooren. Kennzeichnende Standorte Sickerflächen der Braunmoorränder und Uferböschungen mit *Equisetum variegatum, Tofieldia pusilla, Carex capitata, C. capillaris, Salix myrsinites, Bartsia alpina* und *Saussurea alpina.* Oft in Spalten und an Verwitterungshängen der schattigen, triefend nassen Felswände. Im Oulangankanjoni nur an dem kühlen und feuchten NE-Felshang mit anspruchsvollen Fjeldpflanzen *Woodsia glabella, Asplenium viride, Saxifraga nivalis, S. aizoides* und *Dryas octopetala.*

Konzentriert sich auf die kalkreichen Gebiete des Oulangankanjoni, im Savinajoki-Tal, nördlich von den Kiekeröjärvet, Soidinsuo und Merioja-Ansavuoma. Nach PESOLA (1928: 158) kalkliebend (vgl. RINTANEN 1968: 291).

Vermehrung aus Samen (vgl. SÖYRINKI 1939: 364—366, 1954: 197).

Pinguicula villosa L. — Karte 349.

R (34). — (PESOLA 1918 b und HÄLLSTRÖM 1949: Lippihetteenpuro; HJELT 1923: Kiutaköngäs.) — Herb.: H (US 1928: Lippihetteenjänkä und beim Weiher Tulilampi; GI 1938: Ostufer des Tulilampi; OULU (VT 1955: Taivalköngäs NW).

Zirkumpolare, arktisch-montane Art.

In Mooren in Randpartien der *Sphagnum fuscum*-Bülten. Beinahe immer auch *Mylia anomala* im Moospolster. Meistens im Braunmoor-Reisermoor oder Braunmoor, mehrmals auch im *Sphagnum fuscum*-Reisermoor und einmal im *Carex globularis* -Reisermoor, wo von KOTILAINEN (1951: 140) nie angetroffen. Auf Quadrat *384* auf einem morschen Baumstamm.

Zerstreut, mit Anhäufung im eutrophen Gebiet des Soidinsuo. In offenen Mooren von Salla nicht beobachtet. pH des Torfs 3.9—6.0 (Mittel 4.8 von 6 Proben); die niedrigsten Werte vom *Carex globularis* -Reisermoor und Wollgrasreisermoor, die höchsten von Braunmoor-Reisermooren. Nach PESOLA (1928: 159) schwach kalkliebend.

Vermehrung nur aus Samen (vgl. SÖYRINKI 1939: 362—364).

Pinguicula vulgaris L. — Karte 350.

P (118). — (VR 1937; HÄLLSTRÖM 1949; PESOLA 1955 b; BR 1955; ULVINEN *et al.* 1966.) — Herb.: H (VP 1917); OULU (EV 1951).

Nach Verwelken des Blütenstengels nicht von *P. alpina* unterschieden. Auf Quadraten mit nur sterilen Blattrosetten *Pinguicula* ebenfalls unbestimmt geblieben. *Pinguicula* sp. auf 21 Quadraten (*17, 46, 94, 118, 122, 123, 136, 138, 163, 172, 183, 243, 260, 284, 285, 380, 397, 400, 412, 417* und *419*). Auf diesen auf den Karten leer gebliebenen Quadraten also entweder *P. alpina, P. vulgaris* oder beide.

In meso-eutrophen Mooren und in einigem Umfang in nassen Uferböschungen. Am häufigsten in *Sphagnum warnstorfii*- und *Campylium stellatum* -Braunmooren und *Molinia*-Braunmoor-Weissmooren. Also ziemlich anspruchsvoll (vgl. KUJALA 1964: 89). Nach PESOLA (1928: 159) schwach kalkliebend. Anhäufungen in eutrophen Gebieten von Saviaapa und Soidinsuo.

Im Oulankajoki-Pjaozero-Gebiet *Pinguicula* sp. noch bei 450 m in der alpinen Stufe (SÖYRINKI 1956: 34). Vermehrung nur durch Samenkeimlinge (vgl. SÖYRINKI 1939: 360—362).

Utricularia minor L. — Karte 351.

R (28). — (VR 1937: Salla, Savinajoki-Kiekeröoja; Kiekeröoja.) — Herb.: OULU (VS 1970—71).

Offenbar häufiger als oben angegeben, denn ein Teil der Standorte ist nach dem Austrocknen vielleicht unbeachtet geblieben.

Rimpis und Gräben der meso-eutrophen Moore. Oft in Gesellschaft von *U. intermedia,* jedoch ein engeres, auf eutrophere Gebiete beschränktes Areal: zuvörderst Moore von Salla, nördlich von Kiekerölammit, Soidinsuo und Merioja-Ansavuoma. Nach PESOLA (1928: 159) schwach kalkliebend, nach LINKOLA (1933 a: 6) semi-eutroph (vgl. LUTHER 1951: 274; SÖYRINKI *et al.* 1977: 74—75).

Oft fertil.

Utricularia intermedia Hayne — Karte 352.

P (125). — (VR 1937; PESOLA 1955 b.) — Herb.: H (VB & FW 1883); OULU (TM 1949; VS 1968—69).

Rimpiflächen der Moore. Am gewöhnlichsten mesotrophe moosarme Rimpiweissmoore und *Scorpidium*-Rimpibraunmoore, auch oligotrophe moosarme Rimpiweissmoore und *Drepanocladus revolvens* -Rimpibraunmoore. Die Oberflächen der Rimpis trocknen oft im Sommer, und die blasentragenden Blätter erhalten sich im Schutz des Dybodens. Manchmal auch in Moorgräben, seltener in Flüssen, so besonders im Oulankajoki.

Die meisten Vorkommen im Norden und Südwesten, deutlichste Anhäufung in mesotrophen Mooren von Onkilammit. Im Osten selten und fehlt im Braunmoorgebiet von Polvilammit; jedoch im beinahe ebenso eutrophen Soidinsuo. Nach PESOLA (1928: 158) kalkliebend, nach LINKOLA (1933 a: 6) oligo-mesotroph (vgl. LUTHER 1951: 272; SÖYRINKI *et al.* 1977: 63, 74).

Gewöhnlich steril, aber blühende Individuen nicht selten.

Utricularia vulgaris L. — Karte 353.

R (27). — (HJELT 1923: Savinajoki beim Viksjärvi; PESOLA 1952 a: Savinajoki-Viksjärvi; UOTILA 1960: Teich von Ristikallio.) — Herb.: OULU (VS 1969—70).

Frei schwimmend in stillen Wässern der Flüsse und in langsam fliessenden Uferwässern mit Schlamm- oder Dyboden (vgl. SÖYRINKI 1956: 34). Auf Quadrat *36* im Moorgraben, auf *127* im Bach, auf *165* im Teich eines eutrophen Moors. Immer spärlich und steril.

Am häufigsten im Savinajoki und Niitselysjoki, wo die Kleinwesenfauna offenbar am reichsten ist. Andererseits ist die starke Strömung im Savinajoki ebenso wie im unteren Lauf des Oulankajoki nachteilig für die Art. Nach PESOLA (1928: 159) schwach kalkliebend, nach LINKOLA (1933 a: 6) semi-eutroph (vgl. LUTHER 1951: 265; RINTANEN 1976: 144).

Plantaginaceae

Plantago major L. — Karte 354.

Rr (6): *331*. Müllabladestelle des Parkwächters, pc; *347* Hof der Biologischen Forschungsanstalt und Campingplatz beim Kiutaköngäs, st pc; *348* Campingplatz beim Kiutaköngäs, pc; *350* Ufer des Oulankajoki ca. 500 m abwärts vom Kiutaköngäs, pcc; *368* Wiese an der Mündung des aus dem Alempi Hiidenlampi kommenden Bachs, pcc; *428* Uferböschung des Oulankajoki halbwegs zwischen Putaanoja und Lippihetteenpuro, pcc. — (NISKASAARI 1956: Kiutaköngäs, in der Nähe der Fähre; AHTI & HÄMET-AHTI 1971: Biologische Forschungsanstalt.) — Herb.: H (TA & RLH 1959: Kiutaköngäs, Fährstube = Quadrat *347*).

Wahrscheinlich ssp. *major* (vgl. AHTI & HÄMET-AHTI 1971: 74).

Ankömmling. Bei der Biologischen Forschungsanstalt und am Kiutaköngäs stabilisiert. Die Vorkommen abwärts vom Kiutaköngäs offenbar aus vom Fluss transportierten Samen entstanden. In Kuusamo völlig akklimatisiert, ebenso im Oulankajoki-Pjaozero-Gebiet (SÖYRINKI 1956: 34, 58).

Caprifoliaceae

Linnaea borealis L. — Karte 355.

Fqq (379). — (PESOLA 1934 b; SUOMINEN 1963.) —

Am reichlichsten hainartige frische Heidewälder vom *Geranium-Myrtillus*-Typ, frische Haine vom *Geranium-Dryopteris*-Typ und trockene Haine vom *Geranium-Vaccinium*-Typ, nahezu gleich reichlich frische Heidewälder vom *Hylocomium-Myrtillus*-Typ, häufig feuchte Haine vom *Geranium-Filipendula*-Typ (SÖYRINKI *et al.* 1977). Spärlich frische Heidewälder vom *Ledum-Uliginosum*-Typ, gelegentlich mässig trockene Heidewälder vom *Empetrum-Myrtillus*-Typ; fehlt in Flechtenheiden und Farnhainen. Braunmoor-Reisermoore und Bruchmoore.

Nicht anspruchsvoll, obgleich der Schwerpunkt in fruchtbaren Waldtypen. Die Ausfallsgebiete hauptsächlich offene Moore und arme Moortypen, besonders in Salla. Nach PESOLA (1928: 160) indifferent (vgl. AALTONEN 1925: 18; BRENNER 1931: 166; PANKAKOSKI 1939: 120).

Von wenigen Abholzungen nicht geschädigt und nach Waldbränden sich erholt (vgl. KUJALA 1964: 90). Vermehrung hauptsächlich vegetativ (vgl. KUJALA 1926a: 44—45; SÖYRINKI 1939: 367—369).

Lonicera caerulea L. ssp. *pallasii* (Ledeb.) Browicz — Karte 354.

Rr (1): *177*. W-Ufer des Oulankajoki bei der Mündung des Kiekeröoja, stpc.

Früher nicht vom Nationalpark bekannt.

Östliche Unterart, in Finnland nur am Oulankajoki und Kitkajoki in Kuusamo; Das westlichste Vorkommen in Fennoskandien (vgl. HULTÉN 1971: Karte 1640). Ostwärts vom Nationalpark nach TAARNA und VASARI (1959: 41) an sechs Stellen.

Im Uferhain auf einer Strecke von ca. 100 m in 1—1.5 m hohen vereinzelten Sträuchern oder als lichtes Gebüsch. Baumbestand von *Populus tremula* und *Alnus incana* mit etwas *Prunus padus* und *Sorbus aucuparia*, Sträucher *Ribes spicatum*, *Rosa majalis* und *Daphne mezereum*. Feldschicht: *Pteridium aquilinum*, *Matteuccia struthiopteris*, *Convallaria majalis*, *Agropyron caninum*, *Actaea erythrocarpa*, *Filipendula ulmaria*, *Anthriscus sylvestris* und *Saussurea alpina*. Am 3. September 1970 die Beeren völlig ausgestreut.

Standort also nahrungsreich. Nach PESOLA (1928: 159) schwach kalkliebend. Im Oulankajoki-Pjaozero-Gebiet in hainartigen Uferwäldern und -Gebüschen, Uferwiesen und an Rändern der Braunmoore (SÖYRINKI 1956: 35).

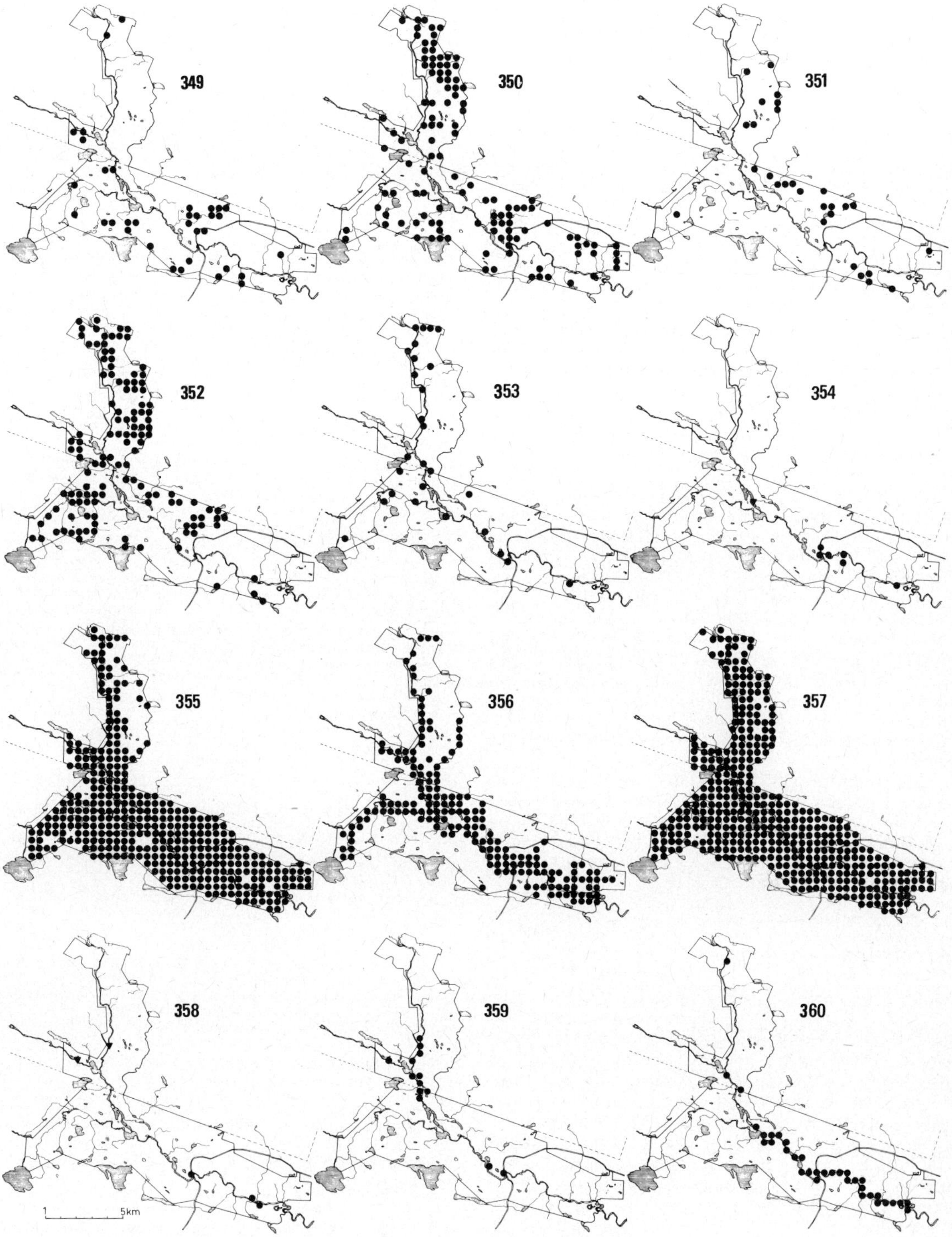

Karten 349—360. — 349: *Pinguicula villosa* L. — 350: *P. vulgaris* L. — 351: *Utricularia minor* L. — 352: *U. intermedia* Hayne — 353: *U. vulgaris* L. — 354: ● *Plantago major* L., ▼ *Lonicera caerulea* L. ssp. *pallasii* (Ledeb.) Browicz — 355: *Linnaea borealis* L. — 356: *Campanula rotundifolia* L. — 357: *Solidago virgaurea* L. — 358: ● *Erigeron acer* L. ssp. acer, ▼ *E. acer* L. ssp. *acer* × ssp. *politus* — 359: *E. acer* L. ssp. *politus* (Fries) H. Lindb. — 360: *E. decoloratus* H. Lindb.

Campanulaceae

Campanula rotundifolia L. — Karte 356.

St fq (181). — (Backman 1908; Pesola 1918 a, 1928, 1934 b; Vr 1937; Kiistala & Jahkola 1958; Muukkonen *et al.* 1958; Vasari 1958; Salminen 1960; Uotila 1960; Suominen 1963; Ahti & Hämet-Ahti 1971; Laine, Lehmushovi & Nurmi 1974.) — Herb.: H (IK 1949); OULU (VS 1971).

In Nord-Finnland sowohl diploid als tetraploid (vgl. Laine *et al.* 1974: 81—82). Nach brieflicher Mitteilung von Jaakko Nurmi die diploide Rasse (2n = 34) offenbar ursprünglich in Kuusamo, obgleich auch an Kulturstandorten; die tetraploide Rasse (2n = 68) macht den Eindruck eines Ankömmlings (die einzige Probe aus der Provinz Kuusamo vom Landstrassenrand bei der Biologischen Forschungsanstalt). Die morphologischen Unterschiede zwischen den beiden Rassen nach Nurmi gering im Gebiet, die diploide jedoch in der Mitte zarter, mit weniger zahlreichen, schmäleren Blüten.

Weissblühende f. *albiflora* Post auf Quadrat *56, 62, 99, 130* und *347.*

Sehr häufig in trockenen Uferwiesen und -Böschungen, an Bachufern auch in frischen Wiesen. Häufig in Spalten und Terrassen der Felsen sowohl auf Silikat- als Dolomitgrund und in trockenen Felsenhainen vom *Geranium-Vaccinium*-Typ (Söyrinki *et al.* 1977). Auf Bülten der Braunmoorränder und Braunmoor-Reisermoore (vgl. Kotilainen 1951: 143). Gewöhnlich an der Landstrasse.

Als Wiesen- bzw. Felspflanze keine besonderen Ansprüche hinsichtlich der Fruchtbarkeit, sondern an Flüssen und Bächen entlang durch den ganzen Nationalpark. Auf Torfboden nur in den eutrophsten Gegenden, besonders Taivalköngäs-Kiekerölammit und Kiutaköngäs-Puukkorinne. Nach Pesola (1928: 160) indifferent.

Apophytisch an gemähten Ufern und Landstrassenrändern (vgl. Söyrinki 1956: 35; Ahti & Hämet-Ahti 1971: 77). Vermehrung sowohl vegetativ als fruktifikativ (vgl. Söyrinki 1939: 369—371). Im Oulankajoki-Pjaozero-Gebiet noch in der alpinen Stufe auf den Gipfelfelsen der Fjelde (Söyrinki 1956: 35).

Compositae

Solidago virgaurea L. — Karte 357.

Fqq (424) — (Backman 1908; Pesola 1918 a, 1928, 1934 a, 1934 b, 1955 b; Vr 1937; Br 1955; Niskasaari 1956; Kiistala & Jahkola 1958; Muukkonen *et al.* 1958; Vasari 1958; Salminen 1960; Uotila 1960; Suominen 1963.) — Herb.: H (AB 1908); OULU (VS 1969).

Weniger und grössere Körbchen als in Süd-Finnland (vgl. Ahti & Hämet-Ahti 1971: 77). Ob ssp. *minuta* (L.) Arcangeli (*S. lapponica* With.), ist nicht geklärt.

Eine von den häufigsten Pflanzen des Nationalparks. Am reichlichsten frische Haine vom *Geranium-Dryopteris*-Typ, feuchte Haine vom *Geranium-Filipendula*-Typ und hainartige frische Heidewälder vom *Geranium-Myrtillus*-Typ. In frischen Heidewäldern vom *Hylocomium-Myrtillus*-Typ häufig, aber spärlicher, hier und da in trockenen Heidewäldern vom *Empetrum-Myrtillus*-Typ (Söyrinki *et al.* 1977). Häufig auf dünnem, nahrungsreichem Torfboden: besonders *Sphagnum warnstorfii* -Braunmoore, Braunmoor-Reisermoore, Braunmoorbrücher und Hainbrücher, oft auch Gras- und Krautbrücher. Auf Bülten in mittenbeeinflussten Braunmooren und mesotrophen Weissmooren. Häufig in feuchten bis trockenen Uferwiesen und -Böschungen, auf Felsenterrassen und an Landstrassenrändern.

Fehlt nur auf wenigen Quadraten in oligotrophsten Heidewäldern und Mooren; die weiteste Lücke, sechs Quadrate, im Gebiet von Karsimakumpu im äussersten Norden. pH 4.1—7.2 (Mittel 5.4 von 18 Proben); der niedrigste Wert vom *Empetrum-Myrtillus*-Typ, der höchste vom Braunmoor (vgl. Aaltonen 1925: 18; Brenner 1931: 166, Pankakoski 1939: 121). Nach Pesola (1928: 160) indifferent.

In manchen Uferwiesen und Landstrassenrändern apophytisch. Effektive Verbreitung durch Samen (vgl. Kujala 1926 a: 103—104; Sarvas 1937: 17; Söyrinki 1939: 371—376; 1954: 207). Im Oulankajoki-Pjaozero-Gebiet noch in der alpinen Stufe der Fjelde (Söyrinki 1956: 35).

Erigeron acer L. ssp. *acer* — Karte 358.

Rr (3): *347* bei der Oulankajoki-Brücke am Rand der Landstrasse, pcc; *412'.* Uferböschung am Oulankajoki bei Paatamakangas, pcc; *427'.* am Oulankajoki 400 m abwärts von der Mündung des Putaanoja, pcc. — (Ahti & Hämet-Ahti 1971: Biologische Forschungsanstalt = Quadrat *347.*)

Ankömmling.

Erigeron acer ssp. *acer* × ssp. *politus* — Karte 358.

Rr (2): *81'.* (Bestimmung unsicher) 700 m S vom Rupakivi; *96'.* Oulangankanjoni.

Früher nicht vom Nationalpark bekannt.

Erigeron acer L. ssp. *politus* (Fries) H. Lindb. (*E. elongatus* Ledeb., non Moench) — Karte 359.

R (13): *74'. 81'. 89, 96'. 99, 118, 119, 124, 130, 131'. 137, 329, 347.* — (Pesola 1918 a, 1934 b; Fortelius 1925.) — Herb.: H (VP 1917; OF 1922; GR 1936; GL 1937); HSI (AB 1908); TUR (LA 1949; RLH 1949; AI 1949); TURA (GL 1937).

Pesola (1934 b) gibt die Art vom Aventojoki an, wo nicht wiedergefunden.

Terrassen und Erosionshänge der Flussuferfelsen und erodierte Uferböschungen, hauptsächlich am unteren Lauf des Savinajoki und am Oulankajoki zwischen Savilampi und Taivalköngäs.

Ursprünglich. In Kuusamo (Ahti & Hämet-Ahti 1971: 78) und im Oulankajoki-Pjaozero-Gebiet (Wainio 1878: 21; Söyrinki 1956: 35) offenbar auch apophytisch.

Erigeron decoloratus H. Lindb. (*E. acer* L. ssp. *d.* (H. Lindb.) Hiit.) — Karte 360.

R (34). — (AHTI & HÄMET-AHTI 1971: 77.) — Herb.: Von etwa 15 Sammlern in H, OULU und TUR, als erster OF 1922 (H).

Östliche Art, in Finnland offenbar nur in Kuusamo. Erfordert nach HALLIDAY (Flora Europaea 4: 118) noch nähere Untersuchung.

An den Flüssen auf Kies- und Sandufern, in Uferböschungen und trockenen sandigen Uferwiesen. Gewöhnlichste Begleiter u.a. *Oxytropis campestris* ssp. *sordida*, *Astragalus alpinus* ssp. *arcticus*, *Dianthus superbus* und *Thymus serpyllum* ssp. *tanaënsis*. Auf Felsen selten.

Häufig am Oulankajoki abwärts vom Aventolampi bis zur Ostgrenze des Nationalparks, am reichlichsten am unteren Lauf im Bereich der trockenen Sandufer. Aufwärts vom Aventolampi selten; am Savinajoki nur auf Quadrat *22*.

An gemähten Ufern vielleicht apophytisch, ebenso am Landstrassenrand auf *308* und *347*.

Gnaphalium sylvaticum L. (*Omalotheca sylvatica* (L.) Schultz Bip. & F.W. Schultz) — Karte 361.

Rr (7): *174*.' Ufer des Aventojoki ca. 2 km von der Mündung, pcc; *197*.' Ufer des Aventojoki nahe an der Mündung, pcc; *287*.' *288*.' *331*.' und *312* Ampumavaara, Landstrassenrand, pc; *366*.' ca. 1 km S von der Brücke am Kiutaköngäs, Landstrassenrand, pcc.

Vorher nicht vom Nationalpark bekannt.

Ankömmling. In trockenen Uferwiesen am Aventojoki offenbar während der Mahd angelangt. In Kuusamo stabilisierter Ankömmling (AHTI & HÄMET-AHTI 1971: 78), ebenso im Oulankajoki-Pjaozero-Gebiet (SÖYRINKI 1956: 35, 58).

Antennaria dioica (L.) Gaertner — Karte 362.

St fq (195). — (PESOLA 1934 b; VR 1937; BR 1955; NISKASAARI 1956; KIISTALA & JAHKOLA 1958; MUUKKONEN *et al.* 1958; VASARI 1958; SUOMINEN 1963; AHTI & HÄMET-AHTI 1971.) — Herb.: OULU (EK 1953; VS 1971).

Trockene, sandige Uferwiesen, trockene halboffene Uferböschungen und sowohl dolomitische als silikatische Felsen. In Waldvegetation häufig in lichten Siedlungen der trockenen Haine vom *Geranium-Vaccinium*-Typ auf Karbonatgrund (SÖYRINKI *et al.* 1977), sonst nur ganz zufällig in trockenen Flechtenheiden sowie in frischen hainartigen Wäldern. Quadrate *310, 311, 331* und *347* am Landstrassenrand.

Konzentriert sich auf Flussufer und südexponierte fruchtbare Waldhänge des Oulankajokitals. Benötigt aber offenbar keinen eutrophen Nährboden, sondern lichten, offenen Standort (vgl. KUJALA 1964: 93). Nach PESOLA (1928: 160) indifferent (vgl. AALTONEN 1925: 19; BRENNER 1931: 166; PANKAKOSKI 1939: 121).

Apophytisch an gemähten Ufern und an der Landstrasse (vgl. SÖYRINKI 1956: 35; AHTI & HÄMET-AHTI 1971: 78). Waldbrände und frühere Abholzungen mögen begünstigt haben. Vermehrung sowohl vegetativ als aus Samen (vgl. SÖYRINKI 1939: 376—77, 1954: 208—209).

Inula salicina L. — Karte 363.

R (10): *25, 56, 62, 69, 113, 131, 132, 138, 139*.' *306*.' — (VR 1937: Salla, Kiekeröoja; SAARI 1973.) — Herb.: H (LLe, OVL & APi 1937: Kiekeröoja ca. 3 km NE von der Mündung des Savinajoki).

In Kuusamo-Salla ein isoliertes nördliches Teilareal (vgl. HULTÉN 1971: Karte 1698).

Am Kiekeröoja (Quadrat *113, 132* und *139*) in wiesenartigen Bachuferrändern, am Savinajoki (*25, 56, 62* und *69*) in südexponierten Uferböschungen (vgl. SÖYRINKI 1956: 36). Auf *131* am hainartigen Rand einer Waldsenke, auf *138* und *306* in südexponierter Teichuferböschung. Begleiter z. T. Pflanzen feuchter Ufer, wie *Molinia caerulea, Trollius europaeus, Potentilla erecta, Bartsia alpina* und *Galium boreale*, z. T. Hainarten, wie *Melica nutans, Poa nemoralis, Filipendula ulmaria, Rubus saxatilis* und *Geranium sylvaticum*. Das reichlichste Vorkommen auf *132* am Ufer des Kiekeröoja.

In dolomitreichen Gebieten. Benötigt ausser nahrungsreichem Boden einen warmen südwärts gerichteten Standort. Nach PESOLA (1928: 158) kalkliebend.

Pflanze des südlich-kontinentalen Elements, das in den ältesten, zuerst vom Eis entblössten Gebieten angetroffen wird (s. *Carex digitata*).

Blüte gegen Ende Juli bis über Mitte August. Die spärlichsten Vorkommen steril (z.B. *306*).

Achillea ptarmica L. — Karte 361.

Rr (2): *347* Biologische Forschungsanstalt, pcc; *349* Kiutaköngäs, bei der verfallenen Schutzhütte, pcc. — (AHTI & HÄMET-AHTI 1971: Biologische Forschungsanstalt.) —

Ankömmling. Häufig in vielen Dörfern in Kuusamo; fehlt im Oulankajoki-Pjaozero-Gebiet (SÖYRINKI 1956: 63—64).

Achillea millefolium L. — Karte 364.

St r (68) — (HJELT 1926; PESOLA 1928; MUUKKONEN *et al.* 1958; VASARI 1958; SUOMINEN 1963; AHTI & HÄMET-AHTI 1971.) — Herb.: OULU (VS 1971).

Eine Rasse mit braun- bis beinahe schwarzgefärbten Rändern der Hüllblätter des Köpfchens. Gehört wahrscheinlich zu derselben Gruppe wie die f. *lapponica* Montell (MONTELL 1945), die offenbar mit *A. apiculata* Orlova (Flora Murmanica V) identisch ist (vgl. AHTI & HÄMET-AHTI 1971: 79).

Fluss- und Bachufer, trockene Wiesen und Böschungen, besonders an Sandufern oft reichlich (vgl. SÖYRINKI 1956: 36). Häufig an der Landstrasse.

Die weite Verbreitung am Oulankajoki zwischen Savilampi und Ostgrenze des Nationalparks spricht für Ursprünglichkeit, obgleich durch die Mahd Raum gewonnen und als Apophyt oder Ankömmling an den Landstrassenrändern verbreitet (vgl. LINKOLA 1921: 453; PESOLA 1928: 142—143).

Matricaria maritima L. ssp. *subpolaris* (Pobed.) Rauschert (*Tripleurospermum subpolare* Pobed.) — Karte 363.

Rr (3): *347*: bei der Oulankajoki-Brücke am Landstrassenrand, pc; *365*: Kiesgrube ca. 400 m S von der Oulankajoki-Brücke, pcc: *366*: Landstrassenrand, pc. — (AHTI & HÄMET-AHTI 1971: Biologische Forschungsanstalt.)

Ankömmling (vgl. HÄMET-AHTI 1967).

Matricaria maritima ssp. *subpolaris* × *perforata* — Karte 365.

Rr (2): *331*: Müllabladestelle der Försterei, pcc; *366*: Landstrassenrand, pcc. — (SAARI 1977.)

Die beiden Stammarten auf Quadrat *366*, die Hybride stammt aber offenbar von ausserhalb des Fundorts.

Matricaria perforata Mérat (*M. inodora* L., *Tripleurospermum inodorum* (L.) Schultz Bip.) — Karte 363.

Rr (3): *347*: Hof der Biologischen Forschungsanstalt, pc; *365* Landstrassenrand, pc; *366*: ca. 500 m S von der Oulankajoki-Brücke, Landstrassenrand, pc.

Vorher nicht vom Nationalpark bekannt.

Ankömmling. Offenbar mit dem Grassamen eingeschleppt (vgl. AHTI & HÄMET-AHTI 1971: 80).

Chamomilla suaveolens (Pursh) Rydb. (*Matricaria discoidea* DC., *M. matricarioides* (Less.) Porter pro parte) — Karte 61.

Rr (2): *347* Biologische Forschungsanstalt, pc; *366* Landstrassenrand, pc. — (AHTI & HÄMET-AHTI 1971: 81, Gebiet des Quadrats *347*.)

Ankömmling. Häufig in Dörfern in Kuusamo und im Oulankajoki-Pjaozero-Gebiet (SÖYRINKI 1956: 36, 59).

Tanacetum vulgare L. (*Chrysanthemum v.* (L.) Bernh.) — Karte 61.

Rr (2): *347* Landstrassenrand S von der Oulankajoki-Brücke; *366* Landstrassenrand.

Vorher nicht vom Nationalpark bekannt.

Ankömmling. An beiden Fundstellen im J. 1974 nur ein mit verzweigtem Wurzelstock versehenes Individuum; offenbar beim Strassenbau eingeschleppt. Wenigstens auf Quadrat *347* noch im Sommer 1976. In Kuusamo zuvörderst Gartenflüchtling (AHTI & HÄMET-AHTI 1971: 79). Im Oulankajoki-Pjaozero-Gebiet am Sandufer des Tsipringa-Sees beim Dorf Kananainen (SÖYRINKI 1956: 36).

Artemisia vulgaris L. — Karte 80.

Rr (1): *347* S-Ende der Oulankajoki-Brücke am Landstrassenrand, pcc.

Vorher nicht vom Nationalpark bekannt.

Im Sommer 1974 ein Individuum mit verzweigtem Wurzelstock, im Sommer 1976 noch erhalten. In Kuusamo zuvörderst Gartenflüchtling (AHTI & HÄMET-AHTI 1971: 81).

Tussilago farfara L. — Karte 365.

R (13): *75*: *231*: *308, 310, 339*: *357, 374, 376*: *377, 380, 399, 418, 422*. — (Kuusamo, Lippihetteenpuro (HÄLLSTRÖM 1915, 1949; PESOLA 1918 a; HJELT 1926.) — Herb.: H (EH 1914 und VP 1917: Lippihetteenpuro).

Meistens quellige Braunmoore und Braunmoorränder (Quadrate *231, 339, 357, 374, 376* und *418*), oft Ufer der Quellen und Quellbäche (*75* und *339*). Auf *308* und *422* in quelligen Braunmoorbrüchern, auf *380* in feuchtem *Geranium-Filipendula*-Typ Hain. Begleiter in Braunmooren *Salix myrsinites, Geum rivale, Saussurea alpina, Crepis paludosa*, auch anspruchsvolle Fjeldpflanzen wie *Cystopteris montana, Juncus triglumis* und *Bartsia alpina* (vgl. SÖYRINKI 1956: 36). Blüte nicht beobachtet.

Konzentriert sich auf kalkreiche Hänge des Liikasenvaara und Ampumavaara. Nach PESOLA (1928: 158) kalkliebend (vgl. PANKAKOSKI 1939: 122).

Petasites frigidus (L.) Fries — Karte 366.

P (83). — (PESOLA 1918 c; VR 1937; BR 1955; NISKASAARI 1956; KIISTALA & JAHKOLA 1958; SÖYRINKI *et al.* 1977.) — Herb.: H, HPP, TUR (ML 1939); OULU (VS 1970).

Nasse Gras- und Krautbrücher und Braunmoorbrücher, hier und da auch Ufer der Quellen und Quellbäche (z.B. Quadrate *229* und *332*) oder kleiner Waldteiche.

Die meisten Vorkommen in eutrophsten Gebieten, zuvörderst in der Umgebung von Soidinsuo und Polvilammit; im Gebiet von Salla nur auf fünf Quadraten. Jedoch offenbar mehr an nasse Bruchstandorte gebunden als an hohen Nährstoffgehalt des Bodens (vgl. SÖYRINKI 1956: 37). Nach PESOLA (1928: 159) schwach kalkliebend, nach KUJALA (1964: 94) ziemlich anspruchsvolle Bruchmoorpflanze.

Arnica alpina (L.) Olin (*A. angustifolia* Vahl ssp. *alpina* (L.) L.K. Ferguson) — Karte 367.

R (10): *51, 56, 74, 96, 97, 107, 124, 130, 147, 195*. — (BACKMAN 1902, 1903, 1913—1914; HÄLLSTRÖM 1915, 1949; PESOLA 1918 a, 1934 b; FORTELIUS 1925; HJELT 1926; VR 1937; SAARI 1973.) — Herb.: H (AB 1902; VP 1917; HAm 1922; OF 1922; SS 1926; OVL 1937); HSI (AB 1908); TUR (ML 1939); TURA (AB 1908; VP 1917).

Arktisch-skandinavischer Endemit, in Kuusamo südlichstes Teilareal in Ost-Fennoskandien (vgl. HULTÉN 1971: Karte 1734).

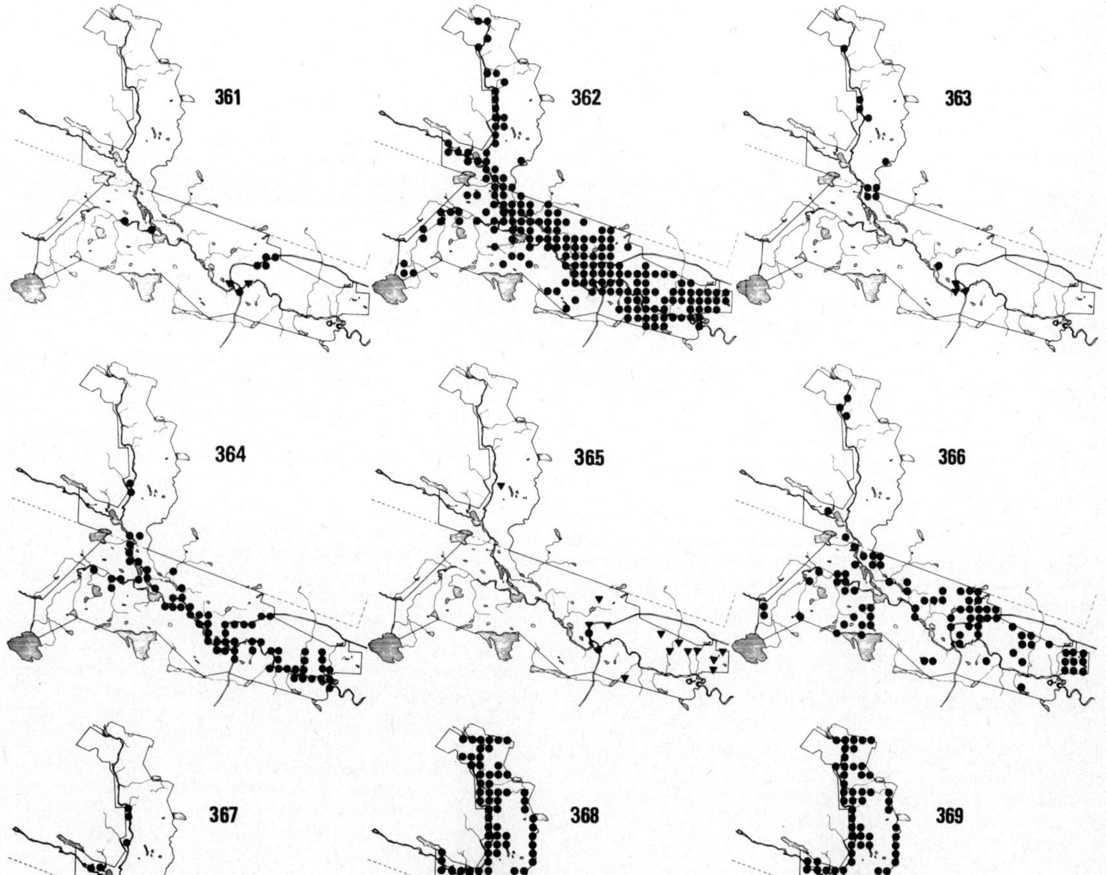

Karten 361—372. — 361: • *Gnaphalium sylvaticum* L., ▼ *Achillea ptarmica* L. — 362: *Antennaria dioica* (L.) Gaertner — 363: • *Inula salicina* L., ▼ *Matricaria maritima* L. ssp. *subpolaris* (Pobed.) Rauschert, *M. perforata* Mérat, *Crepis tectorum* L. ssp. *tectorum* — 364: *Achillea millefolium* L. — 365: • *Matricaria maritima* ssp. *subpolaris* × *perforata*, ▼ *Tussilago farfara* L. — 366: *Petasites frigidus* (L.) Fries — 367: • *Arnica alpina* (L.) Olin, ▼ *Cirsium palustre* (L.) Scop. — 368: *Saussurea alpina* (L.) DC. — 369: *Cirsium helenioides* (L.) Hill — 370: • *Leontodon autumnalis* L., ▼ *Crepis tectorum* L. ssp. *nigrescens* (Pohle) P. D. Sell — 371: • *Lactuca sibirica* (L.) Maxim., ▼ *Cicerbita alpina* (L.) Wallr. — 372: *Taraxacum* spp.

Terrassen dolomitischer Uferfelsen, öfter trockene höher oben gelegene Hänge als feuchte untere Partien. Im Oulangankanjoni jedoch sowohl an sonnigen Südhängen als an schattigen Nordwänden. Begleiter sowohl gewöhnliche Felspflanzen *Festuca ovina, Campanula rotundifolia* und *Antennaria dioica* als Fjeldpflanzen, wie z.B. *Carex glacialis, Cerastium alpinum, Potentilla nivea* ssp. *chamissonis, Dryas octopetala, Oxytropis campestris* ssp. *sordida* und *Thymus serpyllum* ssp. *tanaënsis.*

Nur im Gebiet der dolomitischen Gesteine am Savinajoki abwärts von Niemikangas, im Oulangankanjoni, zwischen Savilampi und Taivalköngäs sowie am unteren Lauf des Aventojoki. Nach PESOLA (1928: 157) kalkfordernd (vgl. RINTANEN 1968: 294).

Reliktartig, im ältesten Teil des Nationalparks, wo auch die übrigen seltenen Fjeldarten (s. *Poa glauca*). — Über Vermehrungsökologie vgl. SÖYRINKI (1939: 384—386).

Senecio vernalis Waldst. & Kit. — Karte 226.

Rr (1): *366.'* ca. 300 m S von der Oulankajoki-Brücke am im Sommer 1972 mit einer Samenmischung besäten Landstrassenrand im J. 1973, mehrere Individuen.

Zufälliger Ankömmling, wie in ganz Finnland (vgl. HIITONEN 1933: 708; Flora Europaea 4: 204). Im Sommer 1976 nicht mehr beobachtet.

Senecio vulgaris L. — Karte 80.

Rr (1): 347.' Biologische Forschungsanstalt, Blumenbeet im J. 1971, pcc.

Zufällig. Schlecht eingebürgerter Ankömmling in Kuusamo (AHTI & HÄMET-AHTI 1971: 82), zufällig im Oulankajoki-Pjaozero-Gebiet (SÖYRINKI 1956: 37, 63).

Saussurea alpina (L.) DC. — Karte 368.

Fqq (326). — (BACKMAN 1902, 1908; PESOLA 1918 a, 1918 c, 1934 a, 1934 b, 1955 b; HJELT 1923; VR 1937; KOTILAINEN 1949 c; BR 1955; UOTILA 1960; TAMMISOLA 1961; SUOMINEN 1963; ULVINEN *et al.* 1966; KANGAS 1969; SAARI 1973.) — Herb.: H (CS 1936) und dazu von etwa 10 Sammlern in H, KUO, OULU und TUR.

Die weissblühende f. *albiflora* (Hjelt) Hiit. von TAMMISOLA (1961) zwischen Kiutaköngäs und Taivalköngäs gefunden. — Gleich ausserhalb des Nationalparks in Venojärvenlaukamo am Oulankajoki (in Salla) beobachtet.

Vor allem eutrophe dünntorfige Moore. Am reichlichsten in *Sphagnum warnstorfii* -Braunmooren, Braunmoor-Reisermooren, Braunmoorbrüchern, spärlicher in *Campylium stellatum* -Braunmooren. Viele anspruchsvolle Begleiter: *Equisetum palustre, Carex vaginata, C. flava, Salix myrsinites, Parnassia palustris, Potentilla erecta, Geum rivale, Bartsia alpina* und *Crepis paludosa.* Häufig in Hainwäldern, am reichlichsten in feuchten Hainen vom *Geranium-Filipendula*-Typ, spärlicher in frischen Hainen vom *Geranium-Dryopteris*-Typ (SÖYRINKI *et al.* 1977), gelegentlich in hainartigen frischen Heidewäldern vom *Geranium-Myrtillus*-Typ. An Flüssen und Bächen in feuchten Uferböschungen, -Wiesen und -Gebüschen sowie auf feuchten Terrassen der Uferfelsen.

Weit verbreitet, Lücken in ärmsten Teilen südlich vom Puikkojärvi, im Gebiet von Isojärvi-Syvälampi, Kiutavaara, Hirvivaara und in offenen Mooren in Salla. pH im Braunmoor 6.0 und 6.9, im Quellenbereich 7.0. Nach PESOLA (1928: 159) schwach kalkliebend (vgl. HAVAS 1961: 50, 59; RINTANEN 1968: 295).

Mag in den Uferwiesen teilweise apophytisch sein (vgl. SÖYRINKI 1956: 37). Über die Vermehrungsökologie vgl. SÖYRINKI (1939: 386—388, 1954: 216).

Cirsium helenioides (L.) Hill (*C. heterophyllum* (L.) Hill) — Karte 369.

Fq (301). — (PESOLA 1934 a, 1955 b; VR 1937; BR 1955; NISKASAARI 1956; MUUKKONEN *et al.* 1958; VASARI 1958; UOTILA 1960; SUOMINEN 1963; ULVINEN *et al.* 1966.) — Herb.: H (VP 1917).

Häufig an Ufern, in Hainen und dünntorfigen eutrophen Mooren. An Ufern am reichlichsten in *Geranium sylvaticum-Cirsium helenioides*-Wiesen (vgl. EUROLA 1967). Konstant in feuchten Hainen vom *Geranium-Filipendula*-Typ und frischen Hainen vom *Geranium-Dryopteris*-Typ, oft in frischen hainartigen Heidewäldern vom *Geranium-Myrtillus*-Typ (SÖYRINKI *et al.* 1977). In Mooren am reichlichsten in Hainbrüchern, gewöhnlich in Braunmoor-Reisermooren, Gras- und Krautbrüchern und Braunmoorbrüchern sowie an Rändern von *Sphagnum warnstorfii* -Braunmooren.

Gewöhnlich steril, am häufigsten blühend in Uferwiesen.

Die ausgedehntesten Lücken in armen Moor- und Heidewaldgebieten, besonders in Salla und in der Kiutavaara-Gegend. Nicht besonders anspruchsvoll (vgl. KOTILAINEN 1951: 147—148; KUJALA 1964: 95). Nach PESOLA (1928: 159) schwach kalkliebend (vgl. BRENNER 1931: 150; PANKAKOSKI 1939: 123).

Apophytisch an gemähten Ufern und an der Landstrasse (vgl. SÖYRINKI 1956: 37; AHTI & HÄMET-AHTI 1971: 82).

Cirsium palustre (L.) Scop. — Karte 367.

Rr (1): *239* am Abfluss des Syvälampi, Bahn des ehemaligen Winterwegs, etwa 10 sterile Blattrosetten.

Früher nicht vom Nationalpark bekannt.

Ankömmling. Offenbar mit Heutransport eingeschleppt. In Kuusamo nach AHTI & HÄMET-AHTI (1971: 82) sehr selten an ursprünglichen Standorten. Im Oulankajoki-Pjaozero-Gebiet nicht angetroffen (SÖYRINKI 1956: 37).

Leontodon autumnalis L. — Karte 370.

Rr (8): *81.'* Ufer des Savinajoki, Wiese beim erratischen Block und Lagerfeuerplatz aufwärts von der Mündung des Vasajänganoja; *143* Vaalulampi, Hof der Rentierhütte; *316* Ufer des Ollilanjärvi; *347.'* Hof der Biologischen Forschungsanstalt; *349* Kiutaköngäs, »Bärenrunde»; *366.'* ca. 500 m S von der Oulankajoki-Brücke, Landstrassenrand; *386.'* Anfang des Wegs zum Hiidenlampi; *405*

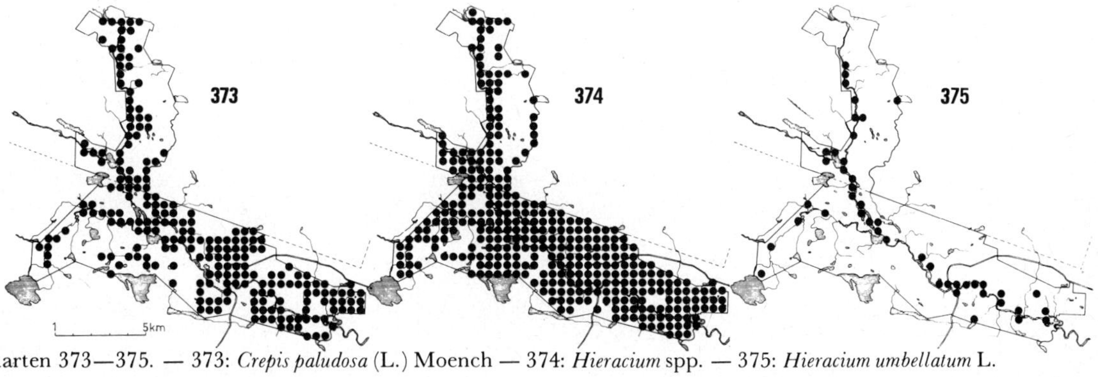

Karten 373—375. — 373: *Crepis paludosa* (L.) Moench — 374: *Hieracium* spp. — 375: *Hieracium umbellatum* L.

Landstrassenrand nahe an der Südgrenze des Nationalparks. — (AHTI & HÄMET-AHTI 1971: Biologische Forschungsanstalt.)

Hüllblätter schwarz bis hellbraun behaart, Köpfchenstiele schwach gegabelt und Köpfchen gross. AHTI & HÄMET-AHTI (1971: 83) haben in Kuusamo eine Form mit kahlen Hüllblättern gefunden, die sie für spontan halten. Im Nationalpark kommt diese Form nicht vor; die Art ist ein Ankömmling. Alle Standorte stark vom Menschen umgewandelt, ausser am Ollilanjärvi, und auch dort Bauernhöfe am Ufer gegenüber. Alle Vorkommen spärlich aber lebenskräftig und offenbar zu längerem Fortdauern fähig. Im Oulankajoki-Pjaozero-Gebiet völlig eingebürgerter Ankömmling (SÖYRINKI 1956: 37, 58).

Sonchus cf. *asper* (L.) Hill — Karte 80.

Rr (1): *347'* Hof der Biologischen Forschungsanstalt, unter Ziersträuchern im Sommer 1971, pcc und steril.

Zufällig. Vorher nicht in Kuusamo angetroffen; im Oulankajoki-Pjaozero-Gebiet zufällig (SÖYRINKI 1956: 38, 63).

Lactuca sibirica (L.) Maxim. (*Mulgedium sibiricum* (L.) Cass. ex Less.) — Karte 371.

Rr (4): *81'* Ufer des Vasajängänoja nahe an der Bachmündung, pc; *124* Uferwiese am Oulankajoki an der Mündung des Puikko-oja, pc; *173* Ufer des Aventojoki an der Mündung des Räkkälammenpuro, pc; *236'* Ufer des Aventojoki beim Kapustalampi, pc.

Vorher nicht vom Nationalpark bekannt.

Feuchte Uferhaine, ausser auf Quadrat *124* an der Stelle eines ehemaligen Heuschobers. Blüht ziemlich spät (am 12. VIII. 1970 auf *124* in der Blüte) und spärlich (auf *173* und *236* steril).

Auf *124* apophytisch (vgl. SÖYRINKI 1956: 38, 54).

Cicerbita alpina (L.) Wallr. (*Lactuca a.* (L.) A. Gray, *Mulgedium alpinum* (L.) Less.) — Karte 371.

R (12): *249, 299, 303, 326, 343, 344, 362, 363, 377, 382, 383, 439.* — (HÄLLSTRÖM 1915: Kiutavaara; HJELT 1926: Kiutavaara; Tulilammenpuro.) — Herb.: OULU und TUR (PJ 1949: Tulilammenpuro).

Nach HÄLLSTRÖM (1915) und HJELT (1926) auch südlich von den Ansalammit, aber offenbar ausserhalb des Nationalparks.

Auf Quadrat *249* am Oulankajoki in einer bebuschten Uferwiese, am Tulilammenpuro auf *377* in einem üppigen Farnhain. Die übrigen Standorte bruch- bzw. hainartige Senken an Berghängen, wo *Cornus suecica* gewöhnlicher Begleiter mit u.a. *Athyrium filix-femina, Thelypteris phegopteris, Gymnocarpium dryopteris, Listera cordata, Carex loliacea, Saussurea alpina* und *Crepis paludosa.*

Nach PESOLA (1928: 159) schwach kalkliebend. Hauptsächlich aber im Quarzitgebiet von Kiutavaara; in Senken des abschüssigen Geländes die Wurzeln offenbar in Berührung mit Wasserströmungen (vgl. SÖYRINKI 1956: 38; RINTANEN 1967: 206).

Taraxacum spp. — Karte 372.

St fq (189).

Die häufigsten Arten sind *T.* (*Spectabilia*) *sagittifolium* H. Lindb. fil. (8 Proben) und *T.* (*Boreigena*) *kuusamoënse* H. Lindb. fil. & Palmgren (6 Proben). Diese dürften im ganzen Gebiet häufig sein. Auch *T.* (*Spectabilia*) *croceum* Dahlst. agg. (2 Proben) mag gewöhnlich sein.

Eine Probe wurde gesammelt von:

T (*Vulgaria*) *remotijugum* H.Lindb.fil.: *321'* Ufer des Hipajärvi.

T. (*Vulgaria*) *remotilobum* Dahlst.: *331'* Müllabladestelle der Försterei.

Frühere Herbarienproben gibt es von:

T. croceum Dahlst. OULU (YV 1949: Lippihetteenpuro)

T. (*Boreigena*) *rubrolineatum* H.Lind.fil. OULU (EB 1958: Taivalköngäs).

Frische und trockene Uferwiesen, Uferböschungen und -Gebüsche. Hier und da in frischen *Geranium-Dryopteris*-Typ- und feuchten *Geranium-Filipendula*-Typ-Hainen, spärlich in dünntorfigen eutrophen Mooren: *Sphagnum warnstorfii* -Braunmoore, Braunmoor-Reisermoore, Braunmoorbrücher und Hainbrücher.

Die Verbreitung folgt fast einheitlich den Ufern der Flüsse und Bäche, zahlreiche Vorkommen auch an eutrophen Hängen des Liikasenvaara und Ampumavaara.

In der Hauptsache ursprünglich. Apophytisch an gemähten Ufern; an stark kulturbeeinflussten Standorten offenbar auch Ankömmlinge, wie *T. remotilobum.*

Lapsana communis L. — Karte 80.

Rr (1): *347* Biologische Forschungsanstalt, unter Ziersträuchern, pcc im J. 1971.

Zufällig. Vorher nicht vom Nationalpark angegeben. In Kuusamo zufällig (AHTI & HÄMET-AHTI 1971: 83).

Crepis paludosa (L.) Moench — Karte 373.

St fq (219). — (BACKMAN 1902, 1908; PESOLA 1934 a, 1955 b; VR 1937; SALMINEN 1960; UOTILA 1960; KANGAS 1969; SAARI 1973.)

In Nord- und Westteilen in feuchten Uferböschungen und Wiesenrändern der Flüsse und Bäche. Im Osten, wo die Ufer meistens zu karg und trocken, häufig in *Sphagnum warnstorfii-* und *Campylium stellatum* -Braunmooren, Braunmoor-Reisermooren, Braunmoorbrüchern und Hainbrüchern, seltener in Gras- und Krautbrüchern. Ferner an Ufern der Quellen und Quellbäche und in feuchten Hainen vom *Geranium-Filipendula*-Typ, seltener in frischen Hainen vom *Geranium-Dryopteris*-Typ (vgl. SÖYRINKI *et al.* 1977). Begleiter z.B. *Geum rivale, Angelica sylvestris, Bartsia alpina, Cirsium helenioides* und *Saussurea alpina.*

Anhäufungen in fruchtbaren Gebieten: nordwestlich von den Onkilammit, nördlich von den Kiekerölammit, Soidinsuo-Puukkorinne, Ampumavaara-Liikasenvaara und Merioja-Ansavuoma. Nach PESOLA (1928: 158) kalkliebend, braucht nach KUJALA (1964: 96) Feuchtigkeit und reichen Nährboden (vgl. KOTILAINEN 1927: 52, 1951: 148—149; BRENNER 1931: 161; PANKAKOSKI 1939: 124—125; SÖYRINKI 1956: 38).

Crepis tectorum L. ssp. *tectorum* — Karte 363.

Rr (3): *347* Landstrassenrand bei der Oulankajoki-Brücke; *365* und *366* Landstrassenrand 200 bzw. 300 m S von der Oulankajoki-Brücke. — (NISKASAARI 1956: bei der Fähre am Kiutaköngäs = Quadrat *347*.)

Ankömmling. Nach dem Fund von NISKASAARI (1956) verschwunden, bis im Sommer 1974 nach den Brückenbauarbeiten auf allen drei Quadraten erschien. In Kuusamo ein völlig eingebürgerter Ankömmling (AHTI & HÄMET-AHTI 1971: 84), ebenso im Oulankajoki-Pjaozero-Gebiet (SÖYRINKI 1956: 38, 58).

Crepis tectorum L. ssp. *nigrescens* (Pohle) P.D. Sell — Karte 370.

Rr (2): *97.'* und *107.'* Oulankankanjoni, sp. — (BACKMAN 1902: beim Savilampi = offenbar Oulankankanjoni); PESOLA 1934 b und VR 1937: Oulankajoki NE vom Savilampi.) — Herb.: TUR (AV 1949: Oulankankanjoni).

Unterscheidet sich in vieler Hinsicht von der ssp. *tectorum* (vgl. AHTI & HÄMET-AHTI 1971: 84): Drüsenhaare der Hüllblätter fehlen fast ganz, Hüllblätter länger und dunkel behaart, Köpfe länger, Wuchs niedriger, Blätter breit und oft stark gezähnt. Vom Wurzelende beginnend verzweigt, und die untersten Zweige länger als die obersten. In den russischen Floren (vgl. Fl. SSSR IX, 1960; Fl. Murmanskoy V, 1966) als Art (*C. nigrescens* Pohle).

Nur im Oulankankanjoni in Spalten und auf Terrassen südwärts geneigter Felswände.

Der nächste Fundort dieser Unterart arktischen Charakters beim Paanajärvi (WAINIO 1878: XXV).

Hieracium spp. (non *H. umbellatum*) — Karte 374.

Fqq (349).

Häufig an Ufern und in Hainwäldern, in Heidewäldern da und dort, in Braunmoor-Reisermooren, fruchtbaren Bruchmooren und Bültenflächen der Braunmoore, auf Felsen und von Kultur umgestalteten Standorten.

Fehlen nur in am stärksten versumpften und ärmsten Gebieten. Die weitesten Lücken in den Mooren von Salla und bei Isojärvi-Syvälampi.

Apophytisch an gemähten Ufern, bei der Biologischen Forschungsanstalt und Kiutaköngäs, sowie an der Landstrasse (vgl. AHTI & HÄMET-AHTI 1971: 84—85).

Das Vorkommen folgender *Hieracium*-Gruppen durch Proben festgestellt:

Pilosella-Gruppe (offenbar selten): *333.'* halboffener, hainartiger Hang.

Piloselloidea-Gruppe (ziemlich selten, nur an Ufern und auf Felsen): *97.'* Oulankankanjoni, am Fusse der Felswand; *137.'* Oulankajoki, mässig trockene Uferwiese; *333.'* ziemlich trockener S-Felshang.

Silvaticiformia-Gruppe: *81.' 99.' 175.' 246.' 258.' 333.' 339.' 351.'* und *354.'* — Wälder, dünntorfige eutrophe Moore, Ufer und Felsen.

Vulgata-Gruppe: *26.' 73.' 81.' 97.' 99.' 107.' 137.' 330.'* und *333.'* — Standorte wie bei voriger Gruppe.

Rigida-Gruppe: *96.'* Oulankankanjoni, Felshang; *128.'* Puikko-oja, Überschwemmungswiese; *137.'* Oulankajoki, trockene Uferwiese; *429.'* Flussufer. — Offenbar ziemlich häufig am Oulankajoki.

Hieracium umbellatum L. — Karte 375.

St r (45). — Proben: *329.'* — Möglicherweise einige Arten zur *Rigida*-Gruppe zugerechnet.

Ufer, besonders trockene Uferwiesen, Uferböschungen und Uferfelsen (vgl. AHTI & HÄMET-AHTI 1971: 85; SÖYRINKI 1956: 38).

Danksagungen. Beim Bestimmen kritischer Pflanzenproben haben die folgenden Spezialisten wertvolle Hilfe geleistet: Prof. Dr. JAAKKO JALAS, Prof. Dr. AARNO KALELA (†) (*Carex brunnescens*), Hilfsprof. Dr. LEENA HÄMET-AHTI (*Luzula*), Dr. MARJATTA AALTO, Dr. TEUVO AHTI, Mag. RAGNAR BÄCK (*Taraxacum*), Dr. LARS FAGERSTRÖM (*Carices fulvellae* ausser *C. flava, Ranunculus auricomus, R. monophyllus, Hieracium*), Lic. UNTO LAINE (*Gymnocarpium heterosporum, G. robertianum*), Dr. ILKKA KYTÖVUORI (*Epilobium*), Mag. LIISA MÄKELÄ (*Erigeron*), Dr. JUHA SUOMINEN, Lic. TAUNO ULVINEN (*Navarretia intertexta*; Nachprüfung aller Pflanzenproben), Dr. PERTTI UOTILA (*Sparganium*-Hybriden) und Dr. KARL-GUSTAV WIDÉN (*Agrostis*-Hybriden, *A. gigantea, A. stolonifera*).

Hilfsprof. Dr. SEPPO EUROLA hat so wie viele von den obengenannten Auskünfte über die botanischen Exkursionen im Nationalpark Oulanka gegeben.

Das freundliche Entgegenkommen des Personals der Biologischen Forschungsanstalt Oulanka der Universität Oulu hat zur Überwindung vieler praktischer Schwierigkeiten beigetragen. Es seien besonders genannt Prof. Dr. PAAVO J. HAVAS, Hilfsprofessor Dr. YRJÖ VASARI, Dr. JUHA VIRAMO, Mag. ERKKI MÄENPÄÄ und Hausmeister TAUNO SILLANPÄÄ. Dr. VIRAMO hat auch für das Reinzeichnen der Arealkarten gesorgt.

Die Feldarbeiten wurden mit Hilfe der finanziellen Unterstützung der Finnischen Akademie (der Staatlichen Naturwissenschaftlichen Kommission) durchgeführt.

Den obengenannten ebenso wie allen anderen, die bei dieser Arbeit mitgeholfen haben, wird ein verbindlicher Dank abgestattet.

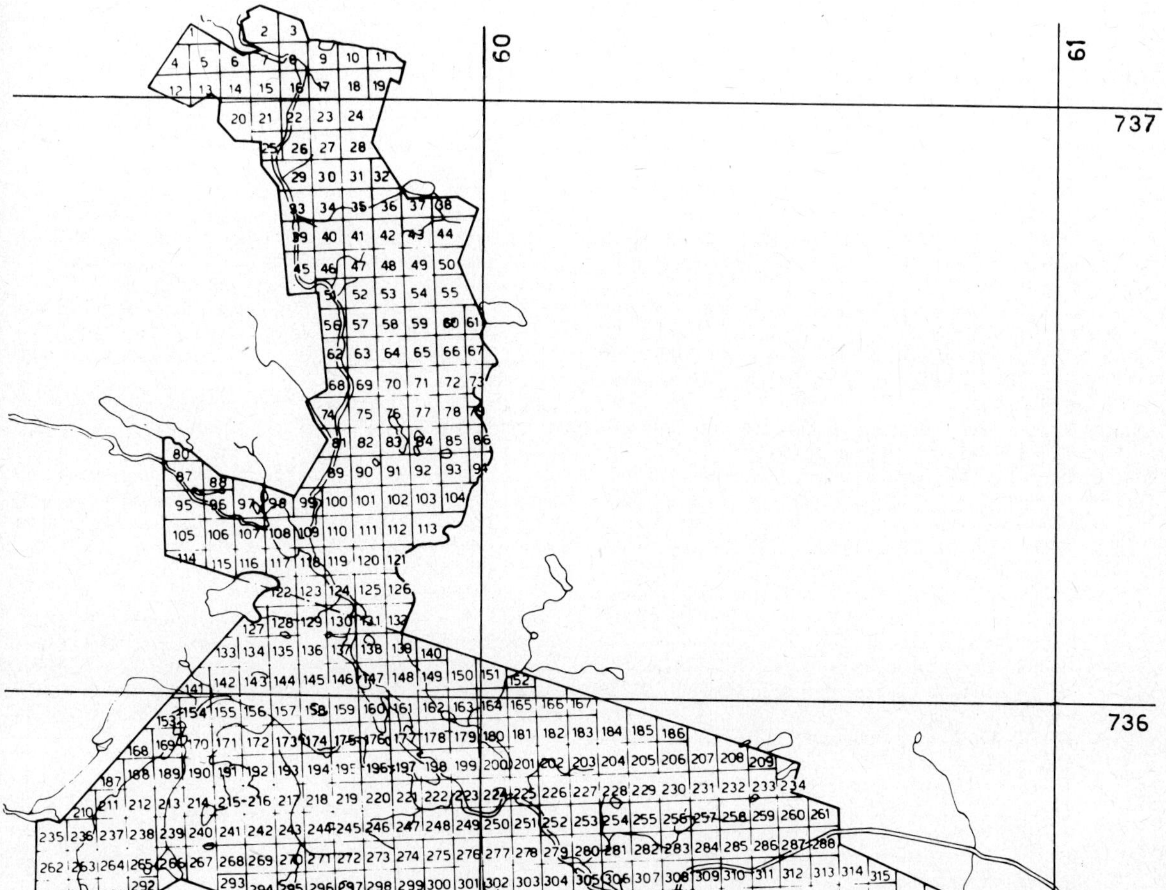

Karte 376. Nationalpark Oulanka. Nummern der Quadrate von $^1/_4$ Quadratkilometer (= Punkte in den Arealkarten 1—375).

Literatur

AALTONEN, V. T. 1925: Über den Aziditätsgrad (pH) des Waldbodens. — Comm. Inst. Quaest. Forest. Finlandiae 9 (6): 1—49.

AARIO, L. 1933: Vegetation und postglaziale Geschichte des Nurmijärvi-Sees. — Ann. Bot. Soc. "Vanamo" 3 (2): 1—132.

AARNIO, B. 1931: Viljelysmaiden rikkaruohojen suhde maan reaktioon. (Summary: The dependence of weeds upon the reaction of soil.) — Maataloustiet. Aikak. 3: 117—121.

AHTI, T. 1962: On the taxonomy of Erysimum cheiranthoides L. (Cruciferae). — Arch. Soc. "Vanamo" 16 (1): 22—35.

AHTI, T. & HÄMET-AHTI, L. 1971: Hemerophilous flora of the Kuusamo district, northeast Finland, and the adjacent part of Karelia, and its origin. — Ann. Bot. Fennici 8: 1—91.

AHTI, T., HÄMET-AHTI, L. & JALAS, J. 1964: Luoteis-Euroopan kasvillisuusvyöhykkeistä ja kasvillisuusalueista. — Luonnon Tutkija 68: 1—28.

—»— 1968: Vegetation zones and their sections in northwestern Europe. — Ann. Bot. Fennici 5: 169—211.

AIRAKSINEN, K. 1919: Lapin kuruista. — Luonnon Ystävä 23: 100—107.

ALM, C. & KOTILAINEN, M. J. 1933: Über die Verbreitung von Carex laxa Wg. — Ann. Bot. Soc. "Vanamo" 4 (2): 1—35.

ALMQUIST, E. 1929: Upplands vegetation och flora. — Acta Phytogeogr. Suecica 1: 1—622.

AUER, A. V. 1938: Kasvistollisia havaintoja Pohjois-Suomesta II. — Memoranda Soc. Fauna Flora Fennica 14: 110—123.

—»— 1942: Täydentäviä tietoja Kuusamon lehtisammalkasvistosta. — (Referat: Ergänzende Beiträge zur Laubmoosflora des Kuusamo-Gebietes.) — Ann. Bot. Soc. "Vanamo" 16 (Notulae Botanicae 12): 34—46.

—»— 1944 a: Kasvistollisia havaintoja Pohjois-Suomesta III. — Memoranda Soc. Fauna Flora Fennica 19: 44—57.

—»— 1944 b: Kuusamon maksasammalkasviston aineistoa. (Referat: Materialen zu einer Lebermoosflora des Kuusamo-Gebietes.) — Ann. Bot. Soc. "Vanamo" 21: 1—47.

AUER, V. 1923 a: Suotutkimuksia Kuusamon ja Kuolajärven vaara-alueilta. (Referat: Moorforschungen in den Vaaragebieten von Kuusamo und Kuolajärvi.) — Comm. Inst. Quaest. Forest. Finlandiae 6 (1): 1—368.

—»— 1923 b: Phragmites communis (L.) auf den Mooren von Kuusamo und Kuolajärvi. — Ann. Soc. "Vanamo" 1 (9): 305—320.

BACKMAN, A. L. 1902, 1902—1903, 1908: Floristiska anteckningar från Kuusamo. — Manuskripte. Bot. Inst. Univ. Helsinki.

—»— 1903: En botanisk resa i Kuusamo sommaren 1902. — Medd. Soc. Fauna Flora Fennica 29: 111—117.

—»— 1909: En botanisk resa i norra Kuusamo sommaren 1908. — Medd. Soc. Fauna Flora Fennica 35: 197—202.

—»— 1913—1914: Floristiska meddelanden från Kuusamo. — Medd. Soc. Fauna Flora Fennica 40: 159—161.

BJÖRKMAN, S. 1947: Melandrium angustiflorum (Rupr.) Walp. anträffad i Muddus nationalpark. — Svensk Bot. Tidskr. 41: 309—311.

BORG, P. J. V. 1971: Ecology of Equisetum palustre in Finland, with special reference to its role as a noxious weed. — Ann. Bot. Fennici 8 (2): 93—141.

BR (Biologen-Expedition) 1955: Kasvistollisia havaintoja Kuusamosta ja Sallasta. — Manuskript. Bot. Inst. Univ. Helsinki.

BRENNER, W. 1931: Über das Verhalten einiger nordischen Pflanzen zur Bodenreaktion. — Svensk Bot. Tidskr. 25: 147—173.

BROTHERUS, V. F. 1878: Kasvistollisia havaintoja Kuusamosta. — Manuskript. Bot. Inst. Univ. Helsinki.

—»— 1909: Muistelmia käynnistä Juuman kalliolaaksoissa. — Luonnon Ystävä 13: 101—103.

CAJANDER (KALELA), A. 1935: Über die fennoskandischen Formen der Kollektivart Carex polygama Schkuhr. — Ann. Bot. Soc. "Vanamo" 5 (5): 1—117.

EKLUND, O. 1958: Die Gefässpflanzenflora beiderseits Skiftet im Schärenarchipel Südwestfinnlands. — Bidrag till Kännedom af Finlands Natur och Folk 101: 1—321.

ERKAMO, V. 1939: Ruutumenetelmästä kasvistollisessa tutkimustyössämme. — Luonnon Ystävä 43: 62—68, 97—107.

ERVI, L. O. & SÅLTIN, H. 1953: Kangasraunikin, Gypsophila fastigiata L., esiintymisestä Satakunnassa. (Referat: Über das Vorkommen von Gypsophila fastigiata L. in der Provinz Satakunta im südwestlichen Finnland.) — Arch. Soc. "Vanamo" 8: 105—109.

EUROLA, S. 1962: Über die regionale Einteilung der südfinnischen Moore. — Ann. Bot. Soc. "Vanamo" 33 (2): 1—243.

—»— 1967: Über die Vegetation der Alluvialwiesen im Gebiet der geplanten Stauseen von Lokka und Porttipahta im Finnischen Lappland. — Aquilo, Ser. Bot. 5: 1—119.

EUROLA, S. & RUUHIJÄRVI, R. 1961: Über die regionale Einteilung der finnischen Moore. — Arch. Soc. "Vanamo" 16 (suppl.): 49—63.

Flora Europaea 1—4. 1964—1976. — 464, 455, 370 & 505 pp. Cambridge.

Flora Murmanskoy oblasti. I—VI. 1953—1966. — Moskva & Leningrad.

FORTELIUS, O. 1925: Några växtfynd från Kuusamo sommaren 1922. — Medd. Soc. Fauna Flora Fennica 49: 11—14.

GRANÖ, J. G. 1952: Land forms and relief. — Suomi, a general handbook on the geography of Finland. — Fennia 72: 74—99.

HACKMAN, V. & WILKMAN, W. 1929: Suomen geologinen yleiskartta, kivilajikartan selitys. Lehti D 6 Kuolajärvi. — 142 pp. Helsinki.

HÄLLSTRÖM af, E. 1915: Luettelo lohkaistavaksi ehdotetun Oulangan Luonnonpuiston kasveista. — Manuskript. Bot. Inst. Univ. Oulu.

HÄLLSTRÖM af, E. 1949: Luettelo Kuusamon alueen (Ks) huomattavimmista putkilokasveista ja niiden löytöpaikoista. — Manuskript. Bot. Inst. Univ. Helsinki.

HÄMET, R.-L. 1956: Eräiden eteläisten lajien esiintymisestä Kuusamossa. (Referat: Über das Auftreten einiger südlichen Pflanzenarten in Kuusamo, Nordfinnland). — Arch. Soc. "Vanamo" 10 (1): 60—63.

HÄMET-AHTI, L. 1967: Tripleurospermum (Compositae) in the northern parts of Scandinavia, Finland and Russia. — Acta Bot. Fennica 75: 1—19.

HÄMET-AHTI, L., JALAS, J. & ULVINEN, T. 1977: Suomen alkuperäiset ja vakiintuneet putkilokasvit. — Helsingin yliopiston kasvitieteen laitoksen monisteita 44. — Helsinki.

HÄNNINEN, K. 1915: Drumlinimaisemien järvistä ja reiteistä Oulankajoen alueella Kuusamossa. (Referat: Über die Seen und Seeketten der Drumlinlandschaften im Gebiet des Flusses Oulankajoki, Kirchspiel Kuusamo (Finnland.)) — Maant. Yhd. Julk. 11: 1—153.

HAVAS, P. 1961: Vegetation und Ökologie der ostfinnischen Hangmoore. — Ann. Bot. Soc. "Vanamo" 31 (2): 1—188.

—»— 1965: Pflanzenökologische Untersuchungen im Winter. I. Zur Bedeutung der Schneedecke für das Überwintern von Heidel- und Preisselbeere. — Aquilo, Ser. Bot. 4: 1—36.

HÄYRINEN, U. & RUUHIJÄRVI, R. 1968: Pohjois-Suomen nykyisten kansallispuistojen laajentamista ja eräiden uusien puistojen perustamista koskeva suunnitelma. — Suomen Luonto 1968: 82—91.

HEIKINHEIMO, O. & RAATIKAINEN, M. 1971: Paikan ilmoittaminen Suomesta talletetuissa biologisissa aineistoissa. — Ann. Ent. Fennici 37 (1a): 1—27.

HEIKURA, M. 1970: Erilaisten kallioiden ekologiasta ja kasvistosta. — Manuskript. Bot. Inst. Univ. Oulu.

HERLIN, N. 1944: Beitrag zur Kenntniss der Flora in der Provinz Karelia keretina in Ost-Karelien. — Memoranda Soc. Fauna Flora Fennica 19: 91—103.

HIITONEN, I. 1933: Suomen Kasvio. — 771 pp. Helsinki.

—»— 1944: Poa glauca Vahl Kuhmoisissa (Ta). (Referat: Poa glauca Vahl in Kuhmoinen (Ta) gefunden.) — Memoranda Soc. Fauna Flora Fennica 19: 200—206.

—»— 1947: Katsaus Potentilla nivean muotoihin ja sekamuotoihin Itä-Fennoskandiassa. (Referat: Über die ostfennoskandischen Formen und Bastarde der Kollektivart Potentilla nivea L.) — Memoranda Soc. Fauna Flora Fennica 23: 143—145.

—»— 1949: Über die fennoskandischen Formen und Bastarde der Kollektivart Potentilla nivea L. nebst Erörterung einiger anderen Arten der Nivea-Gruppe. — Arch. Soc. "Vanamo" 2: 23—33.

HIRN, K. E. 1894: Om växtfynd i Kuusamo. — Medd. Soc. Fauna Flora Fennica 20: 7—9.

HJELT, Hj. 1888—1926: Conspectus Florae Fennicae. I—VII. — Acta Soc. Fauna Flora Fennica 5: 1—554, 21: 1—261, 30: 1—410, 35: 1—411, 41: 1—502, 51: 1—450, 54: 1—397.

HULKKONEN, O. 1929: Laiduntamisen vaikutuksesta kasvillisuuteen eräissä Laatokan maatuvissa lahdekkeissa. — Turun Ylioppilas 1: 205—218.

HULT, R. 1898: Växtgeografiska anteckningar från den Finska Lappmarkens skogsregioner. — Acta Soc. Fauna Flora Fennica 16 (2): 1—200.

HULTÉN, E. 1945: Studies in the Potentilla nivea group. — Bot. Not. 1945: 127—148.

—»— 1971: Atlas över växternas utbredning i Norden. Andra upplagan. — 56 + 531 pp. Stockholm.

HYLANDER, N. 1953, 1966: Nordisk kärlväxtflora omfattande Sveriges, Norges, Danmarks, Östfennoskandias, Islands och Färöarnas kärlkryptogamer och fanerogamer. I—II. — 15 + 392 & 11 + 455 pp. Stockholm.

—»— 1955: Förteckning över Nordens växter utgiven av Lunds Botaniska Förening. 1. Kärlväxter (4. ed.). — 175 pp. Lund.

HYVÄRINEN, H. 1975: Myöhäisjääkauden Fennoskandia -käsityksiä ennen ja nyt. (Summary: Lateglacial palaeogreography of Fennoscandia.) — Terra 87: 155—166.

Ilmatieteen laitos 1971: Kuukausikatsaukset Suomen sääoloihin.

ILVESSALO, Y. 1960: Soiden esiintyminen Suomessa. — Suo 11: 55—62.

IVERSEN, J. 1941: Landnamn in Danmarks stenalder. En pollenanalytisk undersøgelse over det første landbruks indvirkning paa vegetationsudviklingen. (Land occupation in Denmark's Stone Age. A pollen-analytical study of the influence of farmer culture on the vegetational development.) — Danmarks Geologiske Undersøgelse. II. Raekke 66: 1—68 + tavle I—IX.

JAHKOLA, M. 1959: Kaksi kasvistohavaintoa Pohjois-Kuusamosta. — Luonnon Tutkija 63: 92.

JALAS, J. 1947: Zur Systematik und Verbreitung der fennoskandischen Formen der Kollektivart Thymus Serpyllum L., em. Fr. — Acta Bot. Fennica 39: 1—192.

—»— 1950: Zur Kausalanalyse der Verbreitung einiger nordischen Os- und Sandpflanzen. — Ann. Bot. Soc. "Vanamo" 24 (1): 1—362.

—»— (Edit.) 1958, 1965: Suuri Kasvikirja. I—II. — 851 & 893 pp. Helsinki — Keuruu.

JALAS, J. & HIRVELÄ, U. 1964: Notes on the taxonomy and leaf anatomy of Carex elata All., C. omskiana Meinsh. and C. × turfosa Fr. — Ann. Bot. Fennici 1: 47—54.

JALAS, J. & SUOMINEN, J. (edit.) 1972—76: Atlas Florae Europaeae. Distribution of vascular plants in Europe. 1 Pteridophyta. 2 Gymnospermae. 3 Salicaceae to Balanophoraceae. — 121, 40 & 128 pp. Helsinki.

JÄRNEFELT, H. 1952: Limnological classification of lakes. — Suomi, a general handbook on the geography of Finland. — Fennia 72: 202—208.

JOKELA, P. & ULVINEN, T. 1963: Carex atrata L. in Kuusamo, Nordfinnland, gefunden. — Aquilo, Ser. Bot. 1: 59—60.

JONSELL, B. 1968: Studies in the North-West European species of Rorippa s.str. — Symbolae Bot. Upsalienses 19 (2): 1—221.

KALELA, A. 1940: Ranunculus borealis Trautv. in Finnland. — Ann. Bot. Soc. "Vanamo" 14 (2): 1—8.

—»— 1943: Die Ostgrenze Fennoskadiens in pflanzengeographischer Beziehung. — Veröff. Geobot. Inst. Rübel, Zürich, 20: 1—68.

KALELA, A. 1958: Über die Waldvegetationszonen Finnlands. — Bot. Not. 111: (1): 353—368.
—»— 1959: Om Finlands skogsvegetationszoner. — Soc. Scient. Fennica Årsb. 37 B (6): 1—19.
—»— 1961 a: Maamme kasviston pohjoiset ainekset. — Oma Maa IX: 306—331. Porvoo.
—»— 1961 b: Maamme eteläinen kasvistoaines. — Oma Maa IX: 426—450. Porvoo.
—»— 1965: Über die Kollektivart Carex brunnescens (Pers.) Poir. — Ann. Bot. Fennici 2: 174—218.
KALLIO, P., LAINE, U. & MÄKINEN, Y. 1969, 1971: Vascular Flora of Inari Lapland. 1. Introduction and Lycopodiaceae — Polypodiaceae. 2. Pinaceae and Cupressaceae. — Rep. Kevo Subarctic Res. Stat. 5: 1—108 und 8: 73—100.
KALLIO, P. & MÄKINEN, Y. 1975: Vascular Flora of Inari Lapland. 3. Salicaceae. — Rep. Kevo Subarctic Res. Stat. 12: 66—105.
KALLIO, P. & NIKOSKELAINEN, R. 1954: Kasvistollisia havaintoja Pohjois-Karjalasta. (Summary: Floristic notes from North Karelia.) — Arch. Soc. "Vanamo" 9: 135—145.
KALLIOLA, R. 1939: Pflanzensoziologische Untersuchungen in der alpinen Stufe Finnisch-Lapplands. — Ann. Bot. Soc. "Vanamo" 13 (2): 1—321.
KANGAS, E. 1969: Puronvarsien putkilokasvilajistosta Kiuruveden putousnotkossa ja Ampumavaaran lähdepuron varsilla Kuusamossa, Oulangan kansallispuistossa. — Manuskript. Bot. Inst. Univ. Oulu.
Kansallispuistokomitean mietintö. — Komiteanmietintö 1976: 88. Helsinki.
KELLOMÄKI, E. 1972: Oulangan-Juuman luonnonsuojelualuehankkeet. — Suomen Luonto 1972: 128—129.
KERÄNEN, J. 1942: Lämpötalous ja lämpötila maatalousilmastollisina tekijöinä Suomessa. — Terra 54: 132—151
KIHLMAN, A. O. 1894: Förekomsten af Dryas i Kuusamo. — Medd. Soc. Fauna Flora Fennica 20: 50—51.
KIISTALA, U. & JAHKOLA, M. 1958: Kasvistotietoja Kuusamosta ja Sallasta. — Manuskript. Bot. Inst. Univ. Helsinki.
KLOCKARS, G. & LUTHER, H. 1938: Floristiska iakttagelser i Li, Viibus-Maarestatunturiområdet. — Memoranda Soc. Fauna Flora Fennica 14: 45—54.
KNABEN, G. & ENGELSKJÖN, T. 1967: Chromosome numbers of Scandinavian arctic-alpine plant species II. — Acta Borealia (A)21: 1—57.
KOTILAINEN, M. J. 1927: Untersuchungen über die Beziehungen zwischen der Pflanzendecke der Moore und der Beschaffenheit, besonders der Reaktion des Torfbodens. — Wiss. Veröff. Finn. Moorkulturv. 7: 1—219.
—»— 1933: Zur Frage der pH-Amplitude einiger Moorpflanzen. — Wiss. Veröff. Finn. Moorkulturv. 13. 1—31.
—»— [1936—1938: Kobresia caricina, Suomelle uusi sarakasvi. — Memoranda Soc. Fauna Flora Fennica 13: 92.]
—»— 1937: Eräitä tutkimustuloksia Kuusamon alueen kasvimaantieteestä. — Manuskript. Bot. Inst. Univ. Helsinki.
—»— 1944: Kasvit erikoislaatuisen substraatin indikaattoreina. — Soc. Scient. Fenn. Vuosikirja XXII B (6): 1—18.
—»— 1947: Mielenkiintoisin kasvilöytöni. — Suomen Luonto 6: 26—32.
—»— 1949 a: Über Fjeldpflanzen als Kulturbegleiter. — Arch. Soc. "Vanamo" 3: 102—114.
—»— 1949 b: Lassen sich in der Standortswahl der Pflanzen regionale Züge feststellen? — Arch. Soc. "Vanamo" 3: 114—120.
—»— 1949 c: Salix pyrolifolia Led. in Tervola (Ob). — Arch. Soc. "Vanamo" 3: 125—130.
—»— 1950: Pohjois-Suomen soiden viljelyskelpoisuustutkimuksissa vv. 1923—1943 kertyneistä suokasviston levinneisyyttä koskevista tuloksista. — Oulun Luonnonyst. Yhd. Julk. AI (3): 1—39.
—»— 1951: Über die Verbreitung der meso-eutrophen Moorpflanzen in Nordfinnland. — Wiss. Veröff. Finn. Moorkulturv. 19: 1—162.
—»— 1954: Den enda säkra växtplatsen för Kobresia simpliciuscula (Wahlenb.) Mack. i Fennoskandia orientalis. — Svensk Bot. Tidskr. 48: 19—30.
—»— 1958: Einige Ausbreitungsprobleme der Weiden, besonders der Salix pyrolifolia Led. — Bot. Not. 111: 342—352.
KUJALA, V. 1921: Havaintoja Kuusamon ja sen eteläpuoleisten kuusimetsäalueiden metsä- ja suotyypeistä. (Referat: Beobachtungen über die Wald- und Moortypen von Kuusamo und der südlich von dort gelegenen Fichtenwaldgebiete.) — Acta Forest. Fennica 18 (5): 1—68.
—»— 1926 a: Untersuchungen über die Waldvegetation in Süd- und Mittelfinnland. I. Zur Kenntnis des ökologisch-biologischen Charakters der Pflanzenarten unter spezieller Berücksichtigung der Bildung von Pflanzenvereinen. A. Gefässpflanzen. — Comm. Inst. Quaest. Forest. Finlandiae 10 (1): 1—154.
—»— 1926 b: Untersuchungen über den Einfluss von Waldbränden auf die Waldvegetation in Nord-Finnland. — Comm. Inst. Quaest. Forest. Finlandiae 10 (5): 1—41.
—»— 1936: Tutkimuksia Keski- ja Pohjois-Suomen välisestä kasvillisuusrajasta (Referat: Über die Vegetationsgrenze von Mittel- und Nordfinnland.) — Comm. Inst. Quaest. Forest. Finlandiae 22 (4): 1—95.
—»— 1964: Metsä- ja suokasvilajien levinneisyys- ja yleisyyssuhteista Suomessa. Vuosina 1951—1953 suoritetun valtakunnan metsien III linja-arvioinnin tuloksia. (Referat: Über die Frequenzverhältnisse der Wald- und Moorpflanzen in Finnland. Ergebnisse der III Reichwaldabschätzung 1951—1953.) — Comm. Inst. Forest. Fenniae 59 (1): 1—137 + 196 Karten.
KUKKONEN, I. 1964: The area of Silene rupestris L. in Finnland and its dependence on ecological and historical factors. — Ann. Bot. Fennici 1: 110—124.
KURIMO, U. 1970: Effect of pollution on the aquatic macroflora of the Varkaus area, Finnish Lake District. — Ann. Bot. Fennici 7: 213—254.
—»— 1975: Vesikasvit kertovat vesien tilasta. (Summary: Plant life as an indicator of water pollution.) — Suomen Luonto 34: 268—273, 310.
Kuusamon vesistökomitean mietintö. — Komiteanmietintö 1969: A 2. Helsinki.
KYTÖVUORI, I. 1969: Epilobium davuricum Fisch.

(Onagraceae) in Eastern Fennoskandia compared with E. palustre L. A morphological, ecological and distributional study. — Ann. Bot. Fennici 6: 35—58.

KYTÖVUORI, I. 1972: The Alpinae group of the genus Epilobium in northernmost Fennoscandia. A morphological, taxonomical and ecological study. — Ann. Bot. Fennici 9: 163—203.

—»— 1976: Biosystematics of the Epilobium groups Alpinae and Palustriformes (Onagraceae). I. Dwarfism in crosses of the Fennoscandian species. — Ann. Bot. Fennici 13: 69—96.

—»— 1979: Biosystematics and taxonomy of Epilobium laestadii sp. nova (Onagraceae) in Fennoscandia. — Ann. Bot. Fennici 16: 193—207.

KYTÖVUORI, I. & SUOMINEN, J. 1967: The flora of Ikkalanniemi (Commune of Virrat, Central Finland), studied independently by two persons. — Acta Bot. Fennica 74: 1—59.

KYYHKYNEN, O. 1916: Kokemuksia kasvienkeräilyssä. — Luonnon Ystävä 20: 93—102.

—»— 1923: Metsänemä (Epipogon aphyllus). — Luonnon Ystävä 27: 1—5.

LAGUS, E. 1772: Utdrag af en Beskrifning öfver Kusamo socken i Kemi Lappmark. — Kongl. Sv. Vetenskaps Acad. Handl. 33: 17—28, 222—235, 349—358.

LAINE, U., LEHMUSHOVI, A. & NURMI, J. 1974: Chromosome numbers of phanerogams in Inari Lapland and adjacent regions. — Rep. Kevo Subarctic Res. Stat. 11: 79—89.

LAINE, L., MARKLUND, G. & VASARI, Y. 1949: Kasvistomuistiinpanoja Kuusamosta. — Manuskript. Bot. Inst. Univ. Helsinki.

LINDBERG, H. 1906: Cystopteris fragilis Bernh. eu-fragilis Aschers. var. Dickieana (Sim.). — Medd. Soc. Fauna Flora Fennica 32: 21—24.

LINKOLA, K. 1916, 1921: Studien über den Einfluss der Kultur auf die Flora in den Gegenden nördlich vom Ladogasee. I. Allgemeiner Teil. — Acta Soc. Fauna Flora Fennica 45 (1): 1—429; II. Spezieller Teil. — Acta Soc. Fauna Flora Fennica 45 (2): 1—491.

—»— 1926: Suunnitelma luonnonsuojelualueiden erottamiseksi Pohjois-Suomen valtionmaille. (Referat: Entwurf zur Errichtung von Naturschutzgebieten in den Staatsländereien Nord-Finnlands.) — Silva Fennica 1: 1—57.

—»— 1933: Regionale Artenstatistik der Süsswasserflora Finnlands. — Ann. Bot. Soc. "Vanamo" 3 (5): 3—13.

—»— 1938: Laki ensimmäisistä luonnonpuistoistamme ja kansallispuistoista vahvistettu; perustettujen luonnonsuojelualueiden velvoitus meille biologeille. — Luonnon Ystävä 42: 41—53.

LUNDE, T. 1962: An investigation into the pH-amplitude of some mountain plants in the county of Troms. — Acta Borealia. A. Scientia 20: 1—105.

LUTHER, H. 1946: Salix pyrolifolia Led. i Fennoskandien. — Memoranda Soc. Fauna Flora Fennica 22: 75—84.

—»— 1951: Verbreitung und Ökologie der höheren Wasserpflanzen im Brackwasser der Ekenäs-Gegend im Südfinnland. II. Spezieller Teil. — Acta Bot. Fennica 50: 1—370.

MÄKINEN, Y. 1967: A variety of Calamagrostis lapponica in Finnish Lapland. — Bot. Not. 120: 501—503.

MARISTO, L. 1941: Die Seetypen Finnlands auf floristischer und vegetationsphysiognomischer Grundlage. — Ann. Bot. Soc. "Vanamo" 15 (5): 1—312.

MARKLUND, G. 1961: Der Ranunculus auricomus -Komplex in Finnland. I. Diagnosen und Fundortslisten einiger Sippen des R. auricomus L. coll. (s.str.). — Flora Fennica 3: 1—128 + 94 Tafeln.

—»— 1965: Der Ranunculus auricomus -Komplex in Finnland. II. Diagnosen und Fundortslisten einiger Sippen von R. fallax (W. & Gr.) Shur, R. monophyllus Ovcz. und R. cassubicus L. — Flora Fennica 4: 1—104 + 94 Tafeln.

METSÄVAINIO, K. 1931: Untersuchungen über das Wurzelsystem der Moorpflanzen. — Ann. Bot. Soc. "Vanamo" 1 (1): 1—418.

MIKKOLA, E. 1938: Ultraemäksisten kivilajien vaikutus kasvillisuuteen Lapissa. — Luonnon Ystävä 42: 21—27.

—»— 1941: Kasvistotietoja Inarin Lapista ja Saariselältä. Manuskript. Bot. Inst Univ. Helsinki.

MONTELL, J. 1898: Botaniska anteckningar under en resa till Kuusamo sommaren 1898. — Manuskript. Bot. Inst. Univ. Helsinki.

—»— 1938: Woodsia alpina (Bolt.) Gray × ilvensis (L.) R. Br. funnen i Salla (Ks). — Memoranda Soc. Fauna Flora Fennica 14: 127.

—»— 1939: Luzula pallescens (Wg.) Bess. × sudetica. (Willd.) DC. funnen i Kuusamo. — Memoranda Soc. Fauna Flora Fennica 15: 81.

—»— 1945: Achillea millefolium L. var lapponica, nova var. och f. Neumani, nova forma. — Memoranda Soc. Fauna Flora Fennica 20: 94—95.

MUUKKONEN, M., VASARI, A. & VASARI, Y. 1958: Kasvistomuistiinpanoja Kuusamosta. — Manuskript. Bot. Inst. Univ. Oulu.

NISKASAARI, K. 1956: Pohjois-Kuusamon ja Etelä-Sallan kasvistosta. — Manuskript. Bot. Inst. Univ. Helsinki.

NORDHAGEN, R. 1936 a: Skandinavias fjellflora og dens relasjoner til den siste istid. — Pohjoismainen (19. skandinaavinen) luonnontutkijain kokous Helsingissä 1936. Nordiska (19. skandinaviska) naturforskarmötet i Helsingfors 1936:93—124. — Helsinki-Helsingfors.

—»— 1936 b: Verbreitungsbiologische Studien über einige Astragalus- und Oxytropis-Arten der skandinavischen Flora. — Berichte Schweiz. Bot. Ges. 46:307—337.

NORRLIN, J. P. 1871: Flora Kareliae Onegensis. I. — Not. Sällsk. Fauna Flora Fennica Förh. 13 (ny ser. 10): 1—183.

NYGREN, A. 1946: The genesis of some Scandinavian species of Calamagrostis. — Hereditas 32: 131—262.

—»— 1948: Further studies in spontaneous and synthetic Calamagrostis purpurea. — Hereditas 34: 113—134.

—»— 1951: Form and biotype formation in Calamagrostis purpurea. — Hereditas 37: 519—532.

OINONEN, E. 1967: Sporal regeneration of bracken (Pteridium aquilinum (L.) Kuhn.) in Finland in the light of the dimensions and the age its clones. — Acta Forest. Fennica 83: 1—96.

Oulun läänin teollisuustoimikunnan esitykset ja osamietintö 1970: Oulun läänin malmi-, teollisuusmineraali- ja kalkkikiviesiintymät. Oulu.

PALMGREN, A. 1959: Carex-gruppen Fulvellae Fr. i Fennoskandien, I. — Flora Fennica 2: 1—165 med tavlor I—XXV.

PANKAKOSKI, A. 1939: Ekologis-kasvistollisia tutkimuksia Hiisjärven luonnonpuistossa. (Referat: Ökologisch-floristische Untersuchungen im Naturpark von Hiisjärvi in Südostfinnland). — Ann. Bot. Soc. "Vanamo" 10 (3): 1—154.

PARVELA, A.A. 1923: Tictoja Kuusamon viljelyskasvistosta. — Luonnon Ystävä 27: 11—18.

—»— 1930, 1932: Oulun läänin viljelyskasvit, niiden historia ja nykyinen levinneisyys. (Referat: Über die Kulturpflanzen im Län Oulu (Uleåborg), ihre Geschichte und Verbreitung.) I. Yleinen osa. — Ann. Soc. "Vanamo" 13 (1): 1—354. II. Erikoisosa. — Ann. Bot. Soc. "Vanamo" 2(5): 1—144.

PEKKALA, Y. 1967: Karbonaattikivien koostumus, rakenne ja geologinen asema Liikasenvaaran-Taivalkönkään alueella Pohjois-Kuusamossa. — Manuskript. Geol. Inst. Univ. Helsinki.

PESOLA, V. 1918 a: Huomattavia kasvilöytöjä N-Kuusamosta ja Kuolajärveltä. — Medd. Soc. Fauna Flora Fennica 44: 229—246.

—»— 1918 b: Luonto- ja etenkin kasvillisuussuhteista Oulankajoen varrella N-Kuusamossa ja Kutsajoen varrella Kuolajärvellä. (Referat: Über die Vegetationsverhältnisse in den Gegenden um die Flüsse Oulankajoki in N-Kuusamo und Kutsajoki im Kirchspiel Kuolajärvi, Lapponia Kemensis.) — Medd. Soc. Fauna Flora Fennica 44: 169—175, 265—266.

—»— 1918 c: Salix pyrolaefolia Led. Kuusamossa, uusi pajulaji Fennoskandialle. — Medd. Soc. Fauna Flora Fennica 44: 222—229.

—»— 1928: Kalsiumkarbonaatti kasvimaantieteellisenä tekijänä Suomessa. (Summary: Calcium carbonate as a factor in the distribution of plants in Finland.) — Ann. Soc. "Vanamo" 9 (1): 1—246.

—»— 1934 a: Die Waldvegetation feuchten Geländes in N-Kuusamo und SE-Kuolajärvi. — Acta Forest. Fennica 40 (5): 1—14.

—»— 1934 b: Über die Felsenvegetation in NE-Kuusamo und SE-Kuolajärvi. — Ann. Bot. Soc. "Vanamo" 5 (7): 1—18.

—»— 1952 a: Havaintoja Kuusamon ja Sallan pitäjien (Ks) vesikasvillisuudesta. (Summary: Notes on the aquatic vegetation in the communes of Kuusamo and Salla, NE Finland.) — Arch. Soc. "Vanamo" 6 (2): 102—104.

—»— 1952 b: Kulttuuripaikkain kasvit Kuusamossa ja Sallassa yli kolme vuosikymmentä sitten. (Summary: The plants on cultural places in Kuusamo and Salla more than thirty years ago.) — J. Scient. Agric. Soc. Finland 24: 30—54.

—»— 1955 a: Kasviharvinaisuuksien tuntumassa. — Luonnon Tutkija 59: 84—88.

—»— 1955 b: Über die Vegetation der Moore und feuchten Wiesen im Norden Kuusamos und Südwesten Sallas in Nordfinnland. — Acta Soc. Fauna Flora Fennica 72 (18): 1—25.

PUUSTJÄRVI, V. 1968: Suotyyppien muodostumiseen vaikuttavista tekijöistä. (Summary: Factors determining bog type.) — Suo 19: 43—50.

RAATIKAINEN, M. 1965: Eräiden rimmissä esiintyvien putkilokasvien ekologian vertailua. — Savotar 5: 39—52.

RAATIKAINEN, T. 1961: Studies on Finnish populations of Sorbus aucuparia L. — Arch. Soc. "Vanamo" 15: 64—82.

RÄSÄNEN, V. 1924: Onko Lapinvatukka (Rubus castoreus Laest.) itsenäinen laji? — Luonnon Ystävä 28: 149—151.

RINTANEN, T. 1967: On the distribution of some boreal plants in eastern Lapland. — Aquilo, Ser. Bot. 6: 197—208.

—»— 1968: The distribution of fjeld plants in eastern Lapland. — Ann. Bot. Fennici 5: 225—305.

—»— 1976: Lake studies in eastern Finnish Lapland. I. Aquatic flora: Phanerogams and Charales. — Ann. Bot. Fennici 13: 137—148.

RUNE, O. 1945: Kärlväxtfloran i Offerdals och nordöstra Kalls fjällområde. — Arkiv för Botanik 32 A (11): 1—58.

—»— 1953: Plant life on serpentines and related rocks in the North of Sweden. — Acta Phytogeogr. Suecica 31: 1—139.

RUUHIJÄRVI, R. 1960: Über die regionale Einteilung der nordfinnischen Moore. — Ann. Bot. Soc. "Vanamo" 31 (1): 1—360.

RYDBERG, P.A. 1962: Flora of the Rocky Mountains and adjacent plains. Second edition 1922. Reprint 1962. — XII+1144 pp. New York.

RYYNÄNEN, A. 1973: Rubus arcticus L. and its cultivation. — Ann. Agric. Fenniae 12: 1—76.

SAALAS, U. 1946: Puoli vuosisataa suomalaista luonnontiedettä. — Vanamon kirjoja n:o 34. 547 pp.

SAARI, V. 1973: Runsasravinteista kasvualustaa vaativan lajiston esiintymisestä Oulangan kansallispuistossa. — Manuskript. Bot. Inst. Univ. Oulu.

—»— 1974: Oulangan kansallispuiston kasvistosta. — Kuusamon Kesäpäivät 1974. Biologian ja maantieteen opettajat r.y.: 29—32. Oulu.

—»— 1977: Oulangan kansallispuiston (Ks) putkilokasvihybrideistä. (Hybrids of vascular plants in the Oulanka National Park.) — Memoranda Soc. Fauna Flora Fennica 53: 65—72.

SAASTAMOINEN, S. 1930: Mesimarja (Rubus arcticus L.) Suomessa. (Referat: Die nordische Himbeere (Rubus arcticus L.) in Finnland.) — Ann. Soc. "Vanamo" 13: 355—414.

SALMINEN, M. 1960: Kasvistotietoja Kuusamosta. — Manuskript. Bot. Inst. Univ. Oulu.

SAMUELSSON, G. 1934: Die Verbreitung der höheren Wasserpflanzen in Nordeuropa (Fennoskandien und Dänemark). — Acta Phytogeogr. Suecica 6: 1—211.

SARVAS, R. 1937: Havaintoja kasvillisuuden kehityksestä Pohjois-Suomen kuloaloilla. (Referat: Beobachtungen über die Entwicklung der Vegetation auf den Waldbrandflächen Nord-Finnlands.) — Silva Fennica 44: 1—64.

SARVELA, J. 1978: A synopsis of the fern genus Gymnocarpium. — Ann. Bot. Fennici 15: 101—106.

SELANDER, S. 1950: Floristic phytogeography of Southwestern Lule Lappmark (Swedish Lapland). I. —

Acta Phytogeogr. Suecica 27: 1—200.

SILVENNOINEN, A. 1972: On the stratigraphic and structural geology of the Rukatunturi area, northeastern Finland. — Bull. Geol. Survey Finland 257: 1—48.

SONCK, C.-E. 1937a. Ett par märkligare växtfynd i Kuusamo-Salla. — Memoranda Soc. Fauna Flora Fennica 13: 129—130.

—»— 1937b: Några uppgifter om fyndet av Carex jemtlandica Palmgr. vid Nissinjärvi i Kuusamo. — Memoranda Soc. Fauna Flora Fennica 13: 128—129.

SÖYRINKI, N. 1938, 1939: Studien über die generative und vegetative Vermehrung der Samenpflanzen in der alpinen Vegetation Petsamo-Lapplands. I. Allgemeiner Teil. — Ann. Bot. "Vanamo" 11 (1): 1—323. — II. Spezieller Teil. — Ann. Bot. "Vanamo" 14 (1): 1—405.

—»— 1941: Havaintoja kyläkasvistosta Vienan Karjalassa sotakesänä v. 1941. — Luonnon Ystävä 45: 150—164.

—»— 1954: Vermehrungsökologische Studien in der Pflanzenwelt der Bayerischen Alpen. I. Spezieller Teil. Die Pflanzengesellschaften und Samenpflanzen der alpinen Stufe des Schachengebietes und ihre Vermehrungsverhältnisse. — Ann. Bot. "Vanamo" 27 (1): 1—232.

—»— 1955: Über die Reliktvorkommen von Poa glauca Vahl in Südfinnland. — Arch. Soc. "Vanamo" 9 (suppl.): 354—375.

—»— 1956: Kasvistosta Oulankajoen-Pääjärven alueella Kieretin Karjalassa. (Referat: Über die Flora im Gebiet von Oulankajoki-Pääjärvi, Karelia Keretina, Ostkarelien). — Ann. Bot. Soc. "Vanamo" 27 (2): 1—118.

—»— 1960: Probleme und Leistungen des finnischen Naturschutzes. — Jahrbuch des Vereins zum Schutze der Alpenpflanzen und -Tiere 25: 96—103.

—»— 1961: Nature Conservation in Finland. — Arch. Soc. "Vanamo" 16 (suppl.): 120—126.

—»— 1962: Luonnonsuojelusta ja sen tehtävistä Pohjois-Suomessa. — Jouko VII: 227—264.

—»— 1966: Kuusamon valtakunnallinen merkitys luonnontutkimukselle ja luonnonsuojelulle. — Kaltio 1966: 123—124.

—»— 1970: Das Kuusamo-Gebiet, ein Refugium für arktische Pflanzen in der Nadelwaldstufe in Finnland. — Jahrbuch des Vereins zum Schutze der Alpenpflanzen und -Tiere 35: 221—226.

—»— 1976: Mäntykukan ja eräiden kämmekkäkasvien esiintymisrunsauden vaihtelusta eri kesinä. (Annual fluctuation in the flowering of Monotropa hypopitys L. and some orchids in Finnland.) — Luonnon Tutkija 80: 55—56.

SÖYRINKI, N., SALMELA, R. & SUVANTO, J. 1977: Oulangan kansallispuiston metsä- ja suokasvillisuus. (Summary: The forest and mire vegetation of the Oulanka National Park, northern Finland.) — Acta Forest. Fennica 154: 1—150 + Vegetationskarte.

Suomen kartasto. 1960. — 39 pp. Helsinki.

SUOMINEN, J. 1961: Karkun pitäjän putkilokasvisto. — Ann. Bot. Soc. "Vanamo" 32 (2): 1—53 + Appendix.

—»— 1963: Kasvistomuistiinpanoja Kuusamosta. — Manuskript. Bot. Inst. Univ. Helsinki.

TAARNA, J. & VASARI, Y. 1959: Retki Oulangalle. — Luonnon Tutkija 63: 39—45.

TAMMISOLA, J. 1961: Saussurea alpina (L.) DC. f. albiflora (Hjelt) Hiit. Oulangan kansallispuistossa (Ks). — Luonnon Tutkija 65: 127.

TOIVONEN, H. & VUOKKO, S. 1972: Suomen luonnon- ja kansallispuistojen kasvillisuudesta ja kasvistosta. — Luonnon Tutkija 76: 93—114.

TUOMIKOSKI, R. 1939: Materialen zu einer Laubmoosflora des Kuusamo-Gebietes. Bearbeitet von R. Tuomikoski. — Ann. Bot. Soc. "Vanamo" 12 (4): 1—124 (Mitteil. der Sommerexpedition der Finn. Zool.-Bot. Ges. "Vanamo' nach Kuusamo im J. 1937, 3).

—»— 1954: Kalkki-imarre (Lastrea robertiana) ei olekaan meillä yhtenäinen laji? — Luonnon Tutkija 58: 17—22.

ULVINEN, A. 1937: Untersuchungen über die Strand- und Wasserflora des Schärenhofes am mittleren Mündungsarm des Flusses Kymijoki in Südfinnland. — Ann. Bot. Soc. "Vanamo" 8 (5): 1—155.

ULVINEN, T. 1957: Euroopan pohjoisin Lastrea thelypteriksen kasvupaikka. — Luonnon Tutkija 61: 29.

—»— 1962: Savukosken Selkosilta. — Luonnon Tutkija 66: 107—117.

ULVINEN, T., EUROLA, S. & VASARI, Y. 1966: Kasvistomuistiinpanoja Kuusamosta. — Manuskript. Bot. Inst. Univ. Oulu.

UOTILA, P. 1960: Kasvistomuistiinpanoja Kuusamosta. — Manuskript. Bot. Inst. Univ. Helsinki.

—»— 1971: Distribution and ecological features of hydrophytes in the polluted Lake Vanajavesi, S. Finland. — Ann. Bot. Fennici 8: 257—295.

—»— 1972: Chromosome counts on the Chenopodium album aggregate in Finland und NE Sweden. — Ann. Bot. Fennici 9: 29—32.

—»— 1974: Elatine hydropiper L. aggr. in northern Europe. — Memoranda Soc. Fauna Flora Fennica 50: 113—123.

VAARAMA, A. 1935: Piirteitä Kuolajärven Kutsajoen alueen luonnosta ja lisiä tietoihin seudun kasvistosta. — Luonnon Ystävä 39: 97—103, 142—145.

—»— 1938: Wasservegetationsstudien am Grossee Kallavesi. — Ann. Bot. Soc. "Vanamo" 13 (1): 1—314.

—»— 1954: Chromosome numbers of some species and hybrids of the genus Rubus. — Arch. Soc. "Vanamo" 8 (2): 192—195.

VALLE, K. J. 1933: Kasvitietoja Petsamosta. — Mem. Soc. Fauna Flora Fennica 8: 259—274.

VASARI, Y. 1951: Eteläisluontoisten lehtokasvien uusia kasvupaikkoja Kuusamossa. (Referat: Neue Standorte südlicher Hainpflanzen in Kuusamo.) — Arch. Soc. "Vanamo" 6 (1): 4—6.

—»— 1958: Kasvistomuistiinpanoja Kuusamosta. — Manuskript. Bot. Inst. Univ. Oulu.

—»— 1962: A study of the vegetational history of the Kuusamo district (North East Finland) during the Latequaternary period. — Ann. Bot. Soc. "Vanamo" 33: 1—140 + Appendix.

—»— 1968: Studies on the racial variation of Potentilla erecta (L.) Räusch. in Finland. — Aquilo, Ser. Bot. 7: 57—87.

VASARI, Y. 1969: Suomen myöhäisjääkautinen kasvillisuus. (Summary: The late-glacial vegetation in Finland.) — Terra 81: 267—273.

—»— 1977: Kuusamon luonto ja sen kehitysvaiheet. — Eripainos Kuusamon historia I 1978: 865—999.

VR ("Vanamo"-Expedition) 1937: Suomalaisen Eläin- ja Kasvitieteellisen seuran "Vanamon" kasvihavaintoja Sallasta ja Kuusamosta. — Manuskript. Bot. Inst. Univ. Helsinki.

VUORISALO, A. 1957: Eräiden Desmidiaceae-levien ja Volvox aureuksen esiintymisestä ja ekologiasta Suomen pikkuvesissä. (Referat: Über das Vorkommen und die Ökologie einiger Desmidieen nebst Volvox aureus in finnischen Kleingewässern.) — Arch. Soc. "Vanamo" 11(2): 112—136.

WAINIO, E. 1878: Kasvistonsuhteista Pohjais-Suomen ja Venäjän-Karjalan rajaseuduilla. — Medd. Soc. Fauna Flora Fennica 4: 1—160.

WEIMARCK, G. 1971: Variation and taxonomy of Hierochloë (Gramineae) in the Northern Hemisphere. — Bot. Not. 124: 129—175.

WIDÉN, C.-J., SARVELA, J. & AHTI, T. 1967: The Dryopteris spinulosa complex in Finland. — Acta Bot. Fennica 77: 1—24.

WIDÉN, K.-G. 1971: The genus Agrostis L. in eastern Fennoskandia. Taxonomy and distribution. — Flora Fennica 5: 1—209.

WILLIS, J.C. 1966: A dictionary of the flowering plants and ferns. Seventh edition revised by H.K. AIRY SHAW. — XXII+1214+XLIII pp. Cambridge.

Index generum

Seite

Received 29.I.1979